Oliver Ulrich

Isothermes und thermisch-mechanisches Ermüdungsverhalten von Verbundwerkstoffen mit Durchdringungsgefüge (Preform-MMCs)

Schriftenreihe
des Instituts für Angewandte Materialien

Band 22

Karlsruher Institut für Technologie (KIT)
Institut für Angewandte Materialien (IAM)

Eine Übersicht über alle bisher in dieser Schriftenreihe erschienenen Bände
finden Sie am Ende des Buches.

Isothermes und thermisch-mechanisches Ermüdungsverhalten von Verbundwerkstoffen mit Durchdringungsgefüge (Preform-MMCs)

von
Oliver Ulrich

Karlsruher Institut für Technologie (KIT)
Fakultät für Maschinenbau
Tag der mündlichen Prüfung: 6. Juli 2012

Impressum

Karlsruher Institut für Technologie (KIT)
KIT Scientific Publishing
Straße am Forum 2
D-76131 Karlsruhe
www.ksp.kit.edu

KIT – Universität des Landes Baden-Württemberg und
nationales Forschungszentrum in der Helmholtz-Gemeinschaft

KIT Scientific Publishing 2013
Print on Demand

ISSN 2192-9963
ISBN 978-3-7315-0024-7

Isothermes und thermisch-mechanisches
Ermüdungsverhalten von Verbundwerkstoffen mit
Durchdringungsgefüge (Preform-MMCs)

Zur Erlangung des akademischen Grades
Doktor der Ingenieurwissenschaften
an der Fakultät für Maschinenbau des
Karlsruher Instituts für Technologie (KIT)
genehmigte

Dissertation

von

Dipl.-Ing. Oliver Ulrich
aus Ravensburg

Tag der mündlichen Prüfung: 6. Juli 2012
Hauptreferent: Prof. Dr. rer. nat. Dipl.-Ing. Alexander Wanner
Korreferent: Prof. Dr. rer. nat. Michael J. Hoffmann

Der neue Stein

Ein Forscher hatte nachgedacht
und einen neuen Stein gemacht.
Weil er nun glaubte, dieser Stein
wird etwas ganz Besond'res sein,
prüft er genau ihn im Labor. –
Dann stellt er ihn den Kunden vor.

Der erste nimmt den Stein zur Hand,
worauf er viel zu leicht ihn fand.
Er meint, bei diesem Raumgewicht
ist doch der Stein zu wenig dicht.
Aus diesem triftigen Bedenken
kann er ihm kein Vertrauen schenken.

Der zweite schiebt ihn vor sich her
und sagt, der Stein ist viel zu schwer.
Bei diesem hohen Raumgewicht
verträgt der Stein das Tempern nicht.
Aus diesen wohlerwog'nen Gründen
kann dieser Stein nicht Beifall finden.

Der Forscher, lächelnden Gesichts,
er änderte so gut wie nichts:
Er drückt in jeden Probestein
nur einen andern Namen ein!
Da hat der Stein bei allen Kunden
ein ungeteiltes Lob gefunden.

Günther „Schliff" Steinke

Vorwort

Diese Arbeit entstand während meiner Tätigkeit als wissenschaftlicher Angestellter am Institut für Werkstoffkunde I der Universität Karlsruhe (TH), heute Karlsruher Institut für Technologie.

Herrn Prof. Dr.-Ing. Detlef Löhe danke ich für die Möglichkeit zur Durchführung der Arbeit und kritische Diskussionen.

Herrn Prof. Dr. rer. nat. Alexander Wanner danke ich für die kritische Durchsicht des Manuskriptes und die Übernahme des Hauptreferates.

Herrn Prof. Dr. rer. nat. Michael J. Hoffmann danke ich für die Durchsicht des Manuskriptes und die Übernahme des Korreferates.

Herrn Dr.-Ing. Karl-Heinz Lang danke ich für die zahlreichen fruchtbaren Diskussionen, die tatkräftige Unterstützung bei den am Schwingfestigkeitslaboratorium durchgeführten Arbeiten und die kritische Durchsicht des Manuskriptes.

Mein Dank gilt des weiteren den Herren Dr. Alwin Nagel, Bernd Huchler, Oliver Lott und Dirk Staudenecker von der HTW Aalen für die Herstellung des MMC-Probenmaterials und die Bereitstellung der Matrixlegierung.

Danken möchte ich allen Mitarbeitern des iwkI, die mich bei der Anfertigung der Arbeit unterstützt haben. Mein besonderer Dank für die tatkräftige Unterstützung und praktischen Hinweise gilt den Herren Marc Brecht, Arndt Hermeneit, Sebastian Höhne, Peter Kretzler und Ralf Rössler.

Mein Dank gilt auch den Studierenden Meike Braun, Benedikt Dümmig, Thomas Nicoleit, Michael Nold, Raphael Richter, Matthias Rosenfelder, Peer-Jorge Scupin, Katja Strohm, Michael Teutsch und Anna-Lena Zefferer, die mich im Rahmen Ihrer Tätigkeit am iwkI begleitet und zum Gelingen dieser Arbeit beigetragen haben.

Für Unterstützung und wertvollen Gedankenaustausch danke ich im besonderen Michael Bäurer, Alexander Broos, Robinson Cruz, Johannes Groß, Christopher Reiche und Karin Tischler.

Schließlich möchte ich für die Unterstützung ganz besonders meiner Familie danken, der ich diese Arbeit widme.

Inhaltsverzeichnis

1 Einleitung   **1**

2 Kenntnisstand   **3**
2.1 Aluminium-Gusslegierungen 4
   2.1.1 Isotherme Ermüdungsbeanspruchung 7
   2.1.2 Zyklisches Verformungsverhalten 7
   2.1.3 Lebensdauerverhalten 9
   2.1.4 Thermisch-mechanische Ermüdungsbeanspruchung . 11
2.2 Metall-Matrix-Verbundwerkstoffe – MMCs 12
   2.2.1 Herstellung von MMCs 15
   2.2.2 Eigenschaften von MMCs 18

3 Werkstoffe, Probenvarianten und Probengeometrien   **29**
3.1 Werkstoffe und Probenvarianten 29
   3.1.1 Herstellung der Preform-MMCs 29
3.2 Probengeometrien 31
3.3 Bearbeitungsparameter und Oberflächengüten 34

4 Versuchseinrichtungen und Versuchsführungen   **41**
4.1 Dilatometrie 41
4.2 Quasistatische Verformungsversuche 42
4.3 Entlastungsversuche 43
4.4 In-Situ-Versuche im Rasterelektronenmikroskop 44
4.5 Isotherme Wechselverformungsversuche 45
4.6 TMF-Ermüdungsversuche 45

5 Dilatometrie   **49**
5.1 Ausgangswerkstoffe und MMC-Varianten 49
5.2 Diskussion 51

6 Quasistatische Beanspruchung   **65**
6.1 Diskussion 66
6.2 Entlastungsversuche 70
6.3 Diskussion 70

7 Isotherme Wechselverformungsversuche   **75**
7.1 Spannungskontrollierte Versuche 75
    7.1.1 Diskussion 76
7.2 Dehnungskontrollierte Versuche 76
    7.2.1 AlSi12: Zyklisches Verformungsverhalten 76
    7.2.2 AlSi12: Lebensdauerverhalten 79
    7.2.3 Variante A2: Zyklisches Verformungsverhalten 80
    7.2.4 Variante A2: Lebensdauerverhalten 82
    7.2.5 Variante AG: Zyklisches Verformungsverhalten . . . 83
    7.2.6 Variante AG: Lebensdauerverhalten 88
    7.2.7 Variante T1: Zyklisches Verformungsverhalten 90
    7.2.8 Variante T1: Lebensdauerverhalten 92
    7.2.9 Diskussion zyklisches Verformungsverhalten 93
    7.2.10 Diskussion Lebensdauerverhalten 101

8 Thermisch-mechanische Ermüdungsversuche (TMF)   **115**
8.1 Matrixwerkstoff AlSi12: Zyklisches Verformungsverhalten . . 115
8.2 Variante A2: Zyklisches Verformungsverhalten 118
8.3 Variante A2: Lebensdauerverhalten 122
8.4 Variante A2: Diskussion 124
    8.4.1 Zyklisches Verformungsverhalten 124
    8.4.2 Lebensdauerverhalten 126
8.5 Variante AG: Zyklisches Verformungsverhalten 129
8.6 Variante AG: Lebensdauerverhalten 133
8.7 Variante AG: Diskussion 135
    8.7.1 Zyklisches Verformungsverhalten 135
    8.7.2 Lebensdauerverhalten 138
8.8 Variante T1: Zyklisches Verformungsverhalten 140
8.9 Variante T1: Lebensdauerverhalten 144
8.10 Variante T1: Diskussion 146
    8.10.1 Zyklisches Verformungsverhalten 146
    8.10.2 Lebensdauerverhalten 149
8.11 Werkstoffvergleich unter TMF-Beanspruchung 151
    8.11.1 Zyklisches Verformungsverhalten 151
    8.11.2 Lebensdauerverhalten 160

9 Vergleich zwischen TMF und isothermer Ermüdung   **167**
   9.1   Wechselverformungsverhalten 167
   9.2   Lebensdauerverhalten 170

10 Betrachtungen zum Schädigungsverhalten   **175**
   10.1 Schädigungsverhalten isotherm 175
   10.2 Schädigungsverhalten TMF 187

11 Zusammenfassung   **193**

Abbildungsverzeichnis   **197**

Tabellenverzeichnis   **206**

Literaturverzeichnis   **207**

1 Einleitung

Die gestiegenen Ansprüche an heißgehende Motorenbauteile führten in den letzten Jahrzehnten zu Überlegungen, die etablierten Metalllegierungen mit Keramikwerkstoffen zu verstärken. Das Ziel bei der Entwicklung von sogenannten Metallmatrix-Keramik-Verbundwerkstoffen (engl. Metal Matrix Composite = MMC) ist, die vorteilhaften Eigenschaften von Leichtmetallen wie Aluminiumlegierungen – vergleichsweise geringe Dichte, hohe Wärmeleitfähigkeit und gute Gießbarkeit – mit den vorteilhaften Eigenschaften von Keramikwerkstoffen – hohe Festigkeit, sehr gute Verschleiß- und Temperaturbeständigkeit – zu kombinieren.

Zum Ermüdungsverhalten von Metallmatrix-Keramik-Verbundwerkstoffen mit Durchdringungsgefüge liegen bislang nur wenige Arbeiten vor. Im Gegensatz zu partikel- und faserverstärkten Verbundwerkstoffen sind die Versagensmechanismen dieser Werkstoffklasse, insbesondere bei Wechselbeanspruchung, noch weitgehend unklar.

Die vorliegende Arbeit befasst sich mit der Untersuchung des Ermüdungsverhaltens von Metallmatrix-Keramik-Verbundwerkstoffen mit Keramikanteilen zwischen 30 und 39 Vol-%. Die Basis für die MMCs bilden offenporige Keramikvorkörper, sogenannte Preforms, die mit einer handelsüblichen Aluminiumlegierung infiltriert wurden. Ziel der Arbeit ist eine Charakterisierung des Wechselverformungs- und Lebensdauerverhaltens der Preform-MMCs als Basis für Modellierungsansätze.

Hierzu wurden isotherme spannungs- und dehnungsgeregelte Wechselverformungsversuche sowie thermisch-mechanische Ermüdungsversuche durchgeführt. Ergänzt wurden diese Untersuchungen durch Messungen zum thermischen Ausdehnungsverhalten, quasistatische Zugversuche, Entlastungsversuche und Untersuchungen im Rasterelektronenmikroskop. Die Ergebnisse wurden in Relation zur unverstärkten Aluminiumlegierung gesetzt.

2 Kenntnisstand

Die im Betrieb eines Verbrennungsmotors im Kolben auftretenden Temperaturen illustriert Abbildung 2.1 mit der Darstellung eines geschnittenen Kolbens. Am Übergang von Kolbenboden zum Kolbenhemd, am sogenannten Muldenrand bzw. Feuersteg, können Temperaturen bis 300 °C auftreten (Abb. 2.1 links). Durch die Entwicklung von Kühlkanalkolben konnten die auftretenden Maximaltemperaturen auf etwa 260 °C gesenkt werden (Abb. 2.1 rechts).

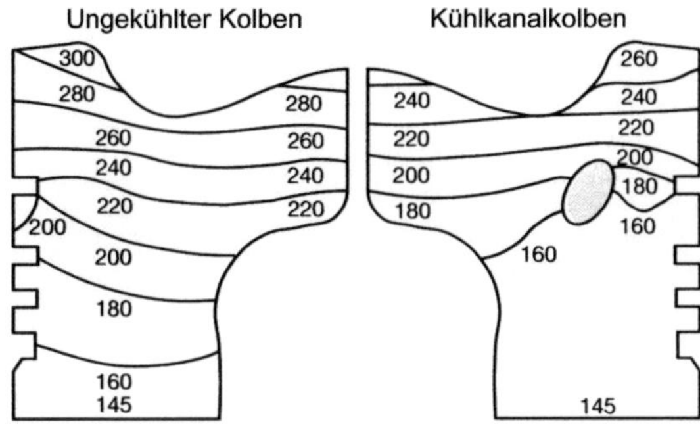

Abb. 2.1. Temperaturverteilung in einem Kolben (Angaben in °C) (Alc83)

In den vergangenen Jahren sind die Anforderungen an die für Otto- und Dieselmotoren eingesetzten Werkstoffe gestiegen. Die technische Weiterentwicklung von Verbrennungsmotoren zu höheren spezifischen Leistungen bei reduziertem Kraftstoffverbrauch und gleichzeitig geringeren Emissionen hat zum Anheben der Verbrennungstemperaturen und -drücke geführt.

Zunehmende spezifische Flächenleistungen der Kolben sowie Zylinderdrücke bis 140 bar sind Stand der Technik (Rin01). Aufgrund der hohen mechanischen, thermischen und tribologischen Beanspruchungen stoßen auch hochwarmfeste Aluminiumwerkstoffe an ihre Einsatzgrenzen.

2.1 Aluminium-Gusslegierungen

Reines Aluminium findet als Konstruktionswerkstoff wenig Verwendung, was in den unzureichenden Festigkeitseigenschaften und auch in der schwierigen Bearbeitbarkeit begründet ist. Neben sogenannten Knetlegierungen haben Aluminium-Gusslegierungen weite Verbreitung im Fahrzeug- und Motorenbau gefunden. Als Gießverfahren kommt dabei verstärkt der Druckguss zum Einsatz (Tan07). Teilweise wurde die Zusammensetzung entsprechender AlSi-Legierungen patentiert (Pat4404420).

Basis für die praktisch genutzten Aluminium-Gusslegierungen ist das Legierungssystem Aluminium-Silizium. Al-Si-Phasendiagramme, wie in Abbildung 2.2 gezeigt, werden u. a. bei (Huf88), (Mas86) und (Mon76) beschrieben.

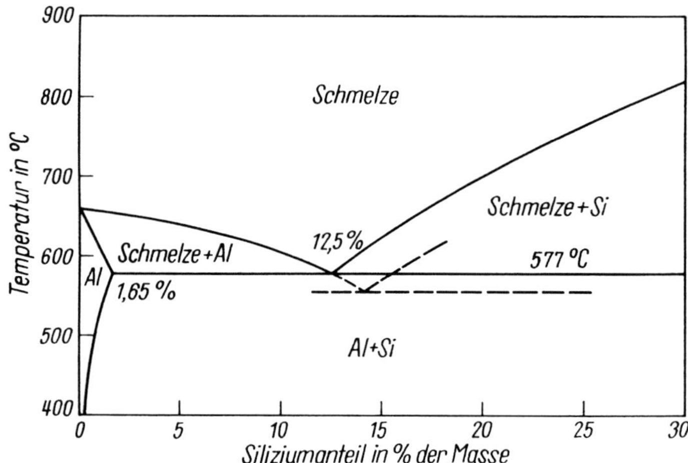

Abb. 2.2. System Aluminium-Silizium bis 30 % Si; gestrichelte Linien deuten die Unterkühlbarkeit der veredelten Legierung an (Huf88)

Der eutektische Punkt liegt bei 12,5 Masse-% Silizium und einer Temperatur von 577 °C. Eine Legierungszusammensetzung nahe dem Eutektikum ist gießtechnisch von Vorteil. Technisch genutzt werden Al-Si-Gusslegierungen mit 5 bis 35 Ma-% Siliziumanteil.

In Abbildung 2.3 ist das Gefüge einer im Kokillengussverfahren hergestellten eutektisch erstarrten AlSi12-Gusslegierung dargestellt. Abbildung 2.4 zeigt die AlSi12-Legierung nach dem Druckvergießen. Bei der Erstarrung eutektischer Al-Si-Gusslegierungen kristallisiert zuerst das primäre Silizium. Dieses ist in den Schliffbildern deutlich als dunkle Plättchen oder globulare Ausscheidungen zu erkennen. Die hellen Bereiche sind die dendritisch gewachsenen α-Mischkristalle, die im Gegensatz zum spröden Silizium die duktilen Eigenschaften der Legierung bestimmen (Ost98). Beim Druckvergießen ergibt sich im Vergleich zum Kokillenguss ein feinkörniges Gefüge. Eine Kornfeinung lässt sich auch durch geringe Zusätze von Natrium, Antimon und Strontium erreichen. Das als Beimengung vorhandene Fe bildet in Gegenwart von Si nadelige Ausscheidungen von β-AlFeSi, wodurch Zugfestigkeit und Bruchdehnung herabgesetzt werden können.

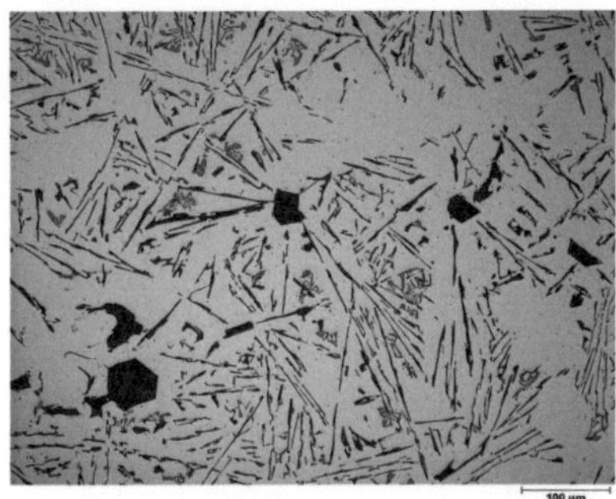

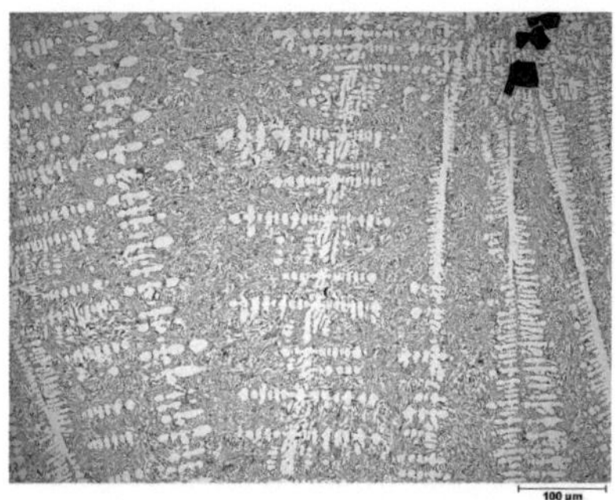

Abb. 2.3. Gefüge einer eutektischen Al-Si-Legierung, Kokillenguss

Abb. 2.4. Gefüge einer eutektischen Al-Si-Legierung, Druckguss

Obwohl eutektische Al-Si-Legierungen schon seit Jahrzehnten zum Einsatz kommen und als gut untersucht gelten können (Hel70; Ste72), sind bis heute Teilaspekte des eutektischen Legierungssystems Al-Si noch immer Gegenstand von Untersuchungen, wie beispielsweise Gefügeentwicklung (Hog87), die Modifikation des Gefüges (Han84; Lu87; Mül96), Erstarrungsvorgänge (Gru87; Nap04) oder Versagensvorgänge, u. a. mit dem Ziel der numerischen Beschreibung (Lip96; Lip97).

Wird das System Al-Si um hinreichende Mengen an Legierungselementen, wie z. B. Kupfer oder Magnesium, ergänzt, so können diese Gusswerkstoffe ausgehärtet werden. Mit dieser dem Gießprozess nachgeschalteten Wärmebehandlung aus Lösungsglühen, Abschrecken und anschließender Auslagerung ist eine Mischkristall- und Teilchenverfestigung möglich. Mit zunehmender Auslagerungs- bzw. Einsatzdauer der Bauteile und abhängig von der Temperatur nimmt die Verfestigung allerdings wieder ab. Dieser Prozess wird als Überalterung bezeichnet.

Einen Überblick über den Einfluss von Gefüge, Mikrostruktur und Aushärtbarkeit auf das isotherme quasistatische Verformungsverhalten von Al-Si-

Gusswerkstoffen geben (Fla95) und (Becoob). Mechanische Kennwerte von Aluminium-Gusslegierungen finden sich u. a. im Aluminium-Taschenbuch (Huf88), in den Aluminium-Werkstoff-Datenblättern (Dato1), im Aluminium-Schlüssel (Dato2) und in Normensammlungen (DIN87; DIN91), wobei die angegebenen Werkstoffkennwerte in der Regel auf Raumtemperatur bezogen sind. Mit steigender Beanspruchungstemperatur nimmt die Festigkeit von Metallen im allgemeinen ab. Bei aushärtbaren und kaltverfestigten Al-Werkstoffen führen überlagerte Veränderungen des Gefügezustandes mit zunehmender Erwärmungsdauer zu einer weiteren Festigkeitsabnahme (Alt94).

In Abbildung 2.5 und 2.6 ist der Einfluss der Temperatur auf die Werkstoffkenngrößen E-Modul und Zugfestigkeit von Aluminium-Gusslegierungen, wie sie bei der Produktion von Kolben für Verbrennungsmotoren eingesetzt werden, dargestellt.

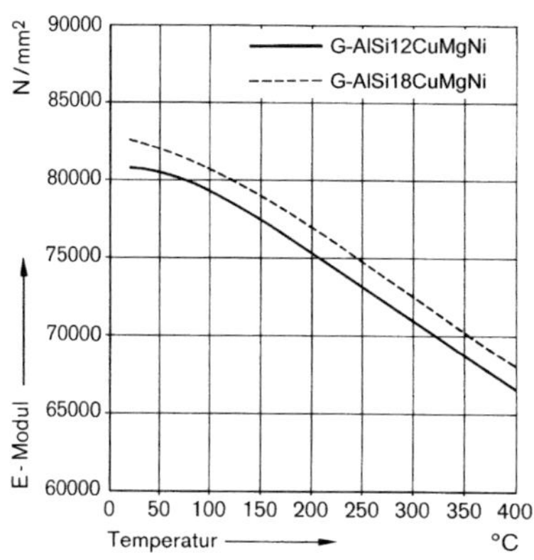

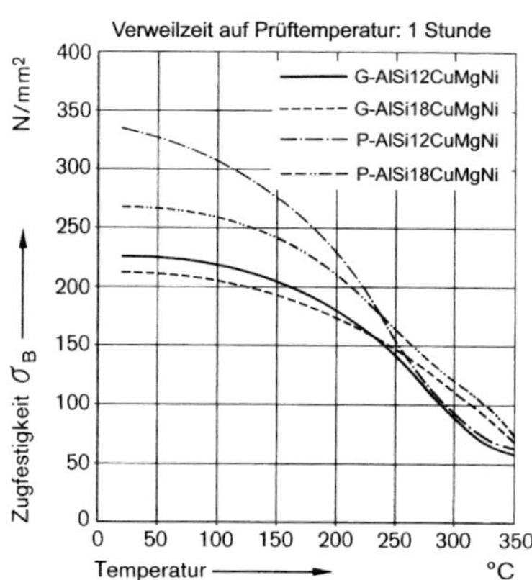

Abb. 2.5. Einfluss der Temperatur auf den E-Modul von Al-Legierungen (Alc83)

Abb. 2.6. Einfluss der Temperatur auf die Zugfestigkeit von Al-Legierungen (Alc83)

Für die Aluminiumlegierung G-AlSi12CuMgNi liegt der E-Modul bei Raumtemperatur bei etwa 80 GPa. Mit zunehmender Temperatur sinkt der E-Modul stetig und erreicht bei 400 °C noch Werte um 67 GPa.

Für den gleichen Werkstoff ist in Abbildung 2.6 der Verlauf der Zugfestigkeit über der Temperatur ersichtlich. Die Festigkeit nimmt ausgehend von etwa 225 MPa bei Raumtemperatur auf etwa 60 MPa bei 350 °C ab. Wird die gleiche Legierung im Druckguss verarbeitet (P-AlSi12CuMgNi), sind im Bereich bis 250 °C höhere Festigkeiten erreichbar, bei höheren Temperaturen liegen alle Warmfestigkeitswerte auf ähnlich niedrigem Niveau.

Bei der Entwicklung von Aluminium-Silizium-Legierungen für den Einsatz in Verbrennungsmotoren wird eine Steigerung der Warmfestigkeit durch geschickte Wahl der Legierungselemente angestrebt (Pat4404420). Diese Maßnahmen haben aber so gut wie keinen Einfluss auf den für die Steifigkeit entscheidenden E-Modul oder das thermische Ausdehnungsverhalten.

2.1.1 Isotherme Ermüdungsbeanspruchung

Die geschichtliche Entwicklung der Schwingfestigkeitsforschung stellt Schütz (Sch93) dar. Grundlegende Darstellungen der Vorgänge bei der Werkstoffermüdung finden sich u.a. bei (Bar87; Chr91; Gün73; Mac77; Mac90; Mun71). Die Thematik der Ausbreitung von Ermüdungsrissen behandeln u.a. (Hec83) und (Ric09).

Zur Beschreibung des Verhaltens von Werkstoffen unter zyklischer Beanspruchung hat es sich bewährt, das zyklische Spannungs-Dehnungs-Verhalten bzw. zyklische Verformungsverhalten und das Lebensdauerverhalten zu betrachten.

2.1.2 Zyklisches Verformungsverhalten

Bei elastisch-plastischer Wechselverformung liefert der Spannungs-Totaldehnungs-Zusammenhang Hystereseschleifen, denen bei hinreichend stabilisiertem Werkstoffverhalten gemäß Abbildung 2.7 verschiedene Kenngrößen entnommen werden können (Mac90; Mun71). Werden die abhängigen Größen bei gegebener Beanspruchungsamplitude als Funktion der Lastspielzahl aufgetragen, so ergeben sich sogenannte Wechselverformungskurven.

Bei spannungskontrollierter Versuchsführung lassen sich die Totaldehnungsamplitude $\epsilon_{a,t}$ und die plastischen Dehnungsamplituden $\epsilon_{a,p}$ als Funktion der Lastspielzahl N bestimmen. $\epsilon_{a,t}$ setzt sich dabei aus dem plastischen Verformungsanteil $\epsilon_{a,p}$ und dem elastischen Anteil $\epsilon_{a,el}$ zusammen. Der Anteil der auf dem Bauschinger-Effekt beruhenden reversiblen plastischen Dehnung $\epsilon_{a,p\,rev}$ ist in der Regel vernachlässigbar. Zyklische Verfestigung (Entfestigung) ist mit der Abnahme (Zunahme) von $\epsilon_{a,p}$ und damit auch von $\epsilon_{a,t}$ verbunden.

Bei totaldehnungskontrollierter Versuchsführung stellen sich die Mittelspannung σ_m, die Spannungsamplitude σ_a und die plastischen Dehnungsamplitude $\epsilon_{a,p}$ als abhängige Größen ein, wobei dabei 2 $\epsilon_{a,p}$ der Aufweitung der Hystereseschleife entspricht. Eine zyklische Verfestigung (Entfestigung) ist hier mit der Zunahme (Abnahme) von σ_a und der Abnahme (Zunahme) von $\epsilon_{a,p}$ verknüpft.

Die (totale) Mitteldehnung $\epsilon_{m,t}$ setzt sich aus dem plastischen Anteil der Mitteldehnung $\epsilon_{m,p}$ und dem elastischen Anteil der Mitteldehnung $\epsilon_{m,el}$ zusammen. Über den Seifigkeitsmodul E ist σ_m mit $\epsilon_{m,el}$ verknüpft. Bei spannungskontrollierten Wechselversuchen, also mit $\sigma_m = 0$, fällt $\epsilon_{m,t}$ mit $\epsilon_{m,p}$ zusammen. Bei dehnungsgeregelten Versuchen sind $\epsilon_{m,p}$, $\epsilon_{m,el}$ und $\epsilon_{m,t} = 0$ bzw. konstant.

Sowohl bei spannungs- als auch bei dehnungsgeregelter Versuchsführung lassen sich Nachgiebigkeiten (engl. Compliance) C_D und C_Z definieren, die sich aus $\epsilon_{a,el}$ und σ_a bestimmen lassen. Eine sich entwickelnde Schädigung, z. B. durch lokale Risse, führt zu einer Abnahme der Probensteifigkeit (Mac90).

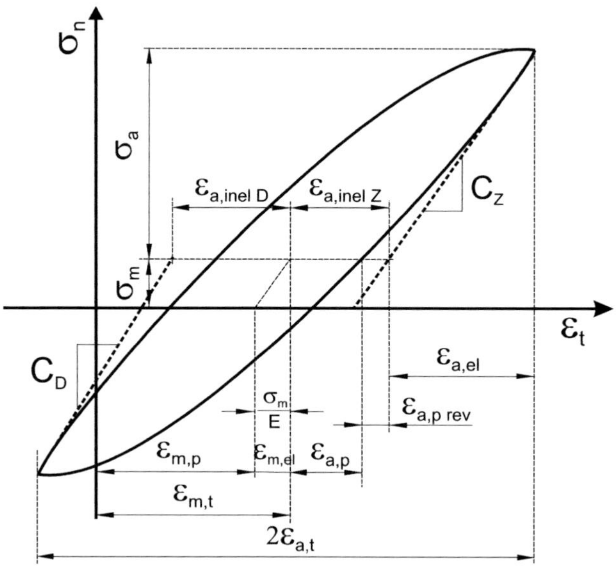

Abb. 2.7. Hystereseschleife bei elastisch-plastischer Wechselbeanspruchung

Die von Flaig (Fla95) untersuchten ausgehärteten Aluminiumlegierungen zeigten bei dehnungsgeregelten Versuchen bei Raumtemperatur zyklische Verfestigung, was mit einem Versetzungsaufstau an Ausscheidungen begründet wird. Ab 150 °C kommt es während der Versuche als Folge von Überalterungsvorgängen zunehmend zu zyklischer Entfestigung. Ein Aufbau von Mittelspannungen bei mitteldehnungsfreier Beanspruchung wurde nicht festgestellt. Bei den ausgehärteten Legierungen bauen sich bei Temperaturen ab 250 °C und bei Lebensdauern von N > 10⁵ aufgrund der während der Schwingbeanspruchung mit Volumenzunahme ablaufenden Überalterungsvorgänge Druckmittelspannungen auf, die aber mit wachsender Lastspielzahl durch Relaxationsvorgänge wieder abgebaut werden. Mit steigenden Temperaturen nehmen bei den ausgehärteten Werkstoffen Wechselentfestigungsprozesse zu. Bei totaldehnungskontrollierter mitteldehnungsfreier Raumtemperaturwechselbeanspruchung weisen die untersuchten Al-Gusslegierungen nur geringe Lebensdauerunterschiede auf. Bei allen Werkstoffen reduzieren zunehmende Versuchstemperaturen die Lebensdauern. Bei der Al-Legierung GK-Alsi6Cu4 konnte bei einer Versuchstemperatur von 250 °C und mitteldehnungsfreier Beanspruchung kein für makroskopische Rissöffnung typisches Abknicken der Hysterese im Zughalbwechsel beobachten, so dass sich die makroskopische Rissöffnung nur über wenige Lastspiele vor Probenbruch erstrecken kann und messtechnisch nicht zu erfassen ist.

Entnimmt man den Wechselverformungskurven Wertepaare von σ_a und $\epsilon_{a,p}$ bzw. $\epsilon_{a,t}$ und trägt diese gegeneinander auf, so erhält man die zyklische Spannungs-Dehnungs-Kurve. Dieser können, vergleichbar einer Spannungs-Dehnungs-Kurve eines Zugversuchs, zyklische Streck- und Dehngrenzwerte entnommen werden. Quasistatische Zugverfestigungskurve und zyklische Spannungs-Dehnungs-Kurve müssen dabei nicht deckungsgleich sein; durch Vergleich der beiden Kurven lässt sich auf ein ver- bzw. entfestigendes Werkstoffverhalten schließen.

Nach Flaig (Fla95) lässt sich das zyklische Spannungs-Dehnungs-Verhalten der von ihm untersuchten Al-Legierungen GK-AlSi10Mg wa, GK-AlSi12-CuMgNi und GK-AlSi6Cu4 mit der sogenannten Ramberg-Osgood-Beziehung beschreiben (Ram43):

$$\epsilon_{a,t} = \frac{\sigma_a}{E} + \left(\frac{\sigma_a}{K}\right)^{\frac{1}{n}} \tag{2.1}$$

Al-Si-Mg-Legierungen weisen demnach auch bei höheren Temperaturen generell größere Werte für K und n auf als die Al-Si-Cu-Legierung. K und n sinken mit steigender Temperatur.

2.1.3 Lebensdauerverhalten

Zahlreiche Arbeiten zur Schwingfestigkeit von Leichtmetalllegierungen haben ihren Ursprung in den 40er Jahren des 20. Jahrhunderts (Wel50). Zum Teil basieren aktuell verfügbare Literaturdaten noch auf diesen Untersuchungen. Im Aluminium-Taschenbuch (Huf88) finden sich Angaben zur temperaturabhängigen Wechselfestigkeit von Aluminium-Gusslegierungen (Abb. 2.8).

Die Wechselfestigkeit von Aluminium-Legierungen mit 12 % Siliziumanteil liegt demnach bei Raumtemperatur bei 50-65 MPa, bei 300 °C sind noch Werte um 30 MPa zu erwarten.

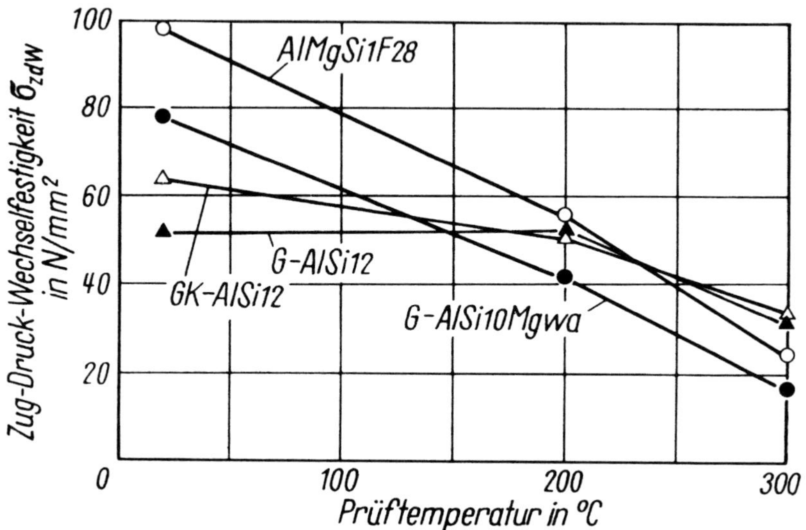

Abb. 2.8. Temperaturabhängige Wechselfestigkeit verschiedener Aluminiumlegierungen (Huf88)

Zusammenstellungen von Zeit- und Dauerfestigkeitswerten von Aluminiumlegierungen finden sich u.a. bei (Dato1) und (Kau08), wobei der Fokus auf aushärtbaren (Knet-)Legierungen liegt. Zu Al-Legierungen mit höherem Siliziumanteil (4xxx alloys) sind dagegen nur wenige Daten verfügbar.

Für die Darstellung der Ergebnisse von Schwingfestigkeitsuntersuchungen sind Diagramme mit Auftragungen nach Basquin (Bas10), Manson (Man54; Man64), Coffin (Cof54) und Morrow (Mor64) etabliert. Bei der Auftragung der Beanspruchungskennwerte ist es dabei Konvention, die Werte bei halber Bruchlastspielzahl zu wählen.

Mit dem Ziel der rechnerischen Erfassung des Einflusses von Mittelspannungen auf die Lebensdauer unter zyklischer Beanspruchung werden in der Literatur zahlreiche Schädigungsparameter vorgeschlagen (Nih86). Zu Grunde liegt dabei die Annahme, dass neben den Dehnungskennwerten die auftretenden Maximalspannungen für Rissbildung und Rissausbreitung relevant sind und damit entscheidenden Einfluss auf die Lebensdauer haben.

Der Schädigungsparameter nach Smith-Watson-Topper (Smi70) basiert auf einer Kombination von Maximalspannung, Totaldehnungsamplitude und E-Modul:

$$P_{SWT} = \sqrt{\sigma_{max} \cdot \epsilon_{a,t} \cdot E} \qquad (2.2)$$

Der Schädigungsparameter nach Ostergren (Ost76) hat dagegen Maximalspannung, plastische Dehnungsamplitude und E-Modul als Basis:

$$P_{OST} = \sqrt{\sigma_{max} \cdot \epsilon_{a,p} \cdot E} \qquad (2.3)$$

2.1.4 Thermisch-mechanische Ermüdungsbeanspruchung

Bei thermisch-mechanischer Beanspruchung ermüden Werkstoffe infolge der zyklischen Aufprägung von thermisch induzierten Spannungen (Thermal-Mechanical Fatigue = TMF). Unterschieden werden dabei die vollständige oder anteilige Behinderung der thermischen Dehnung, wodurch sich Druckspannungen ergeben (Out-of-Phase bzw. OP) und die Überlagerung der thermischen Dehnung mit mechanischen Dehnungsanteilen, woraus Zugbeanspruchungen resultieren (In-Phase bzw. IP). Im Vergleich zu isothermen Ermüdungsversuchen ergeben sich für TMF-Versuche geringere Lebensdauern (Seh85; Seh96; Seh00a; Seh00b; Con04; Kle00; Löh04; Löh07) Die Interaktion zweier mechanisch verbundener Volumenelemente an der heißen und kalten Seite von thermisch beanspruchten Komponenten, wie z. B. Turbinenschaufeln, lässt sich mittels komplexer TMF-Versuchsführung simulieren (Rau03a; Rau03b).

Den TMF-Vorgängen in thermisch hochbelasteten Leichtmetall-Zylinderköpfen von KFZ-Motoren wurde in den vergangenen Jahren besondere Aufmerksamkeit geschenkt (Fla95; Lan99; Mai01; Su03; Tha07). Weiterhin wurden in einigen Untersuchungen den niederfrequenten thermisch induzierten Beanspruchungen höherfrequente mechanische Ermüdungsbeanspruchungen überlagert, wie sie beim Betrieb von Verbrennungsmotoren auftreten können (Bec06; Hen06; Löh07).

Die von Flaig (Fla95) untersuchten Al-Legierungen GK-AlSi10Mg wa und GK-AlSi12CuMgNi zeigen unter TMF-Beanspruchung von Beginn des ersten Lastspiels an wechselentfestigendes Werkstoffverhalten, das wesentlich auf Überalterungsvorgänge zurückgeführt wird. Im Gegensatz dazu weist GK-AlSi6Cu4 zunächst bis zu einer Lastspielzahl, die mit wachsender Temperaturamplitude bzw. Mitteltemperatur kleiner wird, wechselverfestigendes und danach ein leicht wechselentfestigendes Verhalten auf.

Der in den genannten Schädigungsparametern (Gleichungen 2.2 und 2.3) berücksichtigte E-Modul ist Abhängig von der Versuchstemperatur. Somit ist dessen Berücksichtigung als Konstante bei Versuchsführungen mit zyklierender Temperatur, wie z. B. TMF-Versuchen, nicht sinnvoll. Eine reduzierte Form des Schädigungsparameter nach Smith-Watson-Topper wird von Fash und Socie (Fas82; Wei87) vorgeschlagen und kann entsprechend auch für den Schädigungsparameter nach Ostergren angewandt werden. Somit ergeben sich reduzierte Formen der Schädigungsparameter (Gleichungen 2.4 und 2.5),

$$P_{SWT} = \sigma_{max} \cdot \epsilon_{a,t} \tag{2.4}$$

$$P_{OST} = \sigma_{max} \cdot \epsilon_{a,p} \tag{2.5}$$

die in der Regel bei doppeltlogarithmischer Auftragung durch eine Exponentialfunktion (Gleichungen 2.6 und 2.7) beschrieben werden können:

$$P_{SWT} = a \cdot (N_B)^b \tag{2.6}$$

$$P_{OST} = c \cdot (N_B)^d \tag{2.7}$$

Bruchmechanische Ansätze besitzen gegenüber diesen empirischen Ansätzen den Vorteil, dass sie auf klaren Vorstellungen zu den tatsächlich wirkenden Schädigungen beruhen (Jun99). Umso bemerkenswerter ist es daher, dass mit den empirischen Ansätzen das Lebensdauerverhalten von Metalllegierungen und MMCs – sowohl isotherm bei Raumtemperatur und höheren Temperaturen als auch unter TMF-Beanspruchung – recht gut beschrieben werden kann (Bec00b; Fla95).

2.2 Metall-Matrix-Verbundwerkstoffe – MMCs

Verbundwerkstoffe sind mehrphasige Werkstoffkombinationen. Der Einsatz von Verbundwerkstoffen wird immer dann notwendig, wenn das Eigenschaftsprofil eines Werkstoffs den Anforderungen nicht genügt. Im Verbundwerkstoff findet man die Eigenschaften der einzelnen Komponenten anteilig wieder.

Die Entwicklung von faserverstärkten Werkstoffen für technische Anwendungen begann bei den Chemiewerkstoffen, z. B. den faserverstärkten Kunststoffen. Anwendungen für höhere Temperaturen erfordern Werkstoffe mit metallischer Matrix (KS 86).

Als Metall-Matrix-Verbundwerkstoffe (englisch: Metal-Matrix-Composites = MMCs) werden Verbundwerkstoffe bezeichnet, deren Gefüge aus der Kombination einer metallischen Legierung (Matrix, Metallphase) mit einer gezielt eingebrachten Verstärkungskomponente besteht. MMCs, deren Metall-Matrix aus Aluminium bzw. Aluminiumlegierungen besteht, werden auch als AMCs (Aluminium-Matrix-Composites) bezeichnet. Als Verstärkungsphase sind neben Metallen und technischen Keramiken (Kai03; Mur94) auch Kohlenstoff- bzw. Graphitfasern denkbar (Cha87; May06). Die Faser-Matrix-Grenzfläche bestimmt dabei größtenteils die Eigenschaften dieser Metall-Matrix-Verbundwerkstoffe (Raw01). Keramiken werden häufig aufgrund ihrer vorteilhaften Eigenschaften (Mun89; Har90) als Verstärkungsphase gewählt.

MMC-Werkstoffe können für spezielle Anwendungen maßgeschneidert werden. So lässt sich die thermische Dehnung und das elastische Verformungsverhalten (E-Modul) von MMCs durch die Wahl der Verstärkungsphase und deren Volumenanteil gezielt beeinflussen. Durch entsprechendes Gefügedesigns kann eine Steigerung der mechanischen Festigkeit und thermischen Stabilität (Nie83) bei Erhalt der vergleichsweise geringen Dichte und guter Bearbeitbarkeit erreicht werden (Cly93; Sur93; Cha06b; Kai03; Köh03). Die partielle Verstärkung von Aluminiumgusslegierungen eignet sich im besonderen zur Steigerung des Reibverschleißwiderstands (AlR00; Ame00; Ma97; Per95; Sur81) und der Ermüdungsfestigkeit (Har92; Har02b; Har03).

MMCs lassen sich in Untergruppen einteilen, die in den Abbildungen 2.9 und 2.10 schematisch dargestellt werden. Neben Schicht-, Partikel- bzw. Teilchenverbunden und Faserverbundwerkstoffen sind MMCs mit Durchdringungsgefüge bekannt.

Aus den genannten Vorteilen ergeben sich interessante technische **Anwendungsmöglichkeiten von MMCs** wie beispielsweise Kolben (Ringträger, Muldenrand), Zylinderlaufflächen in Kurbelgehäusen von Verbrennungsmotoren, Pleuel, Bremsscheiben, Sportartikel und Komponenten für die Luft- und Raumfahrt (Bus03; Har87; Har94a; Köh03; Mie01; Ray93; Mül88; Toa87; Zeu99). Einige Anwendungen, wie beispielsweise Bremsscheiben für Schienenfahrzeuge sowie Herstellungsverfahren auf dem Gebiet der MMCs wurden zum Patent angemeldet (Pat4212558; Pat4400898; Pat5503122).

Ein erfolgreiches Beispiel für den Einsatz von **MMCs mit Durchdringungsgefüge** ist das nach dem so genannten LOKASIL®-Verfahren hergestellte Zylinderkurbelgehäuse des 1996 eingeführten Porsche Boxster. An Stelle herkömmlicher Graugussbuchsen werden hochporöse Silizium-Preformbuchsen, die zu etwa 25 Vol-% aus Silizium-Partikeln bestehen, beim Guss des Kurbelgehäuses mit der Aluminiumlegierung infiltriert. Die so gebildeten tribologisch günstigen Zylinderlaufflächen, die nahtlos mit dem übrigen Motorblock verbunden sind, sorgen für verbesserte Anwendungseigenschaften wie z.B. Massereduzierung, hohe Fresssicherheit, geringe Reibung und Verschleiß, kleines Kolbeneinbauspiel bei guter Recyclingfähigkeit, geringeren Ölverbrauch und damit niedrigere Emissionen. Die monolithische Integration der lokal verstärkten Bereiche in das Gesamtbauteil erlaubt eine kompakte Bauweise, da die Stege zwischen den Zylindern auf weniger als 5 Millimeter reduziert werden können (Köho1; Leno5). Im Betrieb wird die im Verhältnis zum Silizium weiche Aluminiumlegierung zwischen den Siliziumstegen geringfügig abgetragen, wodurch sich Schmiertaschen bilden und damit die Notlaufeigenschaften verbessert werden (Köho3; Köho5; Leno1; Nago0).

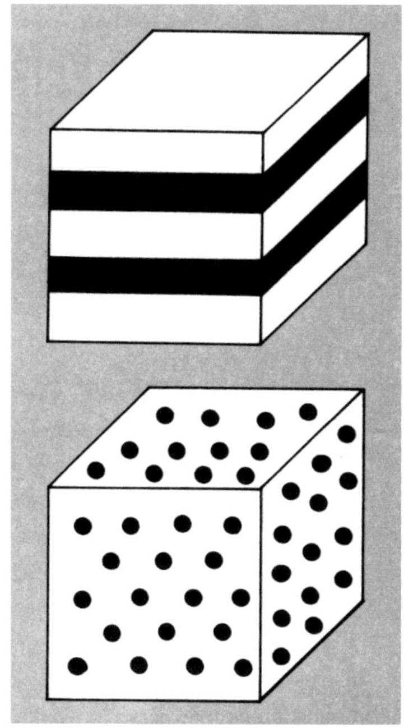

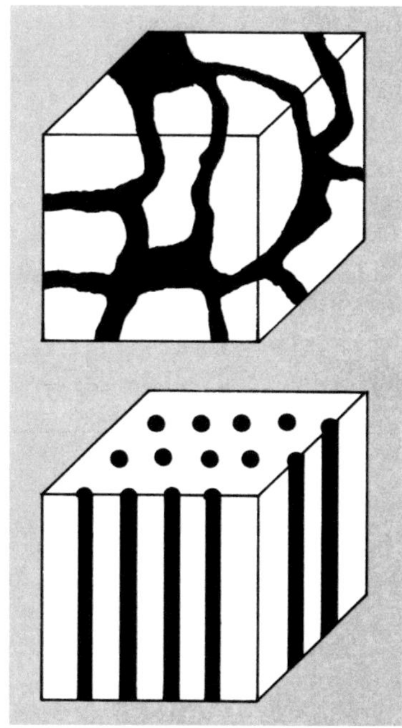

Abb. 2.9. Schicht- und Teilchenverbundwerkstoff (Rau77)

Abb. 2.10. Durchdringungs- und Faserverbundwerkstoff (Rau77)

Eine neuere Anwendung dieser Technologie sind Bedplates (Motorgrundplatte eines auf Höhe der Kurbelwelle geteilten Motorblocks) für höchstbelastete Druckgussmotoren (Köho3; Bee07).

Diese erfolgreichen Applikationen können nicht darüber hinwegtäuschen, dass MMCs trotz ihrer erwiesenen vorteilhaften Eigenschaften noch nicht die erhoffte Verbreitung in Großserienprodukten gefunden haben. Ein Grund dafür ist die teilweise recht aufwendige Prozesstechnik für die Herstellung und die damit verbundenen Kostenfaktoren. In eine wirtschaftliche Betrachtung ist auch die mechanische Bearbeitung, das Fügen, die Reparatur und das Recycling von MMCs einzubeziehen. Für eine erfolgreiche Applikation müssen zudem die Zusammenhänge zwischen Prozessparametern und Produktqualität sichergestellt sein (Ray93).

Bei der Herstellung von MMC-Bauteilen wird eine hohe Endkonturnähe angestrebt. In vielen Fällen ist aber eine spanende (Nach-)**Bearbeitung** der Funktionsflächen notwendig. Werkzeugverschleiß, verursacht durch den Kontakt zwischen den harten Partikeln bzw. Fasern und der Schneidplatte, ist dabei das Hauptproblem. Durch geeignete Wahl der Bearbeitungsparameter (Vorschub, Eckenradius der Schneidplatte, Schnittgeschwindigkeit, Schnitttiefe und Schneidstoff) kann hier ein Optimum zwischen Oberflächengüte (Rauhtiefe R_Z) und Wirtschaftlichkeit gefunden werden (Wei99). Für die spanenden Bearbeitung kommen in der Regel hochharte Schneidstoffe zum Einsatz. Bei der Bearbeitung von SiC-verstärkten Al-Legierungen zeigt sich, dass im Vergleich zu feinkörnigen PKD grobkörnige PKD-Sorten einen geringeren Verschleiß aufweisen (Mas94; Wei03).

2.2.1 Herstellung von MMCs

Die im Werkstoffleichtbau eingesetzten Leichtmetall-Legierungen zeichnen sich, abgesehen von Titan, durch relativ niedrige Schmelzpunkte aus. Der Einsatz von schmelzflüssigen Verfahren zur Herstellung von MMCs wird dadurch begünstigt und prädestiniert diese Metallklasse für den Einsatz als Matrixwerkstoff (Mur94). Neben pulvermetallurgischen Verfahren (Tab99; Jun99; Vol99) eignen sich daher besonders Gießprozesse zur Herstellung von Bauteilen aus MMC-Werkstoffen (Ray93). Hierbei werden feste Partikel oder Kurzfasern in die Schmelze des Matrixwerkstoffs eingebracht (Sur81), wobei eine geringe Benetzbarkeit der Verstärkungsphase durch hohe Prozesstemperaturen (Ast98b) oder Beschichtung (Alo93; Ray93) verbessert werden kann. Anschließend wird die Dispersion vergossen (DUR92a; DUR92b).

Partikelverstärkte MMCs sind durch die relativ einfache Prozesstechnik wirtschaftlich interessant. Nicht zuletzt aus diesem Grund sind zu dieser MMC-Klasse zahlreiche Arbeiten bekannt (Alo93; Eva86; Gar99; Jun99) sowie (Kan06; Llo94; Mas94; Pra99; Ray93; Shy95; Sun03; Sur81; Tab99; Tei01; Tok05; Vol99; Wei99). Stand der Technik sind im wesentlichen integral partikelverstärkte AlSi-Legierungen mit 10-20 Vol-% SiC-Partikeln (Llo94; Shy95; Tab99; Tok05; Vol99). Daneben finden auch **SiC-Kurzfasern** (Whisker) als Verstärkungsphase Verwendung (Nie83; McD85; Wan96; Qia00; Qia03).

Durch den vorherrschenden Metallmatrix-Charakter ist die maximale Anwendungstemperatur von Aluminiummatrix-Verbundwerkstoffen auf Temperaturen deutlich unter 400 °C begrenzt.

Der Einsatz von **Langfaserverstärkungen** bietet grundsätzlich die Möglichkeit zu einer erheblichen Steigerung der (Warm-)Festigkeit, die Verbesserungen beschränken sich aber auf die unidirektionale Richtung der Fasern des Verbundes (Der93). Der Richtungsabhängigkeit der Werkstoffeigenschaften (Oku94) kann mit dreidimensional verstärkten Verbundwerkstoffen begegnet werden.

Eine Möglichkeit zur Herstellung solcher MMCs ist die **Infiltration eines offenporigen Vorkörpers** mit einer Metallschmelze (Bus03; Cla92; Köh03; Lan90; Xu98). Aufgrund des größeren Volumen- bzw. Massenanteils spricht man hier von einer Metall-Matrix des Durchdringungsgefüges. Als Preform eignen sich neben offenporigen (keramischen) Vorkörpern auch Keramikschäume (Pen00; Mat05) (z. B. aus polymeren Precursoren (Her05)) und dichte Packungen von Endlosfasern (Mur94), die auch als gewebte Strukturen vorliegen können (Jac04).

Als Basis für Preforms kommen häufig (Kurz-)Fasern oder Partikel zum Einsatz (Bad85; Bus95; Cou97; Kel89; McE87; Mie01; Oku94; Rom87; Sta88; Toa87; Val04). Als keramische Vorformwerkstoffe dienen dabei neben Kohlenstoff (Ett04; Ett07; May06) häufig Aluminiumoxid (Bär92; Kon03; Mar03).

Die Vorkörper werden in der Regel auf über 500 °C erwärmt und dem Infiltrationsprozess zugeführt. Die metallische Schmelze durchdringt (penetriert) dabei drucklos (Rao01) unter Ausnutzung von Kapillarkräften (Ray93; Fri97) oder unter Druck (Ame00; Gar99; Lon00; Yon05) die poröse (keramische) Preform (Ast98a; Ray93). Beim Erstarren bildet die Metalllegierung mit der Verstärkungskomponente ein durchgehendes Netzwerk, das Durchdringungsgefüge. Es entsteht ein sogenannter interpenetrierender Verbundwerkstoff.

Damit ist dieses Verfahren auch zur Fertigung von Verbunden mit kombinierten physikalischen und strukturmechanischen Eigenschaften, beispielsweise elektrischen Kontakten (Sch80), geeignet.

Wenn die Kapillarkräfte, z. B. aufgrund von schlechtem Benetzungsverhalten der Preform, zur Infiltration nicht ausreichen, kann der notwendige Infiltrationsdruck entweder durch komprimierte Gase (Gasdruckinfiltration) (Bal96; Gar99; Kne96; Lon95a; Lon95b; Ski98b) oder mechanisch durch einen Pressstempel – sogenanntes Squeeze-Casting – aufgebracht werden (Bey02; Cha87; Cha06b; How86; KS 86; Lii02; Lon95a; Lon95b; Lon00; May06; Oku94; She02; Ver88; Yon05). Aufgrund der hohen Strömungsgeschwindigkeiten und den damit verbundenen kurzen Formfüllzeiten ist das Druckgießen wirtschaftlich interessant und großserientechnisch verbreitet. Zur Infiltration eignet sich dieses Verfahren aber, bedingt durch die limitierte Durchströmbarkeit (Permeabilität) und die damit verbundenen Reibungskräfte in den Preforms, weniger. Beim Squeeze-Casting werden die Preforms durch den gesteuerten Druckaufbau nach Formfüllung mit Schmelze penetriert. Dieses Verfahren liefert bei geringeren Strömungsgeschwindigkeiten und hohem Druck qualitativ hochwertige Gussbauteile (Kau95). Die Formfüllung und Dichtspeisung dieses Verfahrens sind sehr gut, da bei Enddrücken von über 100 MPa Schmelze und Preform auf atomaren Abstand gebracht werden, was eine gute Bindung von Preform und Matrix begünstigt (KS 86).

Ergänzend zu experimentellen prozesstechnischen Studien der Herstellverfahren wurden Arbeiten veröffentlicht, die sich mit der Simulation des Infiltrationsprozesses beschäftigen (Cha06a; Dop98; Lac93; Mar88).

In der Regel ist eine chemische Reaktion zwischen Preform und Matrixmaterial unerwünscht, so beispielsweise die Aluminiumkarbidbildung bei der Infiltration von Graphitpreformen (Ett07) oder das Auftreten von Spinellen bei Mg-haltigen Matrixlegierungen (Bec00b; Kla06; Pra99).

Eine gewollte Reaktion von Vorform- und Matrixmaterial, die so genannte Reaktionsinfiltration, ist aber durchaus möglich (Ast98a; Ast98b; Avr06; Bey02; Don04; Ray93; Sel04; Wag99; Wag01). So kann eine beim gegenseitigen Durchdringen von Matrix und Verstärkung erfolgende Reaktion beispielsweise das Fügen von MMCs unterstützen (Li02).

Ein Großteil der bislang veröffentlichten Arbeiten konzentriert sich auf kleine Keramikanteile zwischen 5 und 30 Vol-% (Bär92; Bec00b; Kan93; Llo94; Ma97; Per95; Son91; Yon05) oder auf Preforms mit Keramikanteilen von 50 bis 90 Vol-% (Eva90; Hof99; Kne94; Kne96; May06; Pen00; Pri95; Ski98a; Ski98b).

Von der Unternehmensgruppe ICI werden Preforms aus polykristallinen δ-Al_2O_3-Kurzfasern unter dem Handelsnamen Saffil®vertrieben. MMCs auf Basis dieser Preforms wurden beispielsweise von (Bec00b) (15 Vol-%), (Bär92) (20 Vol-%), (Sch05) (8, 15 und 22 Vol-%), (Lon95a; Lon95b) (5 und 28 Vol-%) und (Zwe02; Wan06) ($\sim$ 30 Vol-%) untersucht.

Die notwendige Infiltration der Preform führte bei mittleren Keramikanteilen in der Vergangenheit aufgrund des nicht benetzenden Verhaltens der meisten metallischen Schmelzen auf keramischen Oberflächen häufig zu prozesstechnischen Problemen wie z. B. Porenbildung durch unvollständige Infiltration der Preform. Durch hohe mechanische Beanspruchungen beim Druckguss konnte die Preform bei mangelnder Stabilität schon bei der Infiltration geschädigt werden. Aus diesen Gründen liegen über den anwendungstechnisch interessanten Bereich mit Keramikanteilen zwischen 25 und 50 Vol-% bislang nur wenige Arbeiten vor. In einem vom Land Baden-Württemberg geförderten wissenschaftlichen Verbundprojekt wurde die prozesstechnische Machbarkeit, auch aus wirtschaftlicher Sicht, nachgewiesen (Mat04; Mat05; Huc06). Ziel war dabei eine erste mechanische Grundcharakterisierung der elastischen bzw. mechanischen Eigenschaften und die Bewertung und Optimierung der Infiltrationsgüte mit Hilfe der Mikrocomputertomographie (vgl. (Pfe03)).

2.2.2 Eigenschaften von MMCs

Bei **einsinniger mechanischer Beanspruchung** zeigen MMCs im Vergleich zur unverstärkten Matrix in der Regel eine höhere Steifigkeit (E-Modul), eine größere Verfestigung (Steigung der σ-ϵ-Kurve nach einsetzender plastischer Verformung) sowie eine höhere Festigkeit bei geringerer Bruchdehnung auf (Nie83; McD85). Die metallische Matrix zeigt dabei ein vereinfachtes ideal elastisch-plastisches Verhalten, die keramische Verstärkungsphase verformt sich bis zum Versagen dagegen rein elastisch (Har03). Für eine keramische Verstärkungsphase in Form von porösen Vorkörpern aus Al_2O_3 weist Knechtel (Kne96) bei Raumtemperatur eine nahezu lineare Abhängigkeit des E-Moduls von der Porosität nach. Auch die Untersuchungen von Ostrowski (Ost97) an porösen Keramiken lassen erkennen, dass bei Raumtemperatur der E-Modul nahezu linear mit abnehmender Porosität ansteigt.

Das mechanische Verhalten von partikel- und kurzfaserverstärkten MMCs ist auch von der Orientierung der Verstärkungsphase zur angreifenden Beanspruchung abhängig (Sor95). Die Steifigkeit von Al_2O_3-Al-MMCs nimmt in der Regel mit steigendem Volumenanteil der Verstärkung zu, während sich die Dehngrenze als Funktion der Partikelgröße beschreiben lässt (Kou01). Speziell bei erhöhten Temperaturen von 300 °C können bei Al-basierten MMCs um 200 MPa erhöhte Festigkeiten gegenüber der unverstärkten Legierung festgestellt werden (Har92). Für einen Preform-MMC aus mit Al-Si12(Cu) reaktionsinfiltriertem TiO_2 wurde bei Raumtemperatur ein **E-Modul** 252 GPa bestimmt. Bei 500 °C Prüftemperatur liegt der E-Modul noch bei über 200 GPa, bei 900 °C liegt er bei 123 GPa. Der Abfall des E-Moduls fällt ab einer kritischen Temperatur von 400 - 500 °C deutlicher aus als im Niedrigtemperaturbereich (Bey02).

SiC-Al-Verbundwerkstoffe weisen gegenüber der unverstärkten Al-Matrix eine Steigerung des E-Moduls um 50 bis 100 % auf und liegen damit im Bereich von Titan, allerdings bei einer um ein Drittel geringeren Dichte. Das Verhältnis von E-Modul zu Dichte ist damit vielen Titan- und Aluminiumlegierungen überlegen (McD85).

Durch den einfachen Ansatz der anteiligen Berücksichtigung der Werkstoff-kennwerte der einzelnen Phasen eines Verbundwerkstoffs lassen sich zu erwartende Werte der Werkstoffkenngrößen von MMCs in Abhängigkeit von den Eigenschaften der Komponenten und deren Volumenanteilen abschätzen (Becoob; Haro3; Hil63; Ost98; Rau77).

Unter bestimmten Bedingungen können die mechanischen und weitere physikalische Kennwerte des Verbundwerkstoffs durch die lineare **Mischungsregel** beschrieben werden. Formel 2.8 kann beispielsweise für einen Verbundwerkstoff mit faserförmiger Verstärkung gewählt werden:

$$Y_C = V_f \cdot Y_f + (1 - V_f) \cdot Y_m \tag{2.8}$$

Y steht für eine beliebige Werkstoffeigenschaft, der Index f bezieht sich auf eine faserförmige Form der einen Komponente, der Index m auf die Matrix als die zweite Komponente, in der die Fasern eingebettet sind. V_f steht für den Volumenanteil an Fasern, die in Beanspruchungsrichtung orientiert sind. Es ist demnach zu beachten, dass zwischen isotropen, also richtungsabhängigen, und anisotropen Werkstoffeigenschaften von MMCs unterschieden werden muss (KS 86).

Das **thermische Ausdehnungsverhalten** von Metall-Keramik-Verbundwerkstoffen wird in der Regel durch den thermischen Ausdehnungskoeffizienten beschrieben. Durch Anwendung und Anpassung der linearen Mischungsregel kann von den Einzelphasen auf das Ausdehnungsverhalten des MMCs geschlossen werden (Bal96; Chao6b; Cou97; Deloo; Mato5; Ski98b; Vai94).

Das thermische Ausdehnungsverhalten einer langfaserverstärkten Al6061-Legierung (40 Vol-% Kohlenstofffasern) kann unter der Berücksichtigung von Kriechvorgängen numerisch gut beschrieben werden (Dutoo).

Aus der Literatur bekannte Modelle zur Beschreibung des temperaturabhängigen Ausdehnungskoeffizienten α (z. B. nach Schapery und Turner) können das reale Verhalten von MMCs nur bei geringen Verstärkungsanteilen näherungsweise beschreiben (Bal96; Hubo3; Hubo6; Ski98b).

Das unterschiedliche thermische Ausdehnungsverhalten von metallischer Matrix und keramischer Verstärkungsphase führt zu Eigenspannungen im MMC (Deloo; Haro3; Hof99; Huao6; Ros86; She98; Ski98a; Teio1; Xu95). Skirl (Ski98b) quantifiziert die Eigenspannungen bei Raumtemperatur durch Untersuchungen mittels Neutronenbeugung und zeigt, dass sich beim Abkühlen in der keramischen Phase Druck- und in der metallischen Phase Zug-Eigenspannungen ausbilden. Er diskutiert eine Abnahme der Mittelwerte der Zugspannungen im System Al_2O_3/Al mit zunehmendem Metallgehalt. Abhängig vom Gefüge führen demnach geringe Metallphasen in einer Keramikmatrix zu Eigenspannungen, die Werte von maximal 1448 MPa erreichen können. Hierbei wird eine Erhöhung der Fließgrenze der Al-Phase aufgrund der geometrischen Einschränkung angenommen. Mit zunehmendem Metallgehalt verringern sich die Spannungen. Die Interpolation der Mittelwerte und lineare Regression ergeben nach Skirl für Metallgehalte zwischen 50 und 65 Vol-% demnach keine Eigenspannungen mehr.

Bei MMCs mit hohen Metallgehalten sind demnach allenfalls geringe Eigenspannungen zu erwarten. An Aluminium mit 10 und 15 Vol-% Saffil®-Fasern als Verstärkung wurden mittels Neutronenbeugung bei Raumtemperatur Zugeigenspannungen von maximal 30 MPa (10 Vol-%) bzw. 40 MPa (15 Vol-%) gemessen (Gar06a; Gar06b; Gar06c; Gar07). Mit steigender Temperatur werden die inneren Spannungen der Verbundkörper zunehmend abgebaut (Har92; Sch05).

Der Einfluss der Verstärkung auf die Aluminium-Kolbenlegierung KS 1275 (AlSi12CuNiMg) wird in Tabelle 2.1 in Form von ausgewählten Werkstoffkennwerten quantifiziert. Die Legierung KS 1275 wurde zum einen mit 20 Vol-% Al_2O_3-Fasern mit einem mittleren Durchmesser von 3 µm und einer Länge von 70 bis 300 µm verstärkt. Durch eine richtungsabhängige Orientierung der Fasern ergibt sich eine Anisotropie der Werkstoffeigenschaften. Andererseits erfolgt eine Verstärkung mit 20 Vol-% SiC-Whiskern. Der mit Whiskern verstärkte Werkstoff verhält sich weitgehend isotrop. Durch das Pressgießen ergibt sich herstellungsbedingt ein feineres Gefüge als bei der unverstärkten eutektischen Legierung KS 1275.

Tab. 2.1. Ausgewählte Werkstoffkennwerte der unverstärkten und verstärkten Al-Legierung KS 1275 (KS 86)

		KS 1275	KS 1275 + SiC	KS 1275 + Al_2O_3
R_m	MPa	195 - 245	413	328
$R_{po,2}$	MPa	185 - 225	346	289
A_c	%	0,5 - 1,5	0,4	0,35
HV 10		90 - 125	177	150 - 155
E-Modul	GPa	78	127	98
α	10^{-6}/K	20,5	16	15
λ	W/M·K	155	125	100
ρ	g/cm^3	2,7	2,77	2,8
ν		0,3	–	0,27

MMCs mit Faserverstärkung sind unter bruchmechanischen Aspekten interessant, weil den Fasern Rissstoppeffekte zugeschrieben werden. Theoretische

Betrachtung hierzu haben dabei zum Ziel, die Ausbreitung von Rissen mittels Kennwerten wie z. B. der **Risszähigkeit** (in der Literatur auch als Bruchzähigkeit bezeichnet) zu Beschreiben und damit Kriterien für die Auslegung von Strukturen zu schaffen (Pet94).

Für Al/Al_2O_3 und Cu/Al_2O_3-Preform-MMCs mit Metallgehalten zwischen 10 und 40 % hat Knechtel (Kne96) nach der Single-Edge-Precracked-Beam (SEPB) Methode bei Raumtemperatur Risszähigkeiten im Bereich von 4 bis 11 MPa$\sqrt{m}$ ermittelt. Für die porösen Vorkörper wurde festgestellt, dass die Werte der SEPB Risszähigkeit monoton mit abfallender Porosität von 1,2 MPa$\sqrt{m}$ bei 65 % theoretischer Dichte auf 3,3 MPa$\sqrt{m}$ bei 98 % theoretischer Dichte anwachsen, wobei ein starker Anstieg zwischen 85 und 95 % theoretischer Dichte beobachtbar ist. Bei 95 bis 98 % theoretischer Dichte kann allerdings nicht mehr von einem porösen Vorkörper gesprochen werden, da die hohe Dichte eine offene Porosität praktisch ausschließt. Ostrowski (Ost97) ermittelt mit der SEPB Methode an porösen Keramiken eine maximale Risszähigkeit K_{IC} von 4,5 MPa$\sqrt{m}$ im Bereich hoher Dichte, wobei die K_{IC}-Werte in erster Näherung eine lineare Abhängigkeit von der Porosität aufweisen.

Durch Normieren der SEPB-Risszähigkeiten von Preform-MMCs auf die Risszähigkeiten der Vorkörper konnte Knechtel (Kne94; Kne96) belegen, dass durch Infiltration mit einer Metallphase die Risszähigkeit der porösen Vorkörper bis um das 5-fache erhöht werden kann. Skirl stellt fest, dass sich die Risszähigkeit von Keramiken bei Raumtemperatur durch Metallverstärkung bis um das 8-fache erhöhen lässt. Die Messungen nach der SEVNB-Methode (Küb02) ergaben Risszähigkeiten zwischen 4,8 MPa$\sqrt{m}$ (85 Vol-% Keramikanteil) und 10,5 MPa$\sqrt{m}$ (65 Vol-% Keramikanteil) (Pri95; Ski98b).

Für TiO_2-Preform-MMCs (mit AlSi12(Cu) reaktionsinfiltriert, Keramikanteil 50 Vol-%) wurde eine Abhängigkeit der Risszähigkeit von der Wärmebehandlung festgestellt. Infiltrierte Proben ohne Wärmebehandlung weisen bei Raumtemperatur K_{IC}-Werte im Bereich von 8,65 ± 1,75 MPa$\sqrt{m}$ auf. Thermische Auslagerung reduzierte den K_{IC}-Wert auf 3,49 MPa$\sqrt{m}$. Eine Erhöhung der Prüftemperatur auf 630 °C führte für umgesetzte Al_2O_3-Ti(AlSi)$_3$-Composites zu einer leichten Steigerung des K_{IC}-Wertes auf 4,49 ± 0,04 MPa$\sqrt{m}$.

Die erzielbaren Risszähigkeiten übersteigen die Kennwerte der reinen keramischen Werkstoffe, für die K_{IC}-Werte im Bereich von 1 bis 3 MPa$\sqrt{m}$ angegeben werden. Die aluminothermisch umgesetzten Verbundwerkstoffe zeichnen sich mit K_{IC} = 3,49 MPa$\sqrt{m}$ trotzdem durch ein reines Sprödbruchverhalten aus. Die fraktographischen Untersuchungen zeigen keinerlei Ausbildung duktiler Verformung. Der Verstärkungseffekt in Hinblick auf die Verbesserung der Schadenstoleranz ist in der Praxis daher dem Verbleib eines duktilen Al-Anteils zuzuordnen (Bey02).

Sowohl bei Skirl (Ski98b), als auch bei den Untersuchungen von Lii (Lii02) kam reines Aluminium als Matrixwerkstoff zum Einsatz. Obwohl mit zunehmendem Aluminiumnitrid-Volumenanteil die Duktilität des MMCs abnimmt, ermittelte Lii für AlN-Anteile zwischen 51,2 und 70 % recht konstante Risszähigkeiten zwischen 14,5 und 15,7 MPa$\sqrt{\text{m}}$. Für die Keramik ergaben sich Risszähigkeiten von etwa 3,5 MPa$\sqrt{\text{m}}$.

Eine Verbesserung des **Ermüdungsverhaltens** einiger partikel- und kurzfaserverstärkter Verbundwerkstoffe wurde nachgewiesen. Vor allem im Bereich niedriger Lastspielzahlen ergibt sich eine Verbesserung der Ermüdungsfestigkeit (Har92). Partikelverstärkte MMCs (Partikelgröße 20 µm, Massenanteil 10 %) zeigen bei spannungskontrollierten Versuchen keine höheren Wechselfestigkeitswerte und bei R = 0 bzw. R = 0,4 geringere Dauerfestigkeitswerte als die unverstärkte Matrixlegierung. Die modifizierte Goodman-Näherung überschätzt in diesem Fall die Dauerfestigkeitswerte (Tok05). Bei dehnungsgeregelter Versuchsführung ergeben sich dagegen in der Regel geringere Lebensdauern (Har02b; Har03).

Die Dauerfestigkeiten einer mit 20 Vol-% Saffil®-Fasern verstärkten GP-AlSi-12CuMgNi-Legierung liegen bei Raumtemperatur und einem Spannungsverhältnis R = -1 um etwa 40 % über den Werten der unverstärkten Legierung (Son91). Bei Temperaturen von 400 °C ist der Verstärkungseffekt noch deutlicher, allerdings sinkt bei dieser Temperatur, bedingt durch Überalterungseffekte in der Matrix, die Dauerfestigkeit der Verbundwerkstoffs auf etwa 55 MPa.

Mit 17 – 20 Vol-% SiC partikelverstärkte Al-Legierungen zeigten bei einem Spannungsverhältnis von R = 0,1 im Vergleich zu ihren unverstärkten Legierungen eine leichte Erhöhung der Dauerfestigkeit, was durch den Lasttransfer auf die steifen Verstärkungsteilchen und der damit niedrigeren Gesamtdehnung erklärt werden kann. Solange die Partikel nicht zu groß sind, führen höhere Teilchengehalte zu höheren Dauerfestigkeiten (Tab99).

Für einen interpenetrierenden Graphit-AlSi7Mg Verbundwerkstoff (Anteil an polykristallinem, isotropem Graphit FU2590 über 80 Vol-%) wurden in spannungskontrollierten Wechselbiegeversuchen (f = 25 Hz) und Zug-Druck-Wechselversuchen (f = 20 kHz) Schwingfestigkeitswerte ermittelt, die bis zu 30 % über denen des uninfiltrierten Graphits lagen (May06).

Für SiC-partikelverstärkten Al-Legierungen (12,5 Vol-% SiC, mittlerer Ø 3 µm, R = -1) können – im besonderen bei höheren Temperaturen – bruchmechanische Lebensdauerprognosekonzepte nur bei Identifikation der wirksamen Schädigungsmechanismen erfolgreich angewendet werden. Solange ein Schädigungsmechanismus gegenüber anderen dominiert, sind im Low-Cycle-Fatigue-Bereich relativ genaue Lebensdauerprognosen möglich (Jun99).

Das **Ausbreiten von Ermüdungsrissen** und die Ermüdungseigenschaften von partikel- und kurzfaserverstärkten MMCs hängen vom Volumenanteil der Verstärkung, der Größe, der Gestalt und der Verteilung der Keramikverstärkung ab (Har94b).

Beobachtungen an Bruchflächen und an Oberflächenrissen ergaben, dass in Kurzfasersystemen von den Grenzflächen zwischen Faser und Matrix vielfache Risse ausgehen. Die Risse pflanzen sich in die Matrix hinein fort und wachen mit zunehmender Zahl der Zyklen zusammen. Für alle Werte von ΔK pflanzen sich die Risse schneller durch Faser und Matrix fort, als dies bei unverstärktem Material der Fall ist. Das Wachstum von Ermüdungsrissen nimmt mit zunehmendem ΔK aufgrund der relativ geringen Risszähigkeit der MMCs rasch zu (Har92).

Bei partikelverstärkten MMCs wurde beobachtet, dass einige Partikel vor dem Hauptriss brechen, dieser Bruch aber nicht unbedingt in der Verlängerung des eigentlichen Risses erfolgt. Dies führt zu Bruchverzweigungen, die sich miteinander verbinden müssen und damit die Wachstumsgeschwindigkeit bei vorgegebenem ΔK verringern. Andererseits sind Partikelcluster schon bei niedrigen Beanspruchungen der Ausgangspunkt für Risse (Har92; Har94b).

Die Kerbempfindlichkeit unter zyklischer Beanspruchung bei AlSiMg-Gusslegierungen kann durch eine Verstärkung mit Al_2O_3-Kurzfasern reduziert werden (Bol92).

Magnesium aus der Al-Legierung begünstigt eine starke Bindung zwischen Faser und Legierung. Diese starke Bindung fördert die Übertragung von Spannungen von der Matrix auf die Faser und diese erreicht dadurch häufiger ihre Bruchspannung. Wenn dies an vielen Stellen des Querschnitts geschieht, z. B. in Bereichen mit hohem Faservolumenanteil, wird der Verbund geschwächt und die Risse pflanzen sich aus der Faser durch die stark gebundene Grenzfläche in die Matrix hinein fort. Das kann dazu führen, dass der Verbundkörper bei Beanspruchungen versagt, die geringer sind als die Bruchfestigkeit der Matrix. Die weniger stark gebundenen Systeme, wie z. B. unlegiertes Aluminium oder Al-4 % Cu, übertragen die Last nicht so gut auf die Faser. Bei ihnen bricht mit zunehmender Beanspruchung die Verbindung zwischen Faser und Matrix an den Enden der in Beanspruchungsrichtung angeordneten Fasern oder an anderen Stellen entlang des Umfangs der Fasern, wenn sie quer zur Richtung der Lastaufgabe angeordnet ist. Die Verbesserung der Eigenschaften des Verbundkörpers in den frühen Stadien der Beanspruchung trägt aber auch zu der geringen Bruchdehnung der stark gebundenen Systeme bei, obwohl die Gegenwart der Aluminiumoxidfasern eine hohe Verfestigungsgeschwindigkeit zur Folge hat. Diese Verbunde erreichen und überschreiten ihre Bruchdehnung von 0,67 % schnell (Har92).

Rissfortschrittsversuche an MMCs haben gezeigt, dass partikelverstärkte Legierungen höhere effektive Schwellenwerte aufweisen als die unverstärkten Legierungen (Tab99; Vol99). Eine Erhöhung des Volumenanteils führt bei SiC-partikelverstärkten MMCs auch zu einer Erhöhung des Schwellenwertes, allerdings setzt das kritische Risswachstum früher ein als bei der unverstärkten Matrix (Har03). Bei faserverstärkten MMCs hängt eine Erhöhung des Schwellenwerts stark von der Ausrichtung der Fasern ab (Cha06b).

Von Bär (Bär92) liegen Ergebnisse zum **Ermüdungsrissausbreitungsverhalten** von zwei Faserverbundwerkstoffen aus einer AlSi12CuMgNi-Legierung mit jeweils 20 Vol-% Kurzfasern im Temperaturbereich von 20 °C bis 350 °C vor, die mit der unverstärkten Legierung (Index M) verglichen werden. Bei den Fasern handelte es sich zum einen um Saffil®(Index S), eine polykristalline δ-Al_2O_3-Faser, zum anderen um Fiberfrax (Index F), eine polykristalline Mischfaser aus jeweils 50 % Al_2O_3 und SiO_2. Ein Vergleich des Rissausbreitungsverhaltens der drei Werkstoffe bei Raumtemperatur ergibt zum einen, dass bei R = -1 die unverstärkte Legierung M mit $2 \pm 0{,}3$ MPa$\sqrt{m}$ den niedrigsten Schwellenwert aufweist, für die Legierung S wurde der Schwellenwert zu $2{,}8 \pm 0{,}2$ MPa$\sqrt{m}$ bestimmt, die Legierung F liegt mit $2{,}5 \pm 0{,}2$ MPa$\sqrt{m}$ dazwischen.

Ein völlig anderes Bild ergibt sich bei der Betrachtung der Rissausbreitungskurven, die mit einem R-Wert von 0,1 ermittelt wurden. Hier liegen die Werte der unverstärkten Legierung bei deutlich höheren Spannungsintensitäten. Die Rissausbreitungskurve der unverstärkten Legierung M strebt auf einen Schwellenwert von etwa 5 MPa$\sqrt{m}$ zu, während dieser Grenzwert der Ermüdungsrissausbreitung bei beiden faserverstärkten Legierungen S und F unter 4 MPa$\sqrt{m}$ liegt. Auch der Verlauf der Rissausbreitungskurven der verstärkten Legierungen S und F ist insgesamt steiler.

Gegenüber dem Verhalten bei Raumtemperatur verändert sich die Anordnung der Kurven bei 200 °C und R = 0,1. Die Legierung F zeigt mit einem Schwellenwert von knapp unter 3 MPa$\sqrt{m}$ wiederum das schlechteste Rissausbreitungsverhalten, der Schwellenwert der Legierung S ist mit ungefähr 4 MPa$\sqrt{m}$ der höchste der drei Werkstoffe. Die unverstärkte Legierung M liegt mit einem Schwellenwert von etwa 3,5 MPa$\sqrt{m}$ dazwischen. Auch bei 200 °C ist der Verlauf der Rissausbreitungskurven der beiden Faserverbund-MMCs im Vergleich zur unverstärkten Legierung M steiler.

Bei einer Versuchstemperatur von 350 °C und R = 0,1 sind beide Faserverbunde im Rissausbreitungsverhalten der unverstärkten Legierung deutlich überlegen. Die Kurve der Legierung S verläuft dabei bei noch höheren Spannungsintensitäten als die der Legierung F. Der Schwellenwert der Legierung S liegt hier bei etwa 2,5 MPa$\sqrt{\text{m}}$. (Bär92) stellt abschließend fest, dass bei Raumtemperatur und 200 °C unter Zugschwellbeanspruchung die unverstärkte Legierung den beiden Faserverbunden überlegen ist. Auch unter symmetrischer Beanspruchung wird bei Raumtemperatur durch die Faserverstärkung nur eine geringfügige Verbesserung des Rissausbreitungsverhaltens erzielt. Erst bei 350 °C weisen die faserverstärkten Legierungen S und F ein besseres Rissausbreitungsverhalten als die unverstärkte Legierung M auf.

Entfestigendes bzw. verfestigendes Verhalten von MMCs (Har03) wird in erster Linie dem Wärmebehandlungszustand der jeweiligen Aluminium-Matrixlegierung zugeschrieben (Fla95; Kan06).

Das zyklische Wechselverformungsverhalten von partikel- und kurzfaserverstärkten AA6061-Legierungen (AlMgSiCu) hat Hartmann in gesamtdehnungsgeregelten Versuchen untersucht. Die Ergebnisse wurden mit der unverstärkten Legierung und kurzfaserverstärktem, technisch reinem Al 99,85 verglichen. Die Form der Verstärkung (Faser oder Partikel) hat demnach nur einen geringfügigen Einfluss auf das zyklische Verformungsverhalten. Ein verfestigendes Werkstoffverhalten konnte nur bei relativ niedrigen Temperaturen festgestellt werden, bei Temperaturen um 300 °C wurde ein Entfestigen der MMCs beobachtet (Bie01; Har01; Har02a; Har03). Die Schwingfestigkeit der MMCs ist nur bei geringen Dehnungsamplituden höher als die der unverstärkten Legierung, da sich bei höheren Dehnungsamplituden durch die Verstärkung höhere Spannungsamplituden ergeben (Har01).

Wird bei zyklischen Beanspruchungen die Streckgrenze der Matrixlegierung erreicht, so verformt sich die keramische (faser-)Verstärkung aufgrund des höheren E-Moduls noch rein elastisch. Das elastisch-plastische Belasten der Matrix kann daher zum Aufbau von Druck- bzw- Zugspannungen bzw. zu plastischen Dehnungen des MMCs führen (Har94b).

Die zyklische Akkumulation von inelastischen Deformationen bei einer spannungskontrollierten Versuchsführung wird **zyklisches Kriechen** genannt und in der angelsächsischen Literatur auch als ratcheting effect (Ratschen-Effekt) bezeichnet. Partikelverstärkte MMCs (14 und 21 Vol-% SiC, Partikelgröße 30 µm) zeigen – abhängig von der Größe der Mittelspannungen – ein deutlich geringeres zyklisches Kriechen als die unverstärkte Al-6061-Legierung. Bei höheren Temperaturen sind thermisch aktivierte Kriecheffekte zu berücksichtigen (Kan06).

Die beim zyklischen Kriechen beobachteten Hystereseschleifen werden mit zunehmender Zyklenzahl in Richtung höherer Dehnungswerte verschoben. Legt man durch die Umkehrpunkte der Hysteresen jeweils eine Gerade, so wird beim Auftreten von (Faser-)Schäden die Steifigkeit des Verbundes mit zunehmender Zyklenzahl geringer werden und die Steigung der Ausgleichsgeraden geringere Werte annehmen, was als Indikator für die Schädigung des MMC dienen kann (Joh89; Har94b).

Bei diskontinuierlich verstärkten Werkstoffen kommen drei Typen von **Schädigung durch eine zyklische Beanspruchung** in Frage: i) Bruch der Verstärkungen, ii) Versagen der Haftung zwischen Verstärkung und Matrix (Delamination) sowie iii) Versagen der Matrix. Meist liegt eine Kombination aller Typen vor, wobei einer überwiegt (Har03).

An partikelverstärkten MMCs (Partikelgröße 20 µm, Massenanteil 10 %) wurden bei $R = -1$ Rissbildung an Grenzflächen in der Nähe von größeren Partikeln sowie Versagen der Matrix beobachtet. Im Gegensatz dazu trat bei $R = 0$ und $R = 0,4$ mit Zugmittelspannungen unabhängig von der Spannungsamplitude Grenzflächenversagen zwischen Partikeln und Matrix auf. An der Probenoberfläche wurden zudem Partikelbrüche beobachtet (Tok05).

In mehreren Veröffentlichungen wird gezeigt, dass die Bruchwahrscheinlichkeit von Partikeln mit der Partikelgröße zunimmt. Als Grund hierfür kann die mit zunehmenden Partikelvolumen ansteigende Defektwahrscheinlichkeit und zunehmende Verzerrungsenergie gesehen werden (Har03).

Zudem zeigen Untersuchungen, dass der zum Versagen führende Riss unabhängig von der Temperatur und der Beanspruchungsamplitude an großen SiC-Partikeln (etwa 15 µm) am Probenrand innerhalb weniger Zyklen initiiert wird (Jun99). Diese Erkenntnisse wurden in Modellierungsansätze umgesetzt (Sun03).

Als Messgröße für das **Schädigungsverhalten** von MMCs kann die Steifigkeitsabnahme bei quasistatischen **Entlastungsversuchen** dienen. Die Abnahme des Tangentenmoduls bis zum Bruch der Probe kann bis zu 20 % betragen. Als Schädigungsparameter kann das Verhältnis von E-Modul zum jeweiligen Tangentenmodul dienen (Ber99; Bie02; Kou01; Wei09).

Von Hartmann wurden bei isothermen dehnungskontrollierten Schwingversuchen die **Schädigung während der Wechselbeanspruchung anhand von Steifigkeitsmessungen** untersucht (Har02b; Har03; Har04). Dafür wurde an den Lastumkehrpunkten der Entlastungsmodul in Zug- bzw. Druckrichtung bestimmt und auf den E-Modul im Ausgangszustand bezogen. Eine Abnahme der Probensteifigkeit während der Ermüdung weist demnach auf zunehmende Schädigung hin. Gegen Versuchsende beobachtete Hartmann einen steilen Anstieg der Schädigungsparameter, was auf das Wachstum des Ermüdungsrisses schließen lässt.

Messungen der Schallemission während der zyklischen Verformung ergänzten die Untersuchungen und konnten mit diesen Ergebnissen korreliert werden (Bie02; Har03). Die **Schallemissionsanalyse** (SEA, engl. AE = Acoustic Emission) konnte auch bei anderen Untersuchungen von MMCs vielversprechend eingesetzt werden (Gro06; Wan06; Zwe02). Die Schallemissionsanalyse zeigte sich als wertvolles Hilfsmittel bei der Beurteilung von Schädigungsmechanismen von beschichteten Nickel-Basis-Legierungen unter TMF-Beanspruchung (Vou03).

Den Einfluss von Mitteldehnungen auf das **thermisch-mechanische Ermüdungsverhalten** von AlSi10Mg mit 15 Vol-% Saffil®Faserverstärkung im Zustand T6 wurde von Beck (Bec00b; Bec00c) für die Maximaltemperaturen T_{max} = 250 °C, 300 °C und 350 °C untersucht. Unter allen Versuchsbedingungen ist dabei ein zyklisch entfestigendes Werkstoffverhalten zu erkennen. Bei allen T_{max} liegt die plastische Dehnungsamplitude für ϵ_t = 0 über den bei mitteldehnungsbehafteter Beanspruchung gemessenen Werten. Der Abstand zwischen den bei ϵ_t = 0 und $\epsilon_t \neq$ 0 auftretenden $\epsilon_{a,p}$ sinkt mit zunehmender Maximaltemperatur. Nach dem ersten Lastspiel setzt bei allen Maximaltemperaturen und $\epsilon_t \neq$ 0 Relaxation der anfangs vorhandenen Mittelspannungen ein. Die Messwerte nähern sich den bei mitteldehnungsfreier Versuchsführung von Anfang an gemessenen Mittelspannungswerten an. Für alle drei untersuchten Maximaltemperaturen ist im Bereich von $-1,6$ % $\leq \epsilon_t$ $\leq 0,4$ % kein Einfluss der Mitteldehnung auf die Bruchlastspielzahl zu erkennen, dagegen wird oberhalb 0,4 % für alle untersuchten T_{max} ein drastischer Abfall der Bruchlastspielzahlen mit zunehmender Mitteldehnung beobachtet. Durch die Darstellung von P_{SWT} über N_B ist keine Korrelation der Versuchsergebnisse für $\epsilon_t \neq$ 0 mit den Resultaten für ϵ_t = 0 herzustellen. Bei mitteldehnungsfreier TMF-Beanspruchung konnte eine Schädigungsentwicklung in Form von gebrochenen Siliziumteilchen und Fasern beobachtet werden. Faserablösungen von der Matrix oder Pull-Out wurde an keiner Stelle der Bruchfläche beobachtet (Bec99; Bec00b).

In Temperatur-Wöhlerdiagrammen zeigt AlSi10Mg mit 15 Vol-% Saffil® Faserverstärkung im Zustand T6 in TMF-Versuchen mit vollständiger Dehnungsbehinderung deutlich höhere Lebensdauern als der unverstärkte Matrixwerkstoff. Ein ähnliches Verhalten zeigt sich auch für die Darstellung von $\epsilon_{a,t}^{me}$ über N_B. Als Grund hierfür kann gesehen werden, dass selbst bei $T_{max} \geq$ 300 °C die Behinderung der thermischen Dehnung durch die Saffil-Verstärkung nur zu geringfügig niedrigeren thermischen Dehnungsamplituden als beim unverstärkten Werkstoff führt (Bec00b; Bec01).

Unter den gleichen Versuchsbedingungen zeigt die saffilverstärkte AlSi12CuMgNi Kolbenlegierung Lebensdauern, die über der unverstärkten Matrix, aber etwas unterhalb der saffilverstärkten Legierung AlSi10Mg liegen. Die faserverstärkte AlSi12CuMgNi-Legierung zeigt von allen untersuchten Werkstoffen die geringsten thermischen Dehnungsamplituden. Dadurch zeigt dieser MMC im Vergleich zu den anderen MMCs geringere Spannungsamplituden und geringere plastische Dehnungsamplituden. Mit dem Schädigungsparameter P_{SWT} (nach Smith-Watson-Topper) liegen die Lebensdauern der MMCs und der unverstärkten Matrixlegierungen in einem gemeinsamen Streuband (Beco03; Beco0b).

Mit 1,5 Vol-% Al_2O_3 dispersionsverstärktes Aluminium Al99,5 wurde in Out-of-Phase- und In-Phase-TMF-Versuchen untersucht. Bei den OP-Versuchen wurde die thermische Dehnung vollständig unterdrückt, wohingegen bei den IP-Versuchen die Dehnung so gewählt wurde, dass die aufgeprägten mechanischen Totaldehnungsamplituden mit denen der OP-Versuche vergleichbar waren. Bei den OP-Versuchen wurden im ersten Zyklus Spannungen induziert, die ein Minimum von -80 MPa bei etwa 150 °C erreichten. Bei den IP-Versuchen wurden im ersten Zyklus Zugspannungen von maximal 75 MPa erreicht. Bei 300 °C wurden bei IP- und OP-Beanspruchung plastische Dehnungsamplituden von knapp 0,2 % ermittelt, bei 400 °C lagen die Werte für $\epsilon_{a,p}$ bei etwa 0,4 %. Während der OP-Versuche ergaben sich leicht positive Mittelspannungen, dagegen wurden bei IP-Versuchen leicht negative Mittelspannungen festgestellt. Sowohl während der IP-, als auch während der OP-Versuche wurde zyklisches Entfestigen beobachtet. Die Lebensdauern bei OP-Versuchen lagen bei T_{max} = 300 °C bei etwa 4 x 10^3 Lastspielen, bei T_{max} = 400 °C ergaben sich maximal 10^3 Lastspiele. Die Lebensdauern bei IP-Versuchsführung lagen, trotz der bei OP-Versuchen festgestellten positiven Mittelspannungen bei gleichen Dehnungsamplituden, etwas unter den Lebensdauern der OP-Versuche (Beco0a).

Aus TMF-Tests an mit 15 und 28 Vol-% SiC-Kurzfasern verstärktem Al 6061 geht hervor, dass sowohl out-of-phase (OP)- als auch in-phase (IP)-Beanspruchung zu zyklischer Entfestigung führt, die aber bei OP-Versuchen deutlich ausgeprägter ist. Der höhere Anteil der Verstärkungsphase führt auch zu höheren Spannungsantworten des Werkstoffs. Während der OP-Versuche ergaben sich Zugmittelspannungen, während die IP-Versuche zu Druckmittelspannungen führten. Die Werte der Mittelspannungen werden durch den unterschiedlichen Volumenanteil der Verstärkungsphase nur gering beeinflusst, was die Vermutung nahe legt, dass diesbezüglich die Eigenschaften des Matrixwerkstoffs für den Verbund dominierend sind (Qiao03; Kano8).

3 Werkstoffe, Probenvarianten und Probengeometrien

3.1 Werkstoffe und Probenvarianten

3.1.1 Herstellung der Preform-MMCs

Die Preform-MMCs wurden von der Arbeitsgruppe Dr. Nagel, Hochschule Aalen – Technik und Wirtschaft, bezogen. Die Herstellung erfolgte dabei nach dem in (Huco6) beschrieben Verfahren. Den schematischen Ablauf der Herstellung zeigt Abbildung 3.1.

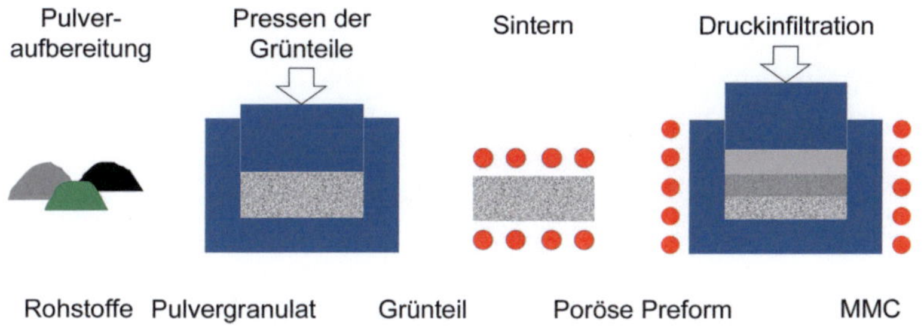

Abb. 3.1. Herstellung der untersuchten Preform-MMCs

Die Deglomeration der Keramikrohstoffe erfolgte nass in einer Planetenkugelmühle. Je nach Zusammensetzung wurde das organische Bindemittel, die Porenbildnerbestandteile sowie ein anorganisches Bindemittel zugegeben. Der fertige Schlicker wurde anschließend gefriergetrocknet und der Trockenkuchen danach mittels eines Siebes zerkleinert. Daraufhin wurde das Pulver zur Aktivierung des organischen Binders für die Grünteilfestigkeit gezielt mit entionisiertem H_2O angefeuchtet und homogenisiert. Auf einer hydraulischen Presse wurde das Pulvergranulat in einem Werkzeug mit den Innenabmessungen 46 mm x 65 mm verdichtet, wobei durch Variation der Schütthöhe eine Preformhöhe von mindestens 9 mm erzielt wurde. Die Preforms wurden dann in einem Rohrofen mit definierter Atmosphäre wärmebehandelt. Diese thermische Behandlung ist zweigeteilt. Im unteren Temperaturbereich wurden die organischen Bestandteile wie Porenbildner und organischer Binder ausgebrannt, im oberen wurde durch eine Haltezeit von 2 Stunden bei einer bestimmten Temperatur die Sinteraktivität gesteuert. Durch die Veränderung der Sintertemperatur konnte Einfluss auf die Porosität sowie auf die Festigkeit der Preforms genommen werden.

Direktes Gießpressen

Dem Sinterprozess folgte die Druckinfiltration mit Al-Schmelze im direkten Gießpressverfahren (Direct-Squeeze-Casting). Die Firma Kolbenschmidt attestiert der AlSi12-Legierung mit Handelsnamen Silumin ausgezeichnete Gießbarkeit (KS 86). Für die Druckinfiltration wurde eine eutektische Aluminiumlegierung der Firma Oetinger gewählt, die Silumin von der Zusammensetzung sehr ähnlich ist und über deren chemische Zusammensetzung Tabelle 3.1 Auskunft gibt. Aufgrund der Angaben zur Zusammensetzung ist ersichtlich, dass die Aluminiumlegierung AlSi12 nicht aushärtbar ist, da keine hinreichenden Mengen der Legierungselemente Kupfer oder Magnesium vorliegen (vgl. Kapitel 2.1).

Die Legierungsbezeichnung lautet nach DIN EN 1706 (DINEN1706) „EN AC-AlSi12(Fe)" bzw. numerisch „EN AC-44300", nach der älteren DIN 1725-2 „GD-AlSi12" bzw. numerisch „3.2582". „Al-Si12Fe" ist die ISO Bezeichnung. Im weiteren wird die Matrixlegierung mit „AlSi12" bezeichnet.

Tab. 3.1. Zusammensetzung der Matrixlegierung AlSi12; Messung der „Hochschule Aalen – Technik und Wirtschaft"

Si	Fe	Cu	Mn	Mg	Cr	Ni	Zn	Al
m-%	m-%	m-%	m-%	m-%	m-%	m-%	m-%	m-%
11,1	0,76	<0,05	0,2	0,01	0,002	0,001	0,044	Rest

Die Infiltration wurde mittels einer Warmpresse durchgeführt. Die Schmelzentemperatur lag bei 800 °C. Zur Vermeidung einer Thermoschockbelastung wurden die Preforms in einem Ofen ebenfalls auf diese Temperatur gebracht. Das Aufschmelzen der portionierten Aluminiumlegierung erfolgte in einem mit Bornitrid-Schlichte versehenen Stahltiegel im vorgeheizten Ofen bei einer Haltezeit von 20 min. Die Platten der Warmpresse wurden auf 400 °C vorgeheizt. Die Gießform wurde im kalten Zustand zur leichteren Formtrennung mit Graphit besprüht. Anschließend wurde das Werkzeug zwischen den Pressplatten auf 380 °C erwärmt. Zur Druckinfiltration wurden die heißen Preforms in die Form eingelegt und anschließend das flüssige Metall in die Form eingebracht. Danach wurde der Pressformstempel aufgesetzt und ein auf den Pressformstempel-Querschnitt bezogener Druck von 100 MPa aufgebracht. Nach der Druckbeaufschlagung über 150 Sekunden wurde der MMC-Probenvorkörper ausgestoßen. Da die Matrixlegierung aufgrund der chemischen Zusammensetzung nicht aushärtbar ist, wurde auf eine nachfolgende Wärmebehandlung verzichtet.

Da die mechanischen Eigenschaften beim Druckguss von den Gießparametern abhängen, wurden die Probenvorkörper aus AlSi12 für die isothermen Wechselversuche unter den selben Bedingungen wie die MMCs in der Warmpresse hergestellt.

Die für die Untersuchungen ausgewählten Werkstoffvarianten zeigt Tabelle 3.2 im Überblick. Die angegebenen Werkstoffkennwerte wurden (Huco6) entnommen.

Tab. 3.2. Bezeichnungen und ausgewählte Kennwerte der untersuchten Werkstoffvarianten (Huco6)

Variante	T1	A2	AG	AlSi12
Preform	TiO_2	Al_2O_3	Al_2O_3 + Glasfritte	–
Hersteller und Bezeichnung	Kronos 3025	Alcoa CL 2500	Alcoa CL 2500 + Cerdec 90263	–
Keramikanteil	39 Vol-%	30 Vol-%	37 Vol-%	0 Vol-%
E-Modul bei RT	124 GPa	125 GPa	132 GPa	75 GPa
Char. Festigkeit	380 MPa	431 MPa	456 MPa	240 MPa

3.2 Probengeometrien

Abbildung 3.2 zeigt die Probengeometrie, die für Zugversuche, Entlastungsversuche und zyklische Versuche der MMC-Varianten gewählt wurde. Ebenso fand diese Probenform Verwendung bei den TMF- und isothermen Versuchen des Matrixwerkstoffs AlSi12. Aufgrund der Abmessungen der Probenvorkörper war die Gesamtlänge der Proben auf maximal 65 mm limitiert.

Für die Untersuchungen von MMCs und Matrixwerkstoff AlSi12 im Dilatometer wurde eine Probenform gewählt, wie sie in Abbildung 3.7 dargestellt ist. Da die Keramik-Preforms aufgrund ihrer geringen Festigkeit nicht drehend bearbeitet werden konnten, wurden aus den Preform-Rohlingen quaderförmige Proben mit den Abmessungen 5 mm x 5 mm x 25 mm durch Sägen und Schleifen herausgearbeitet.

Die Rundproben mit der in Abbildung 3.2 gezeigte Geometrie konnten zur Durchführung der TMF-Versuche wegen des für die Spule notwendigen Bauraums nicht direkt in die vorhandenen Spanneinrichtungen eingesetzt werden. Zudem sollte die thermische Beanspruchung der Spanneinrichtungen möglichst gering gehalten werden.

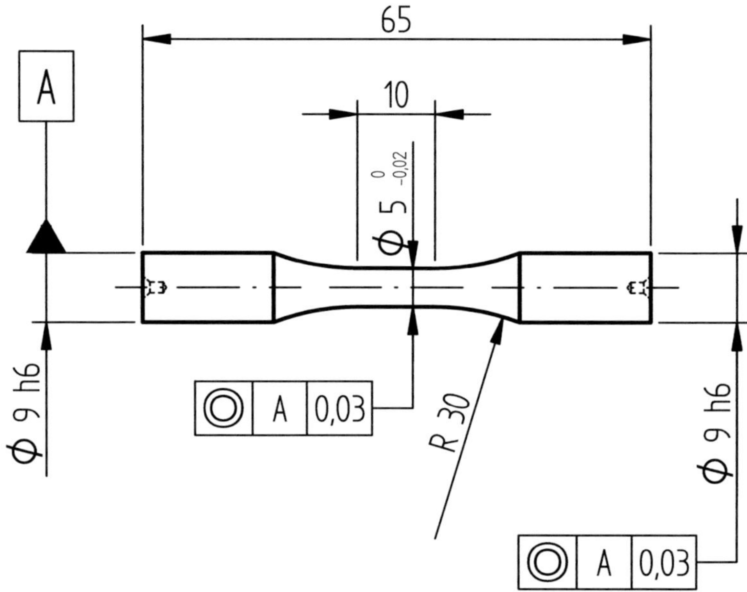

Abb. 3.2. Probengeometrie für Zugversuche, Entlastungsversuche und zyklische Versuche an MMCs

Es wurde daher ein Adapter mit den in Abbildung 3.3 gezeigten Abmessungen konstruiert.

Zum Aufheizen der Proben wurde ein induktives Heizsystem mit Hochfrequenzgenerator verwendet. Um ein Aufheizen des Adapters durch induzierte Wirbelströme möglichst gering zu halten, kamen insbesondere gut leitende Werkstoffe wie Aluminium oder Kupfer für die Adapterfertigung in Frage. Diese gut leitenden Werkstoffe besitzen allerdings vergleichsweise schlechte mechanische Eigenschaften. Als Kompromiss zwischen elektrischen und mechanischen Eigenschaften wurde als Werkstoff für den Adapter die Messinglegierung CuZn40Al2 gewählt. Durch den Adapter ergab sich ein größerer Abstand zwischen Heizspule und den Standard-Spannvorrichtungen aus Stahl, wodurch eine Minimierung der Streuleistung erreicht werden konnte.

Zur Unterstützung des Abkühlvorgangs wurde im Bereich der Spannbacken des Adapters eine Querstromkühlung integriert, die mit der Kühleinrichtung der hydraulischen Spanneinrichtung verbunden wurde. Abbildung 3.4 zeigt den Aufbau in der Prüfmaschine. Deutlich zu erkennen sind die Anschlüsse für die integrierte Querstromkühlung sowie die Düsen zum zusätzlichen Anblasen von Luft beim Abkühlvorgang. Links im Bild sind die Keramikstäbe des kapazitiven Dehnungsaufnehmers erkennbar, von rechts wird das Thermoelement an die Probe herangeführt.

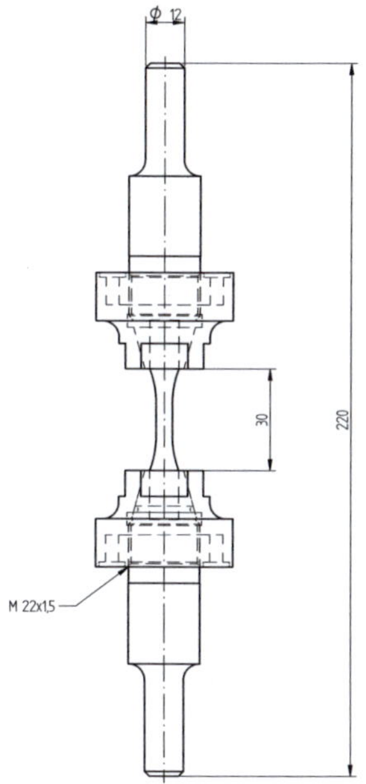

Abb. 3.3. Adapter für die TMF-Versuche

Abb. 3.4. Adapter in der Versuchseinrichtung

Die Abmessungen der Proben für Zugversuche im Rasterelektronenmikroskop zeigt Abbildung 3.5, Abbildung 3.6 zeigt die Probengeometrie, die für Zugversuche mit dem Matrixwerkstoff AlSi12 gewählt wurde.

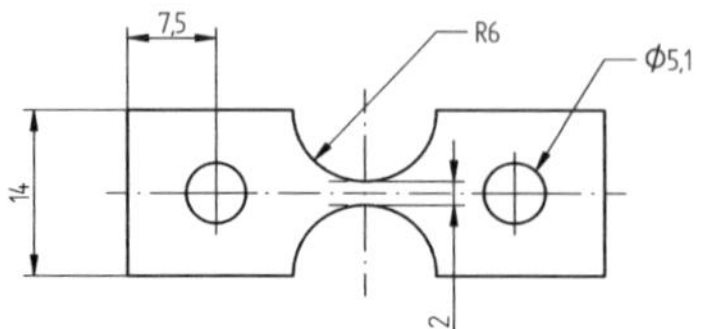

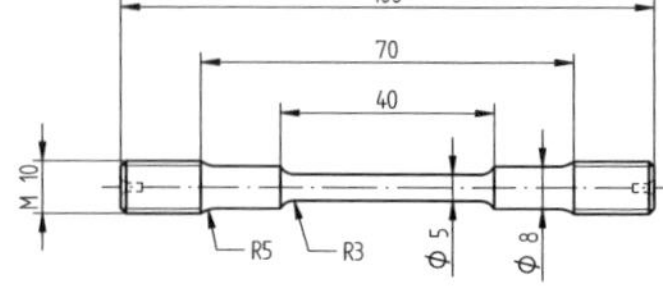

Abb. 3.6. Probengeometrie für Zugversuche an der Matrixlegierung AlSi12

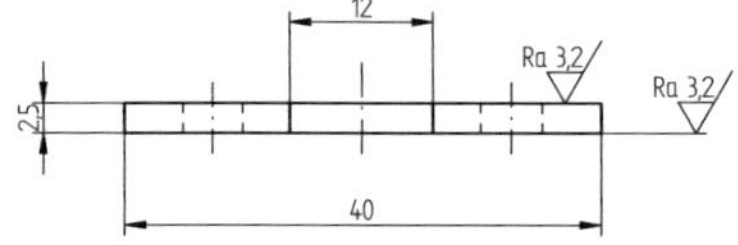

Abb. 3.5. Zugprobe für In-Situ-Zugversuche

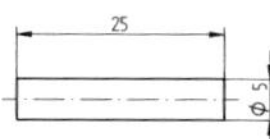

Abb. 3.7. Dilatometerprobe AlSi12

3.3 Bearbeitungsparameter und Oberflächengüten

Für die Herstellung der Rundproben wurden zunächst Rohlinge aus den Probenvorkörpern herausgesägt. Hierzu wurde eine Bandsäge mit Hartmetall-Sägeblatt verwendet. Es zeigte sich, dass der hohe Keramikanteil der MMC-Werkstoffe große Anforderungen an das Werkzeug stellt. Es wurde festgestellt, dass für einen sauberen Schnitt der Vorschub 1/3 des für Metalle üblichen Wertes nicht überschreiten durfte. Das Drehen der Proben aus den Rohlingen erfolgte auf einer handelsüblichen CNC-Drehmaschine. Durch Variation der Schneidmittel und Bearbeitungsparameter wurden die Oberflächengüten der Proben optimiert.

Mit den für das Drehen anfangs verwendeten CBN-Wendeschneidplatten CB20 von Sandvik (CBN – Kubisches Bornitrid) konnten zwar eine zufriedenstellende Oberflächengüte erzielt werden, allerdings waren die Standzeiten der Wendeschneidplatten äußerst gering und unter wirtschaftlichen Gesichtspunkten nicht akzeptabel. Durch den Einsatz von diamantbeschichteten Hartmetall-Schneidplatten des Typs 1810 von Sandvik konnte die Standzeit der Werkzeuge lediglich um den Faktor zwei erhöht werden. Eine wesentliche Verbesserung der Standzeit brachte der Einsatz von PKD-bestückten Tirowave-Schneidplatten der Marke Precitool (PKD = Polykristalliner Diamant). Im Vergleich zur anfangs verwendeten Schneidplatte vom Typ CB20 ist die Standzeit der Tirowave-Platte um den Faktor 40 höher. Wie erwartet traten beim Bearbeiten der MMCs wegen der spröden Keramikphase sehr fein brechende Späne auf.

Folgende Parameter beim abschließenden Schlichten der Proben ergaben eine zufriedenstellende Oberfläche:

- Vorschub F: 0,04 mm/U

- Schnittgeschwindigkeit V_c: 100 m/min

- Schneidenradius: 0,4 mm

- Schnitttiefe beim Feindrehen/Schlichten: 5/10 mm

Da für die Schwingfestigkeit von (metallischen) Werkstoffen in erster Linie der Werkstoffzustand der Oberfläche und der randnahe Bereich von Bedeutung ist und um die sich aus der Bearbeitung ergebende Mikrogeometrie quantitativ beschreiben und vergleichen zu können, wurden die Oberflächen einiger Proben genauer analysiert. Dies erfolgte mit einem konfokalen Weißlichtmikroskop vom Typ NanoFocus „surf", das als optisches 3D-Meßsystem in der Lage ist, komplexe Strukturen mit hoher vertikaler und lateraler Auflösung flächenhaft zu vermessen. Ausgewertet wurden die Messergebnisse mit der Software DigitalSurf Mountains Map Universal 3.2.0.

Folgende Kenngrößen wurden ermittelt:

- Der Mittenrauhwert R_a als arithmetisches Mittel der Beträge aller Profilwerte des Rauheitsprofils.

- Der Mittenrauhwert R_q ist der quadratische Mittelwert aller Profilwerte des Rauheitsprofils.

- Die Rauhtiefe R_z als arithmetischer Mittelwert der Einzelrauhtiefen R_{zi} aufeinanderfolgender Einzelmeßstrecken: Die R_z-Definition entspricht dabei der Definition in DIN 4768:1990. Sie weicht von der früher in ISO 4287:1984 enthaltenen Zehnpunkthöhe R_z ab, die in der neueren Norm nicht mehr enthalten ist. Die Einzelrauhtiefe R_{zi} ist die Summe der Höhe der größten Profilspitze und der Tiefe des größten Profiltals des Rauheitsprofils innerhalb einer Einzelmessstrecke.

- Die maximale Rauhtiefe R_{max} als größte Einzelrautiefe innerhalb der Gesamtmessstrecke (vgl. DIN EN ISO 4288; R_{max} entspricht R_{zimax}).

- R_p als Höhe der größten Profilspitze des Rauheitsprofils innerhalb einer Einzelmessstrecke.

In Tabelle 3.3 sind die ermittelten Rauhigkeitskennwerte der AlSi12-Probe zusammengefasst. Ein Ausschnitt aus der Oberflächenkontur der zugehörigen Probe zeigt Abbildung 3.8, die Mikrostruktur bei herausgerechnetem Zylinderprofil zeigt Abbildung 3.9.

Tab. 3.3. Oberflächen-Kenngrößen der AlSi12-Rundproben

AlSi12, Basis: 512 Profile		[μm]	[μm]	Min [μm]	Max [μm]
Mittenrauhwert, arithmetisch	R_a	0,425	± 0,039	0,350	0,581
Mittenrauhwert, quadratisch	R_q	0,54	± 0,051	0,442	0,744
Rauhtiefe	R_z	2,59	± 0,288	2,000	3,65
Maximale Rauhtiefe	R_{max}	3,13	± 0,403	2,18	4,71
Höhe der größten Profilspitze	R_p	1,27	± 0,174	0,911	1,95

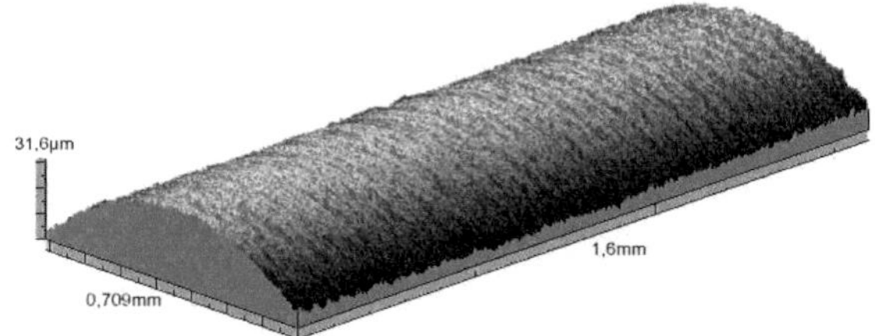

Abb. 3.8. Oberflächenkontur AlSi12-Rundprobe

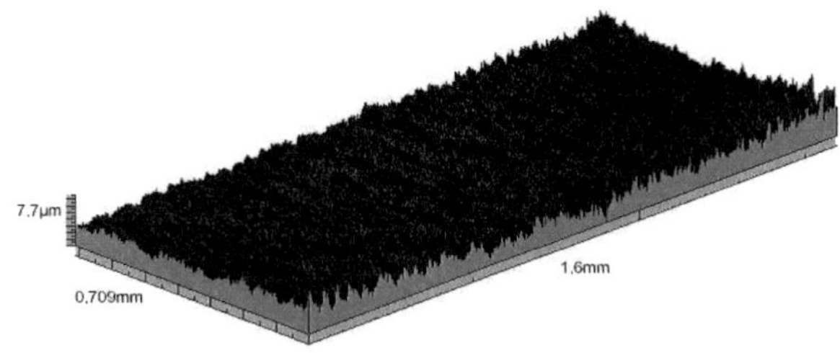

Abb. 3.9. Mikrogeometrie AlSi12-Rundprobe mit herausgerechnetem Zylinderprofil

In Tabelle 3.4 sind die ermittelten Rauhigkeitskennwerte der Probenvariante
T1 zusammengefasst. Ein Ausschnitt aus der Oberflächenkontur der zugehörigen T1-Rundprobe zeigt Abbildung 3.10, die Mikrostruktur bei herausgerechnetem Zylinderprofil zeigt Abbildung 3.11.

Tab. 3.4. Oberflächen-Kenngrößen der T1-MMC-Rundproben

Probenvariante T1, Basis: 512 Profile		[µm]	[µm]	Min [µm]	Max [µm]
Mittenrauhwert, arithmetisch	R_a	0,478	$\pm$ 0,0388	0,413	0,611
Mittenrauhwert, quadratisch	R_q	0,586	$\pm$ 0,0565	0,501	0,806
Rauhtiefe	R_z	2,53	$\pm$ 0,306	2,11	3,41
Maximale Rauhtiefe	R_{max}	3,23	$\pm$ 0,886	2,27	6,78
Höhe der größten Profilspitze	R_p	1,13	$\pm$ 0,0993	0,933	1,52

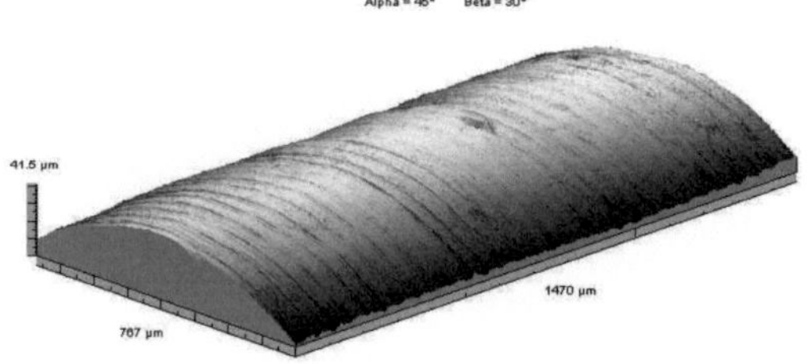

Abb. 3.10. Oberflächenkontur T1-Rundprobe

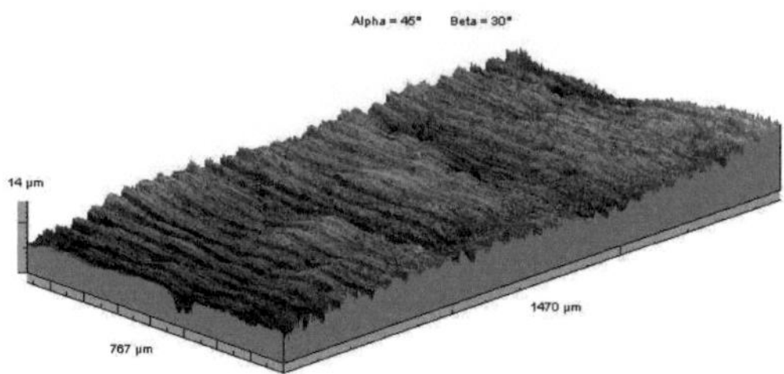

Abb. 3.11. Mikrogeometrie T1-Rundprobe mit herausgerechnetem Zylinderprofil

In Tabelle 3.5 sind die ermittelten Rauhigkeitskennwerte der Probenvariante AG zusammengefasst. Ein Ausschnitt aus der Oberflächenkontur der zugehörigen T1-Rundprobe zeigt Abbildung 3.12, die Mikrostruktur bei herausgerechnetem Zylinderprofil zeigt Abbildung 3.13.

Tab. 3.5. Oberflächen-Kenngrößen der AG-MMC-Rundproben

Probenvariante AG, Basis: 512 Profile		[µm]	[µm]	Min [µm]	Max [µm]
Mittenrauhwert, arithmetisch	R_a	0,443	± 0,053	0,353	0,664
Mittenrauhwert, quadratisch	R_q	0,56	± 0,068	0,440	0,845
Rauhtiefe	R_z	2,66	± 0,385	1,99	4,5
Maximale Rauhtiefe	R_{max}	3,39	± 0,594	2,35	5,67
Höhe der größten Profilspitze	R_p	1,33	± 0,208	0,901	2,32

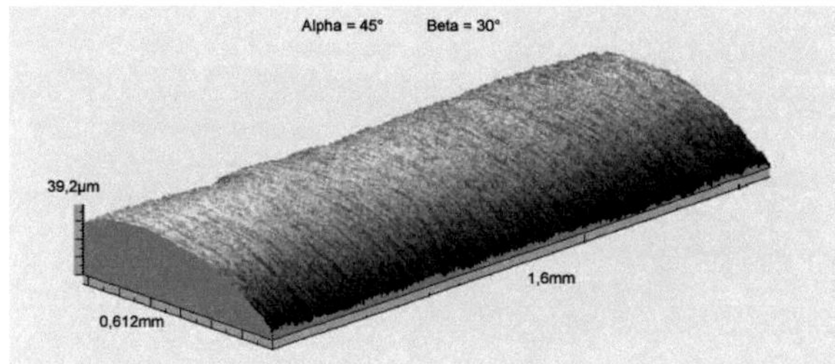

Abb. 3.12. Oberflächenkontur AG-Rundprobe

Abb. 3.13. Mikrogeometrie AG-Rundprobe mit herausgerechnetem Zylinderprofil

In Tabelle 3.6 sind die ermittelten Rauhigkeitskennwerte der Probenvariante A2 zusammengefasst. Ein Ausschnitt aus der Oberflächenkontur der zugehörigen T1-Rundprobe zeigt Abbildung 3.14, die Mikrostruktur bei herausgerechnetem Zylinderprofil zeigt Abbildung 3.15.

Tab. 3.6. Oberflächen-Kenngrößen der A2-MMC-Rundproben

Probenvariante A2, Basis: 512 Profile		[µm]	[µm]	Min [µm]	Max [µm]
Mittenrauhwert, arithmetisch	R_a	0,948	± 0,032	0,897	1,090
Mittenrauhwert, quadratisch	R_q	1,14	± 0,040	1,080	1,320
Rauhtiefe	R_z	4,7	± 0,262	4,19	5,51
Maximale Rauhtiefe	R_{max}	5,38	± 0,388	4,45	6,54
Höhe der größten Profilspitze	R_p	2,4	± 0,171	2,070	2,96

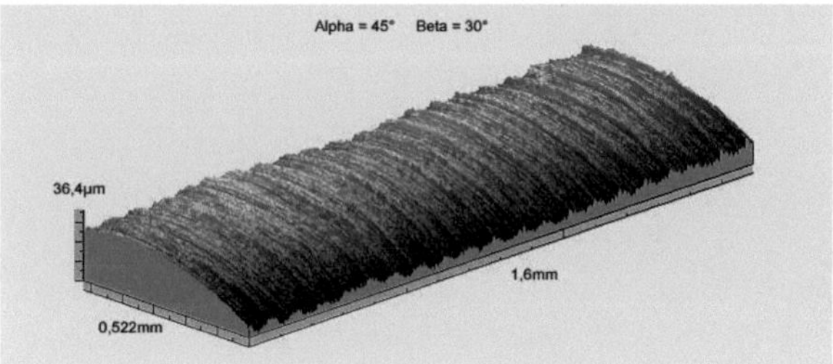

Abb. 3.14. Oberflächenkontur A2-Rundprobe

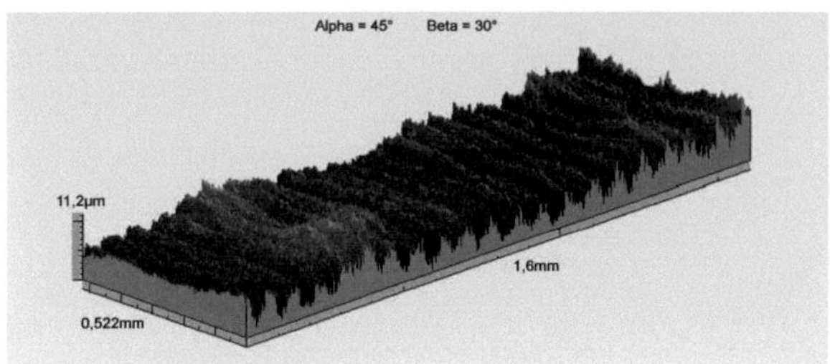

Abb. 3.15. Mikrogeometrie A2-Rundprobe mit herausgerechnetem Zylinderprofil

4 Versuchseinrichtungen und Versuchsführungen

4.1 Dilatometrie

Die Untersuchungen zum thermischen Ausdehnungsverhalten der MMCs wurden mit einem kommerziellen Schubstangendilatometer L 75 der Firma Linseis unter Umgebungsatmosphäre durchgeführt. Die Abmessungen der Proben wurden gemäß Empfehlung nach ASTM E228 (ASTM228) gewählt, die Probenform ist aus Abbildung 3.7 ersichtlich. Neben den Verbundwerkstoffen wurde auch das thermische Ausdehnungsverhalten der Matrixlegierung AlSi12 und der verwendeten Keramik-Preforms gemessen. Die jeweilige Ausgangslänge der Proben wurde mittels Bügelmessschraube ermittelt.

Die gemessene Gesamtdehnung setzt sich aus den thermischen Dehnungen der Probe und des Messsystems zusammen. Um den Einfluss des Messsystems zu eliminieren wurden Kalibriermessungen mit einem Kalibriersaphir[*] der Firma SurfaceNet als Referenz durchgeführt. Die ermittelte thermische Dehnung des Kalibriersaphirs wird mit Literaturdaten verglichen. Anschließend werden die Messkurven um die Abweichung der gemessenen Dehnung vom Literaturwert korrigiert. Im besonderen bei kleinen Gesamtdehnungen hat ein unberücksichtigter Messfehler erhebliche Auswirkungen auf die Messkurve.

Als Referenz für das Ausdehnungsverhalten des Kalibriersaphirs längs der C-Achse wurde das bei Touloukian (Tou77) empfohlene Polynom verwendet, das Gültigkeit im Bereich von 293 bis 1900 K hat:

$$\Delta L/L_0 = -0,192 + 5,927 \cdot 10^{-4}\, T/K \\ + 2,142 \cdot 10^{-7}\, (T/K)^2 - 2,207 \cdot 10^{-11}\, (T/K)^3 \tag{4.1}$$

---

[*]Einkristalliner Eichstab aus Al_2O_3, Reinheit 99,9995 wt%, Orientierung (0001) C-Achse in A 0,0°, in M 0,3°, Länge: 25 mm, Durchmesser: 6 mm, fein geschliffen

Die Temperaturkalibrierung erfolgte als Vergleichsmessung mit einem Kalibriergerät der Firma AMETEK** und einem 3-Kanal-Schreiber LR 4110 der Firma YOKOGAWA. Es wurden Thermoelemente vom Typ K verwendet.

Die Proben wurden 10 mal von Raumtemperatur bis T_{max} = 500 °C zykliert. Für alle Proben wurden Aufheiz- und Abkühlraten von 2 K/min unter 100 °C und 5 K/min oberhalb 100 °C gewählt, wobei sich die Abkühlrate unterhalb 100 °C aufgrund der Wärmekapazität des Ofens zu kleineren Werten verschiebt. Die Aufheiz- und Abkühlraten entsprechen damit den von Skirl (Ski98b) vorgeschlagenen Werten.

In ASTM E 228 (ASTM228) wird darauf hingewiesen, dass Messungen nach ASTM E 831 ungenauer sind, was mit der geringeren empfohlenen Probenlänge begründet werden kann. Interferometrische Messungen nach ASTM E 289 (ASTM289) sind Messungen nach ASTM E 228 hingegen überlegen, bedingen aber einen deutlich höheren messtechnischen Aufwand.

Messungen mit einem Schubstangendilatometer nach ASTM E 228 können bei geeigneter Kalibrierung und Beachtung der Hinweise in den genannten ASTM Standards, (DIN51045), (Gor94) und (Gor96) als ausreichend genau angesehen werden.

Bei Messungen des thermischen Ausdehnungsverhaltens mit Schubstangendilatometern liegen Aufheiz- und Abkühlkurve in der Regel nicht exakt übereinander. Solange Anfangs- und Endpunkt eines Zyklus zusammenfallen, können plastische Verformungsvorgänge als Ursache für das Auftreten einer Hysterese ausgeschlossen werden, es muss sich also vielmehr um elastische Vorgänge handeln. Zudem ist zu berücksichtigen, dass der Messstempel durch das als Probenhalter dienende Außenrohr abgeschirmt wird und sich so ein Temperaturgradient in der Messeinrichtung ergeben kann, der zu geringen Abweichungen zwischen den gemessenen Dehnungsdaten beim Aufheizen und Abkühlen führen kann.

4.2 Quasistatische Verformungsversuche

Zur Bestimmung des isothermen Verformungsverhaltens der Matrixlegierung unter quasistatischer Beanspruchung wurden Zugversuche auf einer elektromechanischen Prüfmaschine der Bauart Zwick 1478 mit 100 kN maximaler Prüflast durchgeführt. Die Prüftemperaturen waren Raumtemperatur, 150 °C, 200 °C, 250 °C, 300 °C und 350 °C. Für die Warmzugversuche wurde nach dem kraftfreien Aufheizen der Proben die Versuchstemperatur vor Be-

---

**JOFRA MLC Multi Loop Calibrator

ginn der Verformung 5 min konstant gehalten, um eine gleichmäßige Temperaturverteilung in der Probenmessstrecke zu gewährleisten. Die Spannungszunahmegeschwindigkeit lag im Bereich der Hook'schen Geraden bei allen Versuchen mit knapp 10 MPa/s in dem von der Prüfnorm geforderten Bereich (DIN 10002-1; DIN 10002-5). Alle Proben befanden sich vor Beginn des Zugversuchs im Anlieferungszustand.

Zur Dehnungsmessung kam ein kapazitiv arbeitender Wegaufnehmer der Firma Eichhorn Hausmann zum Einsatz. Die Kalibrierung erfolgte mit einem Präzisions-Längenmessgerät der Firma Heidenhain und einer dafür entwickelten softwareunterstützten Kalibriereinrichtung. Die exakte axiale Ausrichtung der Spanneinrichtungen wurde durch eine Kalibrierprobe mit Dehnmessstreifen sichergestellt.

Für quasistatische Zugversuche an den MMC-Varianten standen Proben mit den in Abbildung 3.2 angegebenen Abmessungen zur Verfügung. Zum Einsatz kam dabei die Prüfsoftware testXpert II. Die Messung der auftretenden Dehnung erfolgte mittels Dehnmessstreifen unter Verwendung eines Messverstärkers HBM W20TS.

4.3 Entlastungsversuche

Die Entlastungsversuche wurden auf einer elektromechanischen Prüfmaschine der Bauart Zwick 1494 mit 200 kN maximaler Prüflast durchgeführt. Zum Einsatz kam dabei die Prüfsoftware testXpert II. Die Messung der auftretenden Dehnung erfolgte mittels Dehnmessstreifen unter Verwendung eines Messverstärkers HBM W20TS.

Vorgegeben wurden eine konstante Querhauptgeschwindigkeit von $3{,}33 \times 10^{-3}$ mm pro Sekunde. Bei Erreichen eines Lasthorizontes im ganzzahligen kN-Bereich wurde auf 30 % dieses Wertes zwischenentlastet und anschließend auf 70 % des Wertes wiederbelastet. Insgesamt wurde die Probe bei jedem Lasthorizont 8 mal im entlasteten Bereich zykliert. Abbildung 4.1 zeigt beispielhaft den sich ergebenden Kraft-Zeit-Verlauf. Gestoppt wurde der Versuch beim Bruch der Probe.

Zur Auswertung der Versuche wurden im Spannungs-Dehnungs-Diagramm die Umkehrpunkte bei 30 % (Zwischenentlastung) und 70 % (Wiederbelastung) des Lasthorizonts identifiziert. Durch diese Umkehrpunkte wurden Geraden gelegt. Die ersten Vier Ent- und Belastungszyklen dienten der Einstellung eines homogenen Werkstoffzustands und gingen nicht in die Auswertung ein. Aus dem arithmetischen Mittel der letzten Vier Geradensteigungen pro Lasthorizont wurden die Entlastungsmoduln ermittelt.

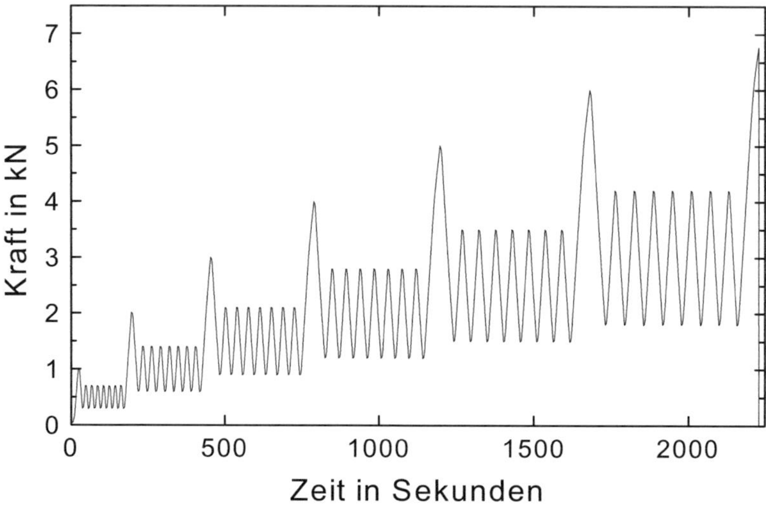

Abb. 4.1. Versuchsführung der Entlastungsversuche

4.4 In-Situ-Versuche im Rasterelektronenmikroskop

Eine Möglichkeit, das lokale Schädigungsverhalten von Werkstoffen zu untersuchen, stellen In-Situ-Versuche im Rasterelektronenmikroskop (REM) dar. Um die Anrißentstehung detailliert beobachten zu können, ist es notwendig, die Konzentration der Spannungsmaxima auf einen kleinen Bereich im Gefüge zu beschränken, der den Beobachtungsausschnitt bildet. Dies wurde durch die Verwendung taillierter Proben erreicht (siehe Abbildung 3.5), die vor Versuchsbeginn in die Aufnahmen der Belastungseinheit im REM belastungsfrei eingelegt wurden.

Die Messung der Kräfte erfolgte mittels Kraftmessdose, die Dehnungen wurden mit Dehnmessstreifen (DMS) gemessen, die an der Unterseite der Proben angebracht wurden. Zum Einsatz kam dabei ein Messverstärker HBM W20TS. Aus den gemessenen Kraft-Dehnungs-Kurven wurden für den Bereich des geringsten Probenquerschnitts die entsprechenden Nennspannungs-Dehnungs-Kurven ermittelt.

Die Beanspruchung der Proben erfolgte quasi-statisch mit einer Querhauptgeschwindigkeit von 0,1 µm/s. Die Versuche wurden nach Lastinkrementen von 10 bis 20 N unterbrochen und der Bereich des kleinsten Querschnitts sehr genau untersucht. Auftretenden Risse im Beobachtungsausschnitt wurden dann während des Belastungsvorgangs weiter verfolgt.

4.5 Isotherme Wechselverformungsversuche

Als Prüfeinrichtung kam ein Vorserienmodell einer Prüfmaschine vom Typ INSTRON Elektropuls mit zugehöriger Steuersoftware zum Einsatz. Sowohl die Spannungs- als auch die dehnungskontrollierten Versuche erfolgten mittelspannungs- bzw. mitteldehnungsfrei (R = -1) mit sinusförmigem Last-Zeit-Verlauf. Die Totaldehnungen wurden mittels kapazitivem Feindehnungsaufnehmer ermittelt. Nennspannungskontrollierte HCF-Versuche wurden bei 30 Hz gefahren. Bei Einsatz des kapazitiven Feindehnungsaufnehmers wurden HCF-Versuche mit 5 Hz gefahren, LCF-Versuche erfolgten mit 1 Hz Versuchsfrequenz. Auch hier wurde die exakte axiale Ausrichtung der Spanneinrichtungen durch eine Kalibrierprobe sichergestellt.

Zur Durchführung der Versuche bei erhöhter Temperatur erfolgte ein Aufheizen der Proben mit einem Strahlungsofen, in dem als Wärmequelle vier Halogen-Glühlampen mit jeweils 1000 W Heizleistung genutzt wurden. Die Temperaturmessung erfolgte über ein Ni-CrNi-Bandthermoelement (Typ K), das um die Messstrecke der Probe mit einem Umschlingunswinkel von mindestens 180° gelegt wurde, die Temperaturregelung erfolgte über einen PID-Regler JUMO IMAGO 500. Durch Vorversuche konnte nachgewiesen werden, dass für einen optimalen Wärmeübergang von der Oberfläche in die Probe eine Lackierung der Probe mit schwarzer Hochtemperaturfarbe erforderlich ist. Vergleichsmessungen haben gezeigt, dass die Temperatur der auf diese Weise präparierten Proben mittels Bandthermoelement an der Oberfläche ermittelt werden kann. Voraussetzung dafür ist, dass das Bandthermoelement in möglichst großem Umschlingungswinkel um die Probe gelegt wird. Die Versuche wurden gestartet, nachdem die vorgegebene Temperatur stabil war. Die Versuchsauswertung erfolgte auf Basis von ASCII-Daten mit einem dafür entwickelten Auswerteprogramm, womit von jedem gespeicherten Beanspruchungszyklus die in Abbildung 2.7 bezeichneten Kennwerte ermittelt wurden.

4.6 TMF-Ermüdungsversuche

Die thermisch-mechanischen Ermüdungsversuche (Thermo-Mechanical Fatigue = TMF) wurden mit einem Versuchsstand realisiert, der im wesentlichen aus einer für TMF-Versuche angepassten 100 kN Zugprüfmaschine der Firma Zwick besteht. Auch hier wurde die exakte axiale Ausrichtung der Spanneinrichtungen durch eine Kalibrierprobe mit DMS sichergestellt. Die mechanische Beanspruchung wird über den elektromechanischen Antrieb der Maschine aufgebracht. Das hinreichend schnelle Aufheizen der Proben wurde durch ein induktives Heizsystem mit einem 10 kW Hochfrequenzgenerator TIG 10/300 der Firma Hüttinger erreicht. Die Temperaturmessung erfolgte über ein Ni-CrNi-Bandthermoelement (Typ K), das um die Messstrecke der Probe mit einem Umschlingunswinkel von mindestens 180° gelegt wurde (Beco8), zur Temperaturregelung kam ein PID-Regler JUMO DICON 1000 zum Einsatz. Der dreieckförmige Temperatur-Zeit-Verlauf bei Aufheizung und Abkühlung wurde mit einer dafür entwickelten Regelung realisiert, die sowohl den Hochfrequenzgenerator als auch ein Proportionalventil, mit dessen Hilfe die Probe in der Abkühlphase nach Bedarf zusätzlich mit Druckluft angeblasen wurde, ansteuerte. Die Vorgabe und Messwerterfassung der Temperatur-, Kraft- und Dehnungswerte erfolgte mit einem PC. Hinweise zur vereinheitlichten Durchführung von TMF-Versuchen finden sich im Code-of-Practice EUR22281EN (COP2006).

Die TMF-Versuche wurden totaldehnungsgeregelt mit vollständiger Behinderung der thermischen Dehnung durchgeführt (Out-of-Phase-Versuchsführung). Als Aufheiz- und Abkühlrate wurden 10 Kelvin pro Sekunde gewählt, woraus sich eine vom vorgegebenen Temperaturintervall abhängige Zyklusdauer zwischen 40 und 70 Sekunden ergab.

Abbildung 4.2 zeigt für rein elastisches Werkstoffverhalten die zeitlichen Verläufe von Temperatur, Dehnung und Nennspannung während eines Out-of-Phase-TMF-Versuchs. Im Vergleich mit der In-Phase-TMF-Versuchsführung (Phasenwinkel $\Phi = 0°$) tritt bei ideal-starrer Einspannung der Out-of-Phase-TMF-Versuchsführung ($\Phi = 180°$) die größte Materialbeanspruchung auf, weshalb hierbei in der Regel die geringsten Lebensdauern zu erwarten sind.

Beginnend bei Raumtemperatur RT wurden die Proben nennspannungsfrei auf die vorgesehene Minimaltemperatur T_{min} aufgeheizt, wobei sich eine Ausdehnung

$$\epsilon^{th}(T_{min}) = \epsilon_t \qquad (4.2)$$

einstellte. Diese wurde als Bezugsgröße vor Beginn des thermischen Zyklierens gleich Null gesetzt ($\epsilon^{th}(T_{min}) = \epsilon_t = 0\,\%$). Zur Systemstabilisierung wurden anschließend kraftfrei fünf thermische Zyklen gefahren, wobei der vierte Zyklus zur Ermittlung der thermischen Dehnung diente.

Im Folgenden wurde die Prüfmaschine in Dehnungsregelung umgeschaltet, was bei vollständiger Dehnungsbehinderung ($\epsilon_t = 0\,\%$) während der nachfol-

genden thermischen Zyklen zum Aufbau von Nennspannungen führte. Für
Temperatur und Nennspannung liegt damit eine sogenannte Out-of-Phase-
Beanspruchung vor, die einer ideal starren Einspannung entspricht. Durch
plastische Verformungsvorgänge treten hierbei Zugspannungen auf. Alle Versuche wurden bis zum Erreichen der gewählten Grenzlastspielzahl $N_G = 10^4$
oder bis zum Bruch der Probe gefahren.

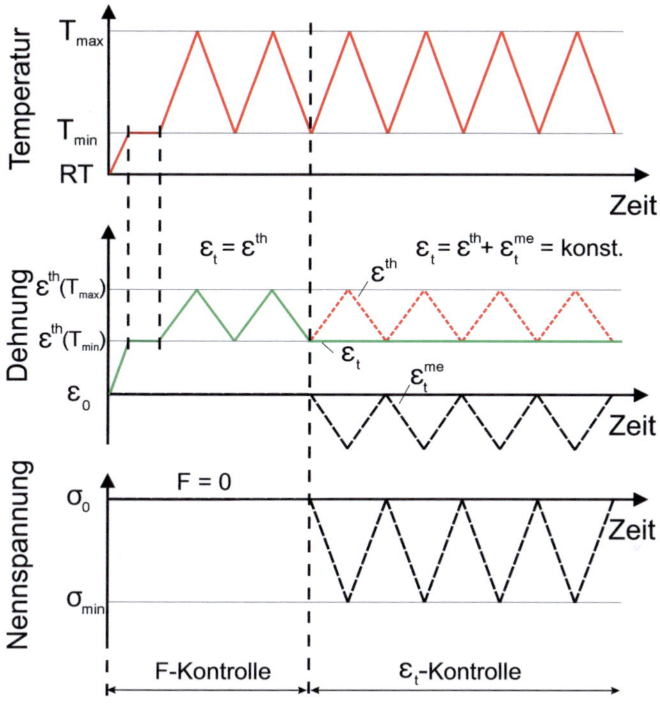

Abb. 4.2. Versuchsführung der TMF Out-of-Phase-Versuche

Im linken Teil von Abbildung 4.3 ist schematisch die Nennspannung als
Funktion der Temperatur für einen gemessenen Beanspruchungszyklus dargestellt.

Aus den ermittelten Hystereseschleifen können beispielsweise die Spannungsamplitude σ_a und die Mittelspannung σ_m bestimmt werden, nicht aber die
sich einstellenden totalen ($\epsilon_{a,t}$) und plastischen Dehnungsamplituden ($\epsilon_{a,p}$).
Die Totaldehnung ϵ_t setzt sich aus einer thermischen Komponente ϵ^{th} und
aus einer mechanischen Komponente ϵ_t^{me} zusammen:

$$\epsilon_t = \epsilon^{th} + \epsilon_t^{me} \tag{4.3}$$

Daraus ergibt sich

$$\epsilon_t^{me}(T) = \epsilon_t - \epsilon^{th}(T) \tag{4.4}$$

woraus sich über den thermischen Ausdehnungskoeffizienten α mit

$$\epsilon^{th}(T) = \alpha(T)(T - T_{min}) \tag{4.5}$$

die mechanische Totaldehnung $\epsilon_t^{me}(T)$ für jeden Punkt des Temperaturzyklus zu

$$\epsilon_t^{me}(T) = \epsilon_t - \alpha(T)(T - T_{min}) \tag{4.6}$$

ergibt.

Zur Ermittlung der thermischen Dehnung wurde, wie bereits erwähnt, die im vierten nennspannungsfreien Zyklus ermittelte thermische Dehnung herangezogen.

Somit können Spannungs-Temperatur-Hysteresen in Spannungs-Dehnungs-Hysteresen umgerechnet werden (Abb. 4.3 rechts). Daraus lassen sich die Werkstoffreaktionsgrößen wie beispielsweise plastische Dehnungsamplitude $\epsilon_{a,p}$ und Totaldehnungsamplitude $\epsilon_{a,t}^{me}$ ermitteln.

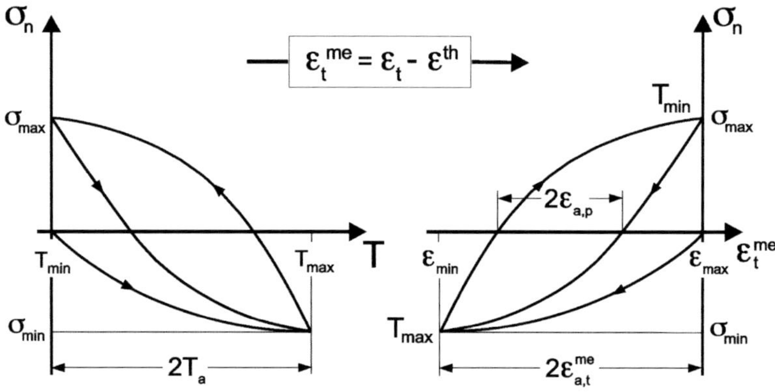

Abb. 4.3. σ_n-T und σ_n-ϵ_t^{me} Hysteresen bei TMF-Beanspruchung

5 Dilatometrie

5.1 Ausgangswerkstoffe und MMC-Varianten

Die Untersuchungen zum Ausdehnungsverhalten der Ausgangswerkstoffe und Verbundwerkstoffe wurden entsprechend den Erläuterungen in Kapitel 4.1 durchgeführt. Bei allen Dilatometeruntersuchungen wurden die Werkstoffe 10 x zwischen Raumtemperatur und 500 °C zykliert, wobei die Aufheiz- und Abkühlraten vergleichbar sind mit den von Skirl (Ski98b) vorgeschlagenen Werten. Die Abbildung 5.1 zeigt die Ergebnisse der Dilatometermessungen für die Ausgangskomponenten der MMCs, also der Matrixlegierung AlSi12 und der Keramik-Preforms.

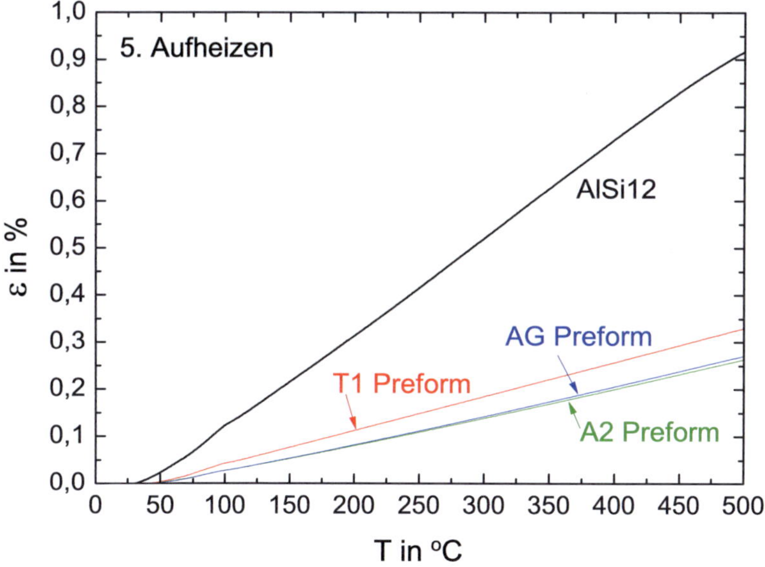

Abb. 5.1. Temperaturabhängiges Ausdehnungsverhalten der Matrixlegierung AlSi12 und der Preform-Varianten A2, AG und T1 bis 500 °C

Die Matrixlegierung erfährt im Bereich zwischen Raumtemperatur und 500 °C eine Verlängerung von 0,92 %, die Preform-Variante A2 erreicht im selben Temperaturintervall 0,26 %, die Variante AG 0,27 % und die Preform-Variante T1 erreicht eine Verlängerung von 0,33 % bezogen auf die Ausgangslänge. Somit betragen die thermischen Dehnungen der Keramik-Preforms nur etwa ein Drittel der Dehnung der AlSi12-Matrixlegierung. Diese zeigt ab 400 °C einen leicht degressiver Verlauf der Messkurve. Die Preform-Varianten A2 und AG zeigen im gesamten Temperaturintervall einen leicht progressiven Verlauf, wohingegen die Preform-Variante T1 ein nahezu lineares Ausdehnungsverhalten zeigt.

In allen Diagrammen ist beim 5. Aufheizen im Bereich von 100 °C eine leichte Unregelmäßigkeit im Kurvenverlauf erkennbar, die sich regelungstechnisch durch den Wechsel der Aufheizrate von 2 K/min auf 5 K/min ergibt.

Aus den Abbildungen 5.2 bis 5.4 ist die für das Aufheizen im 5. Zyklus bestimmte temperaturabhängige Verlängerung der drei MMC-Varianten ersichtlich. Die MMC-Variante A2 erfährt im Intervall zwischen Raumtemperatur und 500 °C eine Verlängerung von 0,65 %, die MMC-Varianten AG und T1 dehnen sich um 0,57 % bzw. 0,59 % gegenüber der Ausgangslänge bei Raumtemperatur aus.

Alle drei MMC-Varianten zeigen ab etwa 350 °C einen leicht degressiven Verlauf des Ausdehnungsverhaltens.

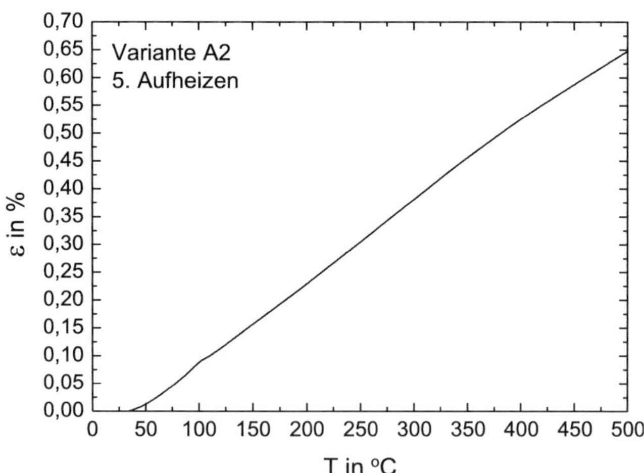

Abb. 5.2. Temperaturabhängiges Ausdehnungsverhalten der MMC-Variante A2 bis 500 °C

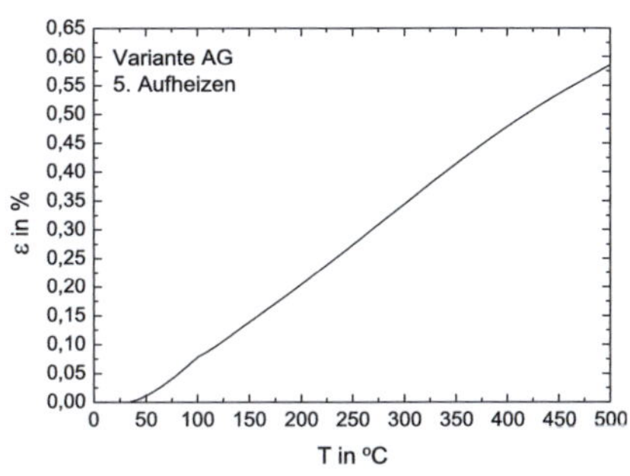

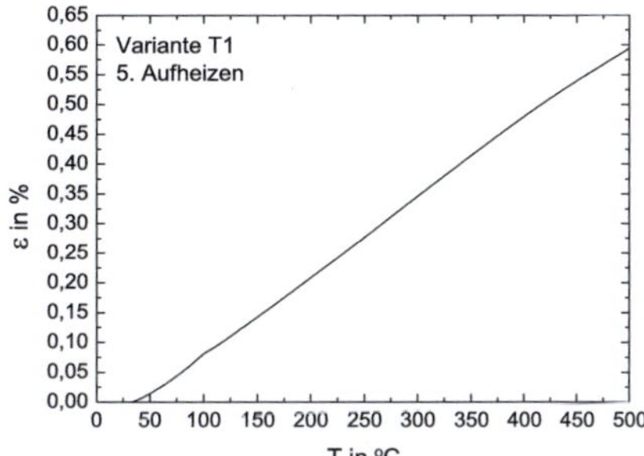

Abb. 5.3. Temperaturabhängiges Ausdehnungsverhalten der MMC-Variante AG bis 500 °C

Abb. 5.4. Temperaturabhängiges Ausdehnungsverhalten der MMC-Variante T1 bis 500 °C

5.2 Diskussion

In Abbildung 5.5 sind die ermittelten Ausdehnungskurven der drei MMC-Varianten aufgetragen. Es ist deutlich erkennbar, dass die MMC-Variante A2 ein leicht höheres temperaturabhängiges Ausdehnungsverhalten besitzt als die beiden weiteren MMC-Varianten AG und T1, deren Kurven fast deckungsgleich sind.

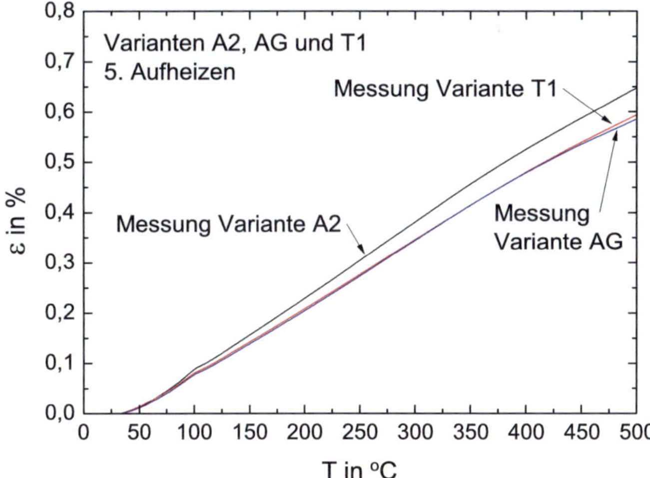

Abb. 5.5. Temperaturabhängiges Ausdehnungsverhalten aller MMC-Varianten bis 500 °C

Berücksichtigt man die Keramikanteile der MMC-Varianten (A2 = 30 Vol-%, AG = 37 Vol-%, T1 = 39 Vol-%), so ist verständlich, dass die Variante A2 mit dem höchsten Matrixanteil von allen MMCs die größte thermische Dehnung zeigt. Die beiden anderen Varianten zeigen aufgrund des nahezu gleichen Verstärkungsanteils ein sehr ähnliches thermisches Ausdehnungsverhalten, wobei die feinen Unterschiede den unterschiedlichen Verstärkungswerkstoffen zugeschrieben werden können.

Die von Skirl (Ski98b) untersuchten MMCs mit der Bezeichnung F36 (36 Vol-% Al 99,5, 64 Vol-% Al_2O_3-Preform) zeigen trotz des deutlich höheren Keramikanteils bei 500 °C eine thermische Dehnung von etwa 0,6 % und erreichen damit etwa die Werte der thermischen Dehnung der Varianten AG und T1 mit etwa 40 % Keramikverstärkung. Der Grund hierfür könnte im von Skirl zur Infiltration verwendeten technisch reinen Aluminium liegen. Dieses hat aber nach Huber (Hub03) im Vergleich zu G-AlSi12 nur einen geringfügig anderes thermisches Ausdehnungsverhalten. Zwischen Raumtemperatur und 500 °C stellt Huber (Hub03) für Al 99,5 eine Dehnung von 1,2 % fest, für G-AlSi12 bestimmt er im selben Temperaturintervall eine Dehnung von 1,15 %. Hier zeigt sich ein Unterschied zu der in Abbildung 5.1 dargestellten Messung der Matrixlegierung AlSi12. Eventuell kommen bei Huber durch die Wahl der mit 15 mm im Vergleich kurzen Probenlänge Messfehler zum Tragen.

Das Ausdehnungsverhalten wird in der Literatur vielfach durch die aus den Ausdehnungs-Messkurven abgeleitete Größe α, den sogenannten linearen thermischen Ausdehnungskoeffizienten, beschrieben. Mattern (Mat05) gibt für die von ihm untersuchten Preform-MMCs in den Temperaturintervallen 30 °C – 200 °C, 200 °C – 350 °C und 350 °C – 470 °C abschnittsweise linearisierte Werte für α zwischen 8×10^{-6} 1/K und 25×10^{-6} 1/K an.

Abbildung 5.6 zeigt den Verlauf der temperaturabhängigen Ausdehnungskoeffizienten α, die durch Differenzieren der MMC-Ausdehnungskurven beim 1. Aufheizvorgang ermittelt wurden.

Deutlich zu erkennen ist eine starke Temperaturabhängigkeit der Ausdehnungskoeffizienten. Zu Beginn steigen die Werte für α stark an. Einem Anstieg aller Kurven bis etwa 250 °C folgt ein Abfall von α bis zur Maximaltemperatur. Die Variante T1 erreicht einen Maximalwert von etwas mehr als $1,4 \times 10^{-5}$ 1/K, die Variante AG erreicht etwa $1,5 \times 10^{-5}$ 1/K und die Variante A2 erreicht etwa $1,7 \times 10^{-5}$ 1/K. Die Maximalwerte werden in einem Bereich von 240 – 260 °C erreicht. Alle Varianten zeigen vergleichbare Gradienten beim Anstieg von α, für die Variante AG ist nach Überschreiten des Maximums der stärksten Abfall zu verzeichnen.

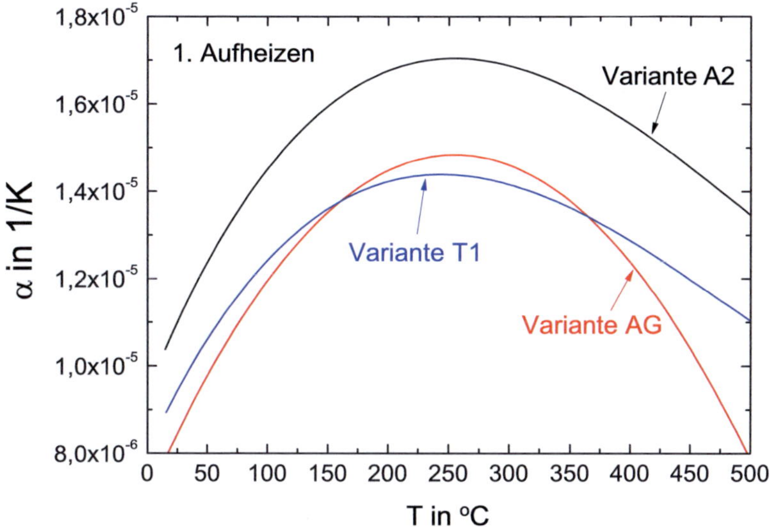

Abb. 5.6. Temperaturabhängige Ausdehnungskoeffizienten der drei MMC-Varianten bis 500 °C, 1. Aufheizen

Abbildung 5.7 zeigt den Verlauf der temperaturabhängigen Ausdehnungskoeffizienten α, die durch Differenzieren der MMC-Ausdehnungskurven beim 5. Aufheizvorgang (siehe Abbildung 5.5) ermittelt wurden.

Zu Beginn steigen die Werte für α stärker als in Abbildung 5.6 an. Alle Kurven zeigen bei etwa 75 °C ein Zwischenmaximum, welches beim 1. Aufheizen nicht beobachtet wurde. Ursächlich hierfür ist die Wärmekapazität des Ofens, die bei vergleichsweise niedrigen Temperaturen eine Verschiebung der Abkühlrate zu kleineren Werten bedingt. Beim folgenden Aufheizen ergibt sich dann ein steiler Anstieg von α.

Einem weiteren Anstieg aller Kurven bis etwa 275 °C folgt bei allen MMCs ein Abfall von α bis zur Maximaltemperatur. Bei den Varianten T1 und A2 steigen die Kurven kurz vor T_{max} geringfügig an. Die Maximalwerte von α sind vergleichbar mit den Werten beim 1. Aufheizen.

Die Varianten AG und T1 zeigen recht ähnliche Kurvenverläufe, was wieder mit dem recht ähnlichen Keramikanteil der beiden MMC-Varianten begründet werden kann. Die MMC-Variante A2 zeigt höhere Ausdehnungskoeffizienten als die anderen Varianten, was mit dem niedrigeren Keramikanteil und damit einem stärkeren Einfluss der metallischen AlSi12-Phase auf das Ausdehnungsverhalten des MMC im Einklang steht.

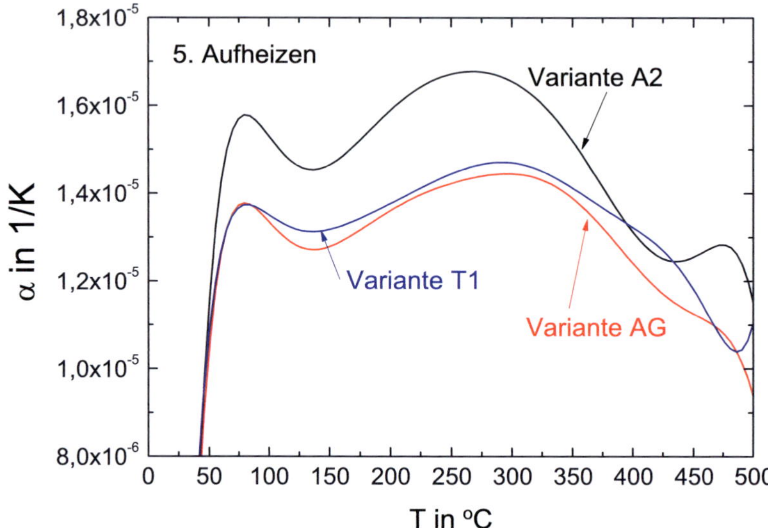

Abb. 5.7. Temperaturabhängige Ausdehnungskoeffizienten der drei MMC-Varianten bis 500 °C, 5. Aufheizen

Wie der Vergleich der Abbildungen 5.7 und 5.8 zeigt, ergeben sich für die von Skirl (Ski98a; Ski98b) untersuchten MMCs mit Durchdringungsgefüge F36 (64 Vol-% Al_2O_3) und C33 (67 Vol-% Al_2O_3) trotz des höheren Verstärkungsanteils ähnliche Verläufe von α über der Temperatur.

Ab etwa 250 °C kommt es zu einem relativ steilen Abfall der linearen Ausdehnungskoeffizienten. Skirl stellt fest, dass sich das thermische Ausdehnungsverhalten von Al_2O_3/Al-Werkstoffen mit Durchdringungsgefüge mit keiner der aus der Literatur bekannten theoretischen Vorhersagen beschreiben lässt, wie Abbildung 5.8 für den MMC F36 belegt.

Auch Huber stellt fest, dass die Modelle allenfalls für kleine Verstärkungsanteile mit den experimentell bestimmten Daten übereinstimmen (Hub03; Hub06). Nach Vaidya (Vai94) unterscheidet sich das Ausdehnungsverhalten von Al_2O_3-Kurzfaser-MMCs (Verstärkungsanteil 35 Vol-%, Aufheizrate nicht angegeben) im Vergleich zu partikelverstärkten MMCs im Temperaturintervall von 20 – 500 °C durch die ausgeprägte Nichtlinearität von α. Die durch Mittelwertbildung der Messwerte bestimmten Ausdehnungskoeffizienten sind generell kleiner als die Werte, die sich aus den in der Literatur beschriebenen theoretischen Vorhersagen ergeben. Als Gründe führt Vaidya thermische Spannungen während des Abkühlvorgangs und chemische Prozesse zwischen Faser und Matrix an. Es wird angemerkt, dass das Fehlerintervall der durch Mittelwertbildung bestimmten Ausdehnungskoeffizienten α recht hoch ist.

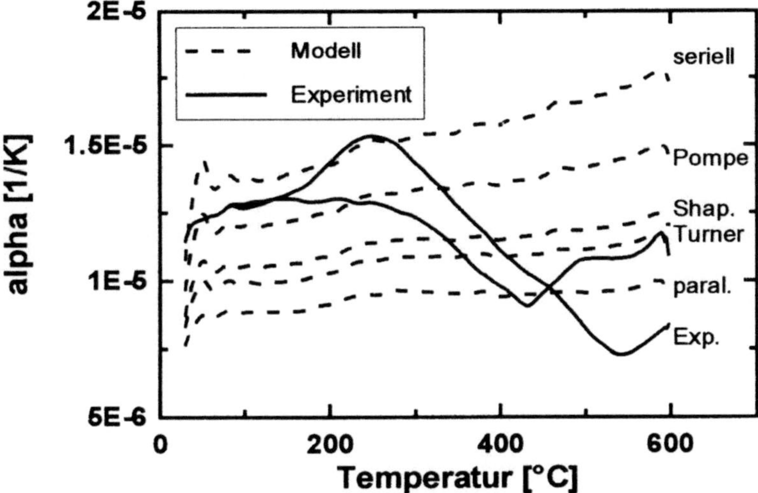

Abb. 5.8. Temperaturabhängige lineare Ausdehnungskoeffizienten (Ski98b) im Vergleich zu theoretischen Vorhersagen für den MMC F36

Die von Skirl (Ski98b) untersuchten MMCs durchlaufen alle im beobachteten Temperaturintervall eine Hystereseschleife, die sich ab einer Temperatur von etwa 200 °C ausbildet. Mit zunehmendem Metallgehalt verbreitert sich die Hysterese und die Gesamtdehnung erhöht sich. Die beobachtete Hysterese während eines Temperaturzyklus wird als plastische Verformung der Metallphase gedeutet, wobei vorausgesetzt wird, dass die Dehnungen der keramischen Phase rein elastisch sind, da das thermische Ausdehnungsverhalten der Keramik-Referenzproben nach seinen Messungen für die Aufheiz- und Abkühlphase gleich ist.

Auch Huber (Hub03) stellt fest, dass das Ausdehnungsverhalten von MMCs durch elastische Modelle nicht beschrieben werden kann. Dies wird durch reversible elasto-plastische Verformung der Matrix in Kombination mit Porosität erklärt.

Skirl weist mittels Neutronenbeugung nach, dass bei Raumtemperatur die Metallphase unter Zug- und die Keramikphase unter Druck-Eigenspannungen steht. Nach seinen Berechnungen nehmen die Eigenspannungen mit zunehmender Temperatur ab und liegen in der Al-Phase bei 400 °C nahe Null.

Als Grund für die Abweichung von theoretischem Modell und gemessenem Ausdehnungsverhalten (Abb. 5.8) vermutet Skirl, dass das thermische Ausdehnungsverhalten maßgeblich von überlagerten Eigenspannungen bestimmt wird, da alle Modelle auf der Annahme spannungsfreier thermischer Dehnung basieren. Die serielle Mischungsregel beschreibt bis etwa 200 °C das Ausdehnungsverhalten zufriedenstellend, bei höheren Temperaturen zeigen sich mit diesem Modell die größten Abweichungen. Bei hohen Temperaturen sind aber keine Eigenspannungseffekte mehr zu erwarten, was im Widerspruch zu Skirls Begründung für die Abweichung steht.

Die untersuchten Preform-MMCs haben mit bis zu 70 Volumen-% Metallphase ähnliche oder höhere Metallgehalte als die in anderen Arbeiten untersuchten MMC-Werkstoffe. Nach den Beobachtungen von Skirl (Ski98a; Ski98b) und Vaidya (Vai94) müsste sich in jedem Temperaturzyklus eine deutlich ausgeprägtere Hystereseschleife ergeben. Dies ist nicht der Fall, wie Abbildung 5.10 für die Variante A2 (30 Vol-% Al_2O_3) belegt. Der Vergleich mit der A2-Preform (Abb. 5.9) zeigt, dass beide Abkühlkurven ab etwa 0,25 % Dehnung leicht über der Aufheizkurve liegen, was mit den in Kapitel 4.1 genannten messtechnischen Bedingungen begründet werden kann. Das thermische Ausdehnungsverhalten der MMCs ist für alle Zyklen nahezu identisch und reproduzierbar. Dies ist in Übereinstimmung zu den Ergebnissen von Vaidya (Vai94), der bei partikelverstärkten MMCs rückbleibende Dehnungen feststellt, die bei kurzfaserverstärkten MMCs nicht auftreten.

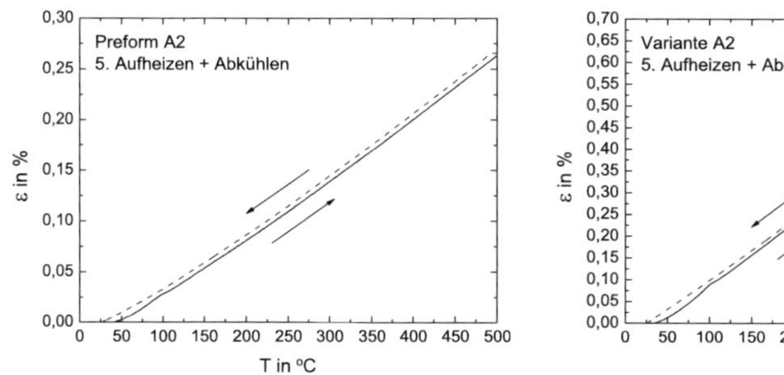

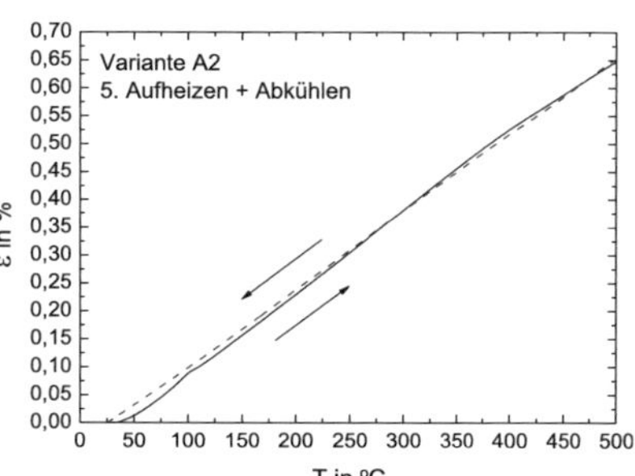

Abb. 5.9. Preform A2, Hysterese im 5. Temperaturzyklus

Abb. 5.10. MMC-Variante A2, Hysterese im 5. Temperaturzyklus

Auch nach 10fachem Zyklieren der MMCs wurden keine rückbleibenden Dehnungen festgestellt, was gegen das Auftreten plastischer Dehnungsanteile spricht.

Die von Balch (Bal96) untersuchten MMCs mit technisch reinem Al als Matrix und SiC-Preform-Schäumen (42 Vol-%) als Verstärkung erreichen mit einer Dehnung von knapp 0,4 Prozent bei knapp 350 °C in etwa die Werte der MMC-Varianten AG und T1, die ähnliche Volumenanteile an Keramik-verstärkung besitzen. Balch ermittelt den Ausdehnungskoeffizienten α ab-schnittsweise und vergleicht die Messwerte mit theoretischen Modellen. Es wird festgestellt, dass es deutliche Abweichungen zwischen vorhergesagten und gemessenen Ausdehnungskoeffizienten gibt. Als Grund hierfür werden Poren bzw. Fehlstellen genannt, die sich durch plastische Deformation der Matrix aufgrund von lokalen Spannungskonzentrationen während der ther-mischen Beanspruchung bilden. Unter dieser Annahme wurden einige Simu-lationen durchgeführt, für die allerdings der E-Modul des technisch reinen Aluminiums im Temperaturintervall von 20 bis 370 °C mit 69 GPa als kon-stant angenommen wird. Wie bereits in Kapitel 2.2.2 erwähnt, ist aber der Einfluss der Temperatur auf den E-Modul von Preform-MMCs nicht vernach-lässigbar (Bey02).

Aus den gezeigten Abbildungen 5.6 und 5.7 wird deutlich, dass schon gerin-ge Abweichungen von der Solltemperatur im Dilatometer, die sich regelungs-technisch nicht immer vermeiden lassen, die Betrachtung des Verlaufs von α sehr stark beeinflussen. Daher kann der Aussagegehalt der abgeleiteten Grö-ße α leicht überschätzt werden. Im weiteren werden daher nicht die abgelei-teten Ausdehnungskoeffizienten α, sondern die ursprünglichen Messkurven betrachtet. Aus diesen kann bei Bedarf der jeweilige temperaturabhängige thermische Ausdehnungskoeffizient α durch differenzieren bestimmt werden (vgl. Abb. 5.7).

Alle drei MMC-Varianten (Abb. 5.2 bis 5.4) zeigen ab etwa 350 °C einen leicht degressiven Verlauf des Ausdehnungsverhaltens. Dies ist mit dem für die Matrixlegierung AlSi12 festgestellten leicht degressiven Verlauf ab 350 °C korrelierbar (siehe Abb. 5.1), da elastische Eigenschaften und Festigkeit von Aluminium-Legierungen im betrachteten Temperaturbereich abnehmen (ver-gleiche Abb. 2.5, 2.6, 6.1 und Tab. 6.1). Im Gegensatz hierzu können die ela-stischen Eigenschaften von dichten und porösen technischen Keramiken bis zu Temperaturen von 600 °C als konstant angesehen werden. Die temperatu-rabhängigen elastischen Eigenschaften der Matrixlegierung und der Keramik werden durch die Abbildungen 5.11 und 5.12 illustriert.

Für die thermischen Dehnungen der Matrixlegierung und der Preforms wur-den jeweils für den 5. Aufheizzyklus im Temperaturintervall bis 500 °C ein Polynom 3. Ordnung bestimmt. Dabei beschreibt Gleichung 5.1 numerisch das temperaturabhängige Ausdehnungsverhalten ($\epsilon = \Delta L / L$) der Matrixle-gierung AlSi12 (Abbildung 5.1). Die Gleichungen 5.2, 5.3 und 5.4 beschrei-ben das Ausdehnungsverhalten der Keramik-Preforms A2, AG und T1. Die jeweiligen Dehnungskurven der Preforms sind ebenfalls der Abbildung 5.1 zu entnehmen.

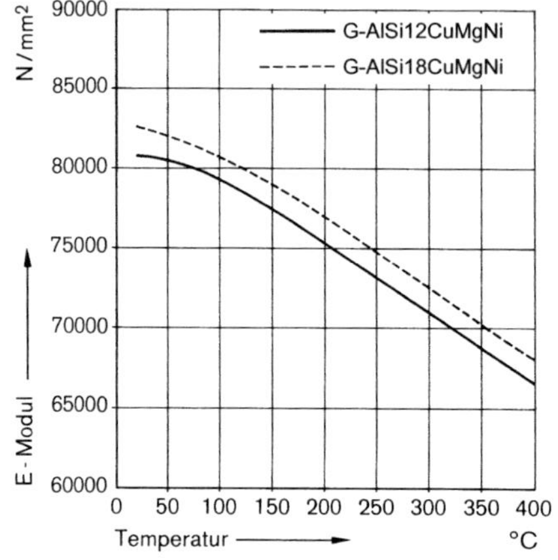

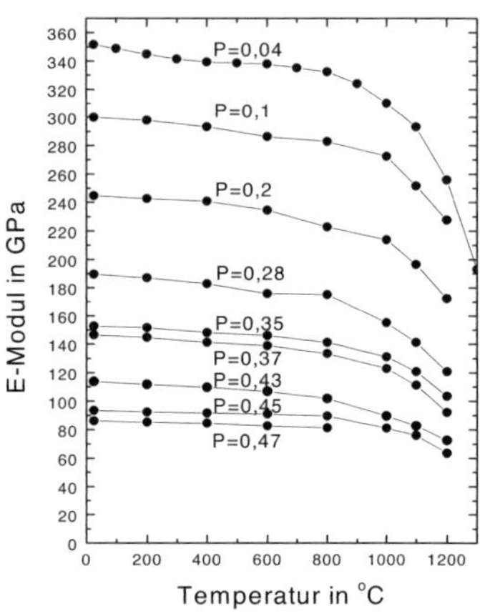

Abb. 5.11. Einfluss der Temperatur auf den E-Modul von Al-Legierungen (Alc83)

Abb. 5.12. E-Modul in Abhängigkeit von Porosität und Temperatur am Beispiel Al_2O_3 (Cob56)

$$\epsilon_{AlSi12} = -0,05307 + 0,00154\, T/^\circ C + 1,906 \cdot 10^{-6}\, (T/^\circ C)^2 \\ - 2,164 \cdot 10^{-9}\, (T/^\circ C)^3 \tag{5.1}$$

$$\epsilon_{PreA2} = -0,01549 + 3,793 \cdot 10^{-4}\, T/^\circ C + 5,924 \cdot 10^{-7}\, (T/^\circ C)^2 \\ - 4,759 \cdot 10^{-10}\, (T/^\circ C)^3 \tag{5.2}$$

$$\epsilon_{PreAG} = -0,01838 + 4,1 \cdot 10^{-4}\, T/^\circ C + 5,441 \cdot 10^{-7}\, (T/^\circ C)^2 \\ - 4,176 \cdot 10^{-10}\, (T/^\circ C)^3 \tag{5.3}$$

$$\epsilon_{PreT1} = -0,02789 + 6,803 \cdot 10^{-4}\, T/^\circ C + 1,368 \cdot 10^{-7}\, (T/^\circ C)^2 \\ - 1,385 \cdot 10^{-10}\, (T/^\circ C)^3 \tag{5.4}$$

Auch das Ausdehnungsverhalten der Preform-MMCs kann mit Polynomen 3. Ordnung beschrieben werden. Gleichung 5.5 beschreibt das temperaturabhängige Ausdehnungsverhalten der MMC-Variante A2, wie es in Abbildung

5.2 dargestellt ist. Die Gleichungen 5.6 und 5.7 beschreiben das Ausdehnungsverhalten der MMC-Varianten AG und T1 äquivalent zu den Abbildungen 5.3 und 5.4.

$$\epsilon_{A2} = -0,0431 + 0,00112\ T/°C + 1,667 \cdot 10^{-6}\ (T/°C)^2 \\ - 2,313 \cdot 10^{-9}\ (T/°C)^3 \tag{5.5}$$

$$\epsilon_{AG} = -0,03436 + 8,989 \cdot 10^{-4}\ T/°C + 2,023 \cdot 10^{-6}\ (T/°C)^2 \\ - 2,682 \cdot 10^{-9}\ (T/°C)^3 \tag{5.6}$$

$$\epsilon_{T1} = -0,03676 + 0,00101\ T/°C + 1,458 \cdot 10^{-6}\ (T/°C)^2 \\ - 1,914 \cdot 10^{-9}\ (T/°C)^3 \tag{5.7}$$

Abbildung 5.13 veranschaulicht exemplarisch für die MMC-Varianten A2 und T1 die sehr gute Übereinstimmung zwischen Messkurven und Polynomen.

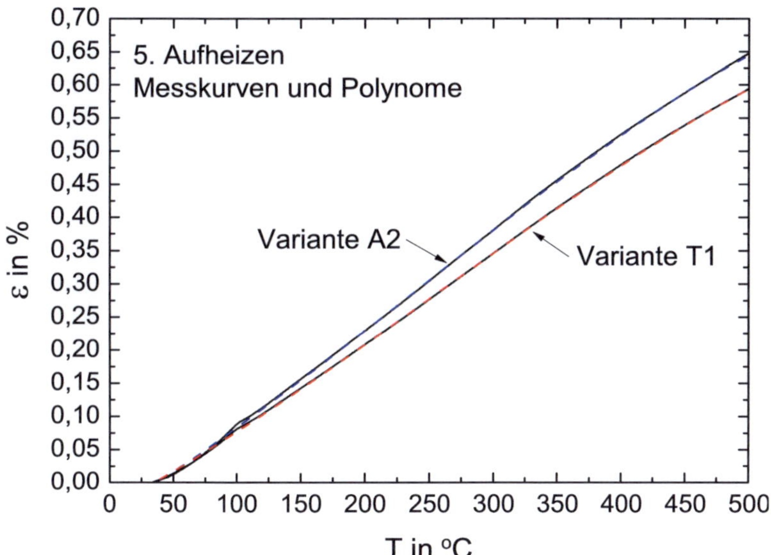

Abb. 5.13. Vergleichende Darstellung zwischen Messkurve und Polynom für die MMC-Varianten A2 und T1

Die aus den für die Metall-Matrix-Verbundwerkstoffe gemessenen ϵ-T-Kurven ermittelten Polynome liegen erwartungsgemäß zwischen den für Preforms und Matrixlegierung (Abb. 5.1) ermittelten Kurven, wie die Abbildungen 5.15 bis 5.17 belegen.

Gemäß der der linearen (reziproken) Mischungsregel nach Reuß (Reu29), welche gleiche Spannungen der Einzelkomponente postuliert und im besonderen für Partikelverstärkung gilt, lassen sich die Dehnungswerte der MMCs durch Multiplikation der Dehnungswerte von Matrixlegierung und Preform mit ihren jeweiligen Volumenanteilen und anschließender Addition numerisch beschreiben (Deg09):

$$\epsilon_{Composite} = \epsilon_{Matrix} \cdot f_{Matrix} + \epsilon_{Preform} \cdot f_{Preform} \tag{5.8}$$

Die auf diese Weise ermittelten Dehnungen sind in den Abbildungen 5.15, 5.16 und 5.17 mit „Addition Vol-Anteile" gekennzeichnet. Es ist zu erkennen, dass alle mit der linearen Mischungsregel ermittelten Dehnungskurven bei höheren Temperaturen deutlich über den Messkurven liegen.

Der Grund hierfür ist in den bereits erwähnten unterschiedlichen temperaturabhängigen Eigenschaften von Aluminiummatrix und Keramikverstärkung zu suchen. Da Aluminiummatrix und Keramikverstärkung ein stark unterschiedliches Ausdehnungsverhalten haben, wäre eine Anpassung des Volumenansatzes durch Berücksichtigung der relativen Volumenänderung möglich. Demnach würden sich die Volumenanteile mit der Temperatur verschieben: Der Anteil der Al-Matrix am Gesamtvolumen nimmt zu, der Keramikanteil nimmt ab. Dies ist für partikel- oder kurzfaserverstärkte MMCs plausibel.

Bei den Preform-MMCs mit Durchdringungsgefüge allerdings wird die Volumenzunahme der Al-Matrix stark behindert, so dass hier ein Ansatz auf Basis des elastischen Werkstoffverhaltens vielversprechender ist: Geht man davon aus, dass der E-Modul der Keramikkomponente über der Temperatur im betrachteten Temperaturbereich bis 500 °C konstant bleibt, so ist die lineare Mischungsregel um einen Faktor zu erweitern, der das temperaturabhängige Verhalten der Matrix berücksichtigt.

Bei Raumtemperatur beträgt der E-Modul von AlSi12 76 GPa, mit steigender Temperatur nimmt der E-Modul rasch ab und liegt bei 350 °C nur noch bei 52 GPa (siehe Tabelle 6.1). Wird vereinfachend angenommen, dass der E-Modul der Matrixlegierung linear mit der Temperatur abfällt, so kann dieser Zusammenhang beschrieben werden mit

$$E_{Matrix}(T) = 79,6\,GPa - 0,083 \cdot T/°C \tag{5.9}$$

Die Differenz zwischen Anfangs-E-Modul und dem berechneten E-Modul $E_{Matrix}(T)$ ergibt sich zu

$$\begin{aligned}
E_{Matrix,Diff}(T) &= 79,6\ GPa - E_{Matrix}(T) \\
&= 79,6\ GPa - (79,6\ GPa - 0,083 \cdot T/^{\circ}C)
\end{aligned} \quad (5.10)$$

Da sich die ergebende Abnahme des E-Moduls über der Temperatur nicht auf das ganze Probenvolumen, sondern nur auf die Matrix beschränkt, wird dies durch einen iterativ bestimmten Faktor C_{Matrix} berücksichtigt:

$$E_{Matrix,Diff,C}(T) = E_{Matrix,Diff}(T) \cdot C_{Matrix} \quad (5.11)$$

Abhängig vom Volumenanteil der Matrix ergibt sich damit ein temperaturabhängiger E-Modul zu

$$E_{therm,C}(T) = 76\ GPa - E_{Matrix,Diff,C}(T) \quad (5.12)$$

und der temperaturabhängige Faktor $C_{E,Matrix}(T)$ zur Berücksichtigung des temperaturabhängigen E-Moduls der Matrix zu

$$C_{E,Matrix}(T) = \frac{E_{therm,C}(T)}{76\ GPa} \quad (5.13)$$

Um diesen Faktor wird die lineare Mischungsregel 5.8 erweitert:

$$\epsilon_{Composite} = (\epsilon_{Matrix} \cdot f_{Matrix} \cdot C_{E,Matrix}(T) + \epsilon_{Preform} \cdot f_{Preform}) \quad (5.14)$$

In den Abbildungen 5.15, 5.16 und 5.17 sind die nach Gleichung 5.14 angepassten Dehnungskurven gestrichelt dargestellt. Der Faktor C_{Matrix} wurde für die Variante A2 zu 0,22 bestimmt, für AG zu 0,3 und für T1 zu 0,33.

In Abbildung 5.14 ist der Faktor C_{Matrix} über dem Keramikanteil der MMC-Varianten aufgetragen. Durch die Datenpunkte lässt sich recht gut eine Gerade approximieren. Dies lässt den Schluss zu, dass zwischen dem Keramikanteil eines Preform-MMCs und dem Faktor C_{Matrix} ein linearer Zusammenhang besteht. Durch Extrapolieren ergibt sich für einen Keramikanteil $\leq$ 12,5 Vol-% der Faktor C_{Matrix} = 0. Es ist allerdings fraglich, ob sich bei einem Keramikanteil von 12,5 Vol-% eine Keramik-Preform mit ausreichenden mechanischen Eigenschaften für die Druckinfiltration herstellen ließe.

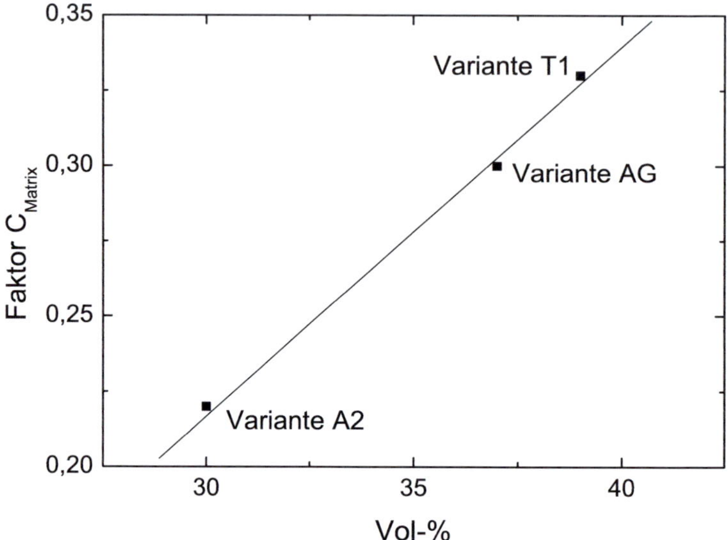

Abb. 5.14. Faktor C_{Matrix} in Abhängigkeit des Keramikanteils

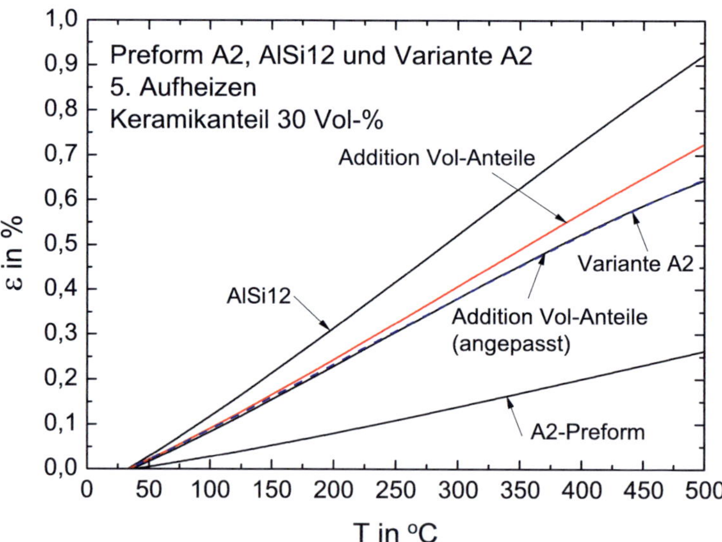

Abb. 5.15. Temperaturabhängiges Ausdehnungsverhalten von A2-Preform und AlSi12 im Vergleich zum A2-MMC

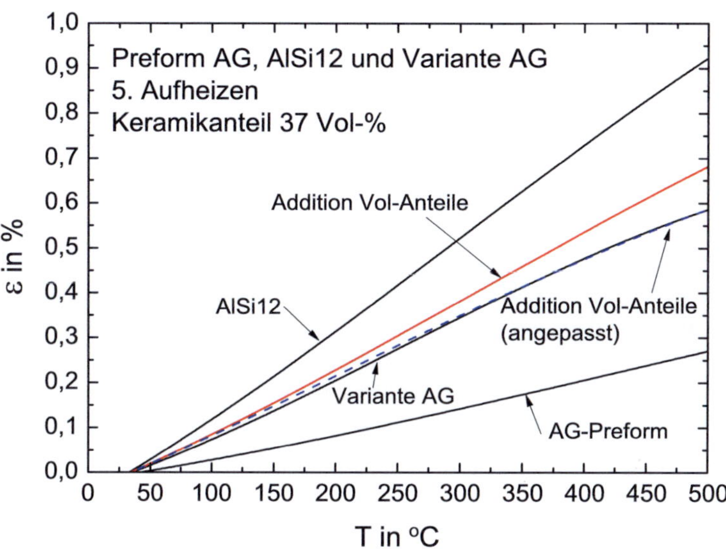

Abb. 5.16. Temperaturabhängiges Ausdehnungsverhalten von AG-Preform und AlSi12 im Vergleich zum AG-MMC

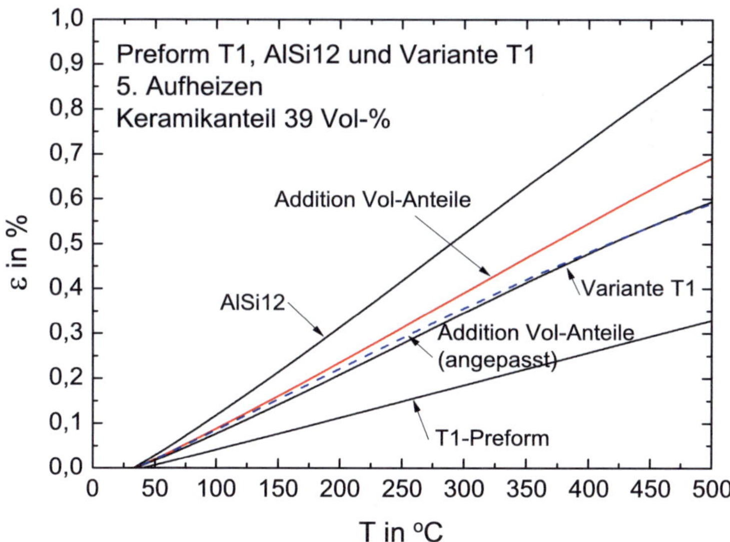

Abb. 5.17. Temperaturabhängiges Ausdehnungsverhalten von T1-Preform und AlSi12 im Vergleich zum T1-MMC

Für alle Varianten kann eine sehr gute Übereinstimmung zwischen den mit der erweiterten linearen Mischungsregel berechneten und den gemessenen Dehnungen festgestellt werden. Hierbei ist zu beachten, dass die Dehnungsmessung der keramischen Phase anhand der porösen Preforms erfolgte, zur Messung des Ausdehnungsverhaltens der Al-Legierung aber nur dichtes Probenmaterial zur Verfügung stand, was geringfügigen Einfluss auf die Dehnungsmesskurve von AlSi12 haben könnte.

Die gute Übereinstimmung der berechneten und gemessenen Werte ist bemerkenswert, da bei der angepassten Mischungsregel stark vereinfachende Annahmen getroffen wurden. Die Übereinstimmung der Kurven ist im besonderen bei hohen Temperaturen gegeben. Je tiefer die Temperaturen, desto mehr kann die Temperaturabhängigkeit der elastischen Konstanten von Eigenspannungen überlagert werden, die bei diesem Ansatz nicht berücksichtigt werden. Der Verlauf von α über der Temperatur hingegen kann Hinweise auf die Entstehung von Eigenspannungen geben.

6 Quasistatische Beanspruchung

An der Matrixlegierung AlSi12 wurden Zugversuche entsprechend Kapitel
4.2 bei verschiedenen Temperaturen durchgeführt. Es ist jeweils eine charakteristische Zugverfestigungskurve für die angegebenen Prüftemperaturen in
Abbildung 6.1 aufgetragen.

Die in Tabelle 6.1 angegebenen zugehörigen Kennwerte sind Mittelwerte aus
mindestens 3 Messungen. Erwartungsgemäß nehmen mit zunehmender Temperatur E-Modul, 0,2 %-Dehngrenze und Zugfestigkeit ab und die Bruchdehnung nimmt zu.

Charakteristische Zugverfestigungskurven für die verschiedenen MMC-Varianten zeigt Abbildung 6.2. Eingezeichnet in das Diagramm ist eine Hilfslinie
zur Ermittlung der Bruchdehnung.

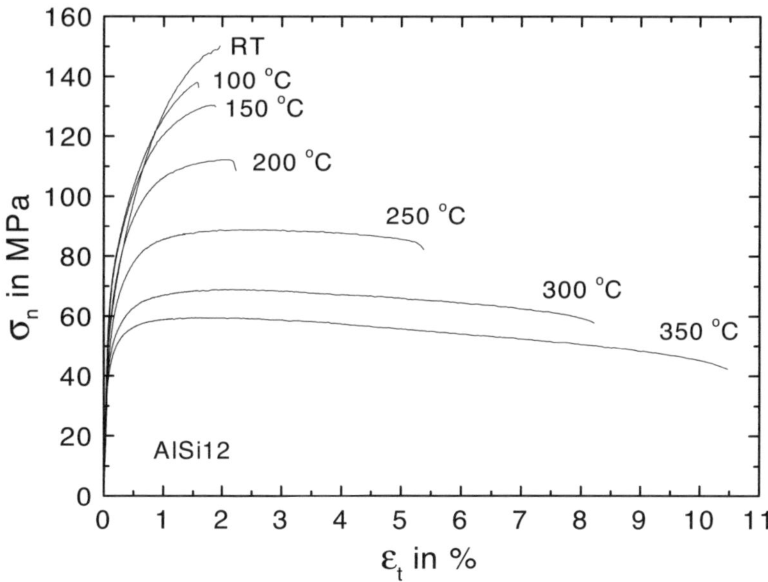

Abb. 6.1. AlSi12: σ_n-ε_t-Kurven für quasistatische-Beanspruchung von RT bis
T = 350 °C

Tab. 6.1. Temperaturabhängige Werkstoffkennwerte der Matrixlegierung

Temperatur	E-Modul	$R_{po,2}$	R_m	A_c
[°C]	[GPa]	[MPa]	[MPa]	[%]
RT	76	79	151	1,8
100	73	90	136	1,5
150	71	89	127	1,6
200	60	80	111	2,8
250	58	67	87	4,9
300	53	56	69	7,8
350	52	48	56	10,6

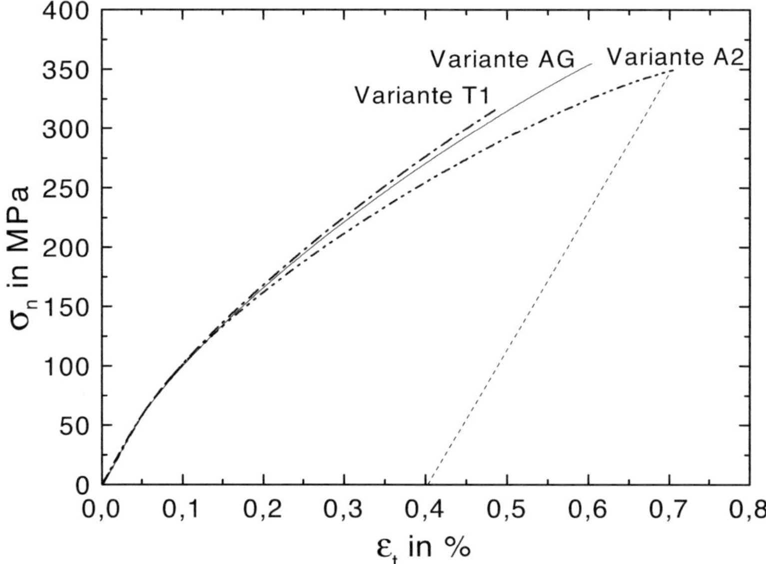

Abb. 6.2. MMCs: σ_n-ϵ_t-Kurven für quasistatische Beanspruchung bei Raumtemperatur

6.1 Diskussion

Abbildung 6.3 zeigt zum Vergleich Zugverfestigungskurven der MMCs und der unverstärkten Matrixlegierung AlSi12. Alle MMC-Varianten zeigen eine deutlich höhere Zugfestigkeit als die unverstärkte Matrixlegierung. Die Varianten mit Al_2O_3-basierten Preforms A2 und AG erreichen Festigkeiten von knapp 350 MPa, die TiO_2-basierte Variante liegt mit 325 MPa etwas darunter. Die Bruchdehnungen der MMCs liegen in etwa bei einem Viertel der für die Matrixlegierung ermittelten Werte.

Die Matrixlegierung zeigt eine recht ausgeprägte Streckgrenze gefolgt von einem schwachen Anstieg der Werte bis zum Spannungsmaximum, das mit dem Probenbruch zusammenfällt.

Bei den MMCs erkennt man in den Abbildungen 6.2 und 6.3 nach einem relativ kleinen elastischen Bereich am Anfang der Zugverfestigungskurven einen Übergang zu einem gekrümmten Anstieg der Werte bis zum Probenbruch.

Da sowohl bei der Matrixlegierung als auch bei den MMCs nach erreichen von R_m kein Abfall der Werte beobachtet werden konnte, lag somit ausschließlich Gleichmaßdehnung vor, was durch das Fehlen von Einschnürungen an den Bruchflächen der Proben bestätigt wurde. Die Topographie der Bruchflächen hatte durchweg Sprödbruchcharakteristik.

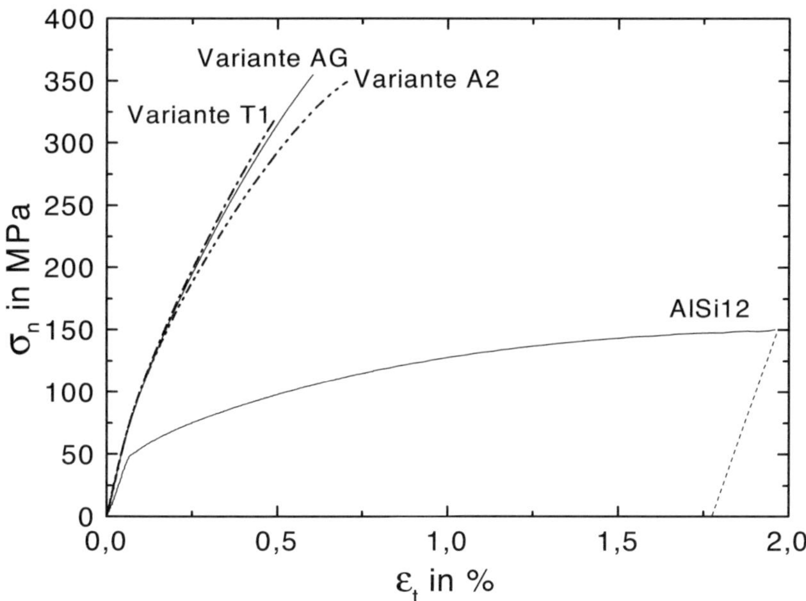

Abb. 6.3. MMCs und Matrixlegierung AlSi12: σ_n-ϵ_t-Kurven für quasistatische-Beanspruchung bei RT

Die lineare Mischungsregel (Gleichung 6.1)(Hil63; Ost98) überschätzt in der
Regel den Verstärkungseffekt der Verstärkungsphase.

$$\sigma_{Composite} = f_{Keramik} \cdot \sigma_{Keramik} + f_{Matrix} \cdot \sigma_{Matrix} \qquad (6.1)$$

Mit Einführung eines Verstärkungswirkungsgrads C (Gleichung 6.2) kann
der Lastanteil des Keramikgerüsts – ähnlich dem Faserwirkungsgrad bei Kurz-
und Langfaserverstärkten Verbundwerkstoffen (Becoob; Ost98) – berücksichtigt werden.

$$\sigma_{Composite} = C \cdot f_{Keramik} \cdot \sigma_{Keramik} + f_{Matrix} \cdot \sigma_{Matrix} \qquad (6.2)$$

Für den Verstärkungswirkungsgrad setzt Beck (Becoob) unter Annahme einer random-planaren Faseranordnung den Wert C = 1/3. Wie die Abbildungen 6.4, 6.5 und 6.6 belegen, führt dieser Wert jedoch bei den untersuchten
MMCs nicht zu befriedigenden Ergebnissen. Für C = 3/8 zeigt sich dagegen
für die MMC-Varianten A2 und AG (Abb. 6.4 und6.5) eine gute Übereinstimmung mit den Messdaten. Bei der Variante T1 führt hingegen ein Verstärkungswirkungsgrad von 1/2 zu guter Übereinstimmung. Obwohl der Volumenanteil der Verstärkungsphase bei den Varianten AG und T1 ähnlich ist,
trägt demnach die TiO$_2$-Preform (aufgrund des geringeren E-Moduls) einen
größeren Anteil zur Verstärkung des MMC bei.

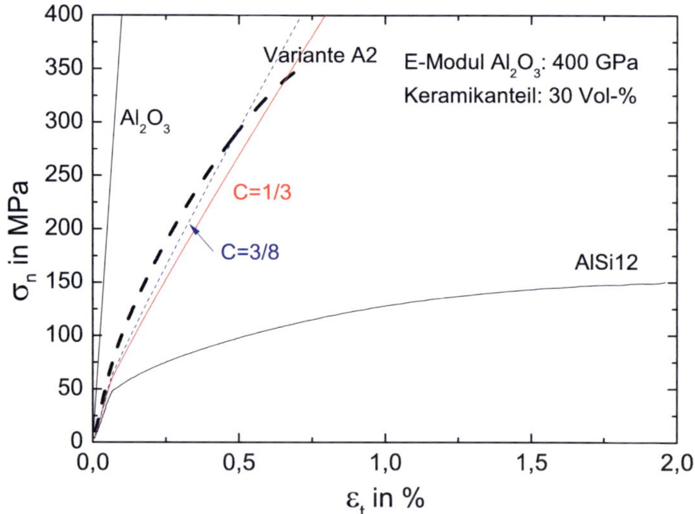

Abb. 6.4. MMC-Variante A2: Anwendung der linearen Mischungsregel
unter Berücksichtigung des Verstärkungswirkungsgrads C

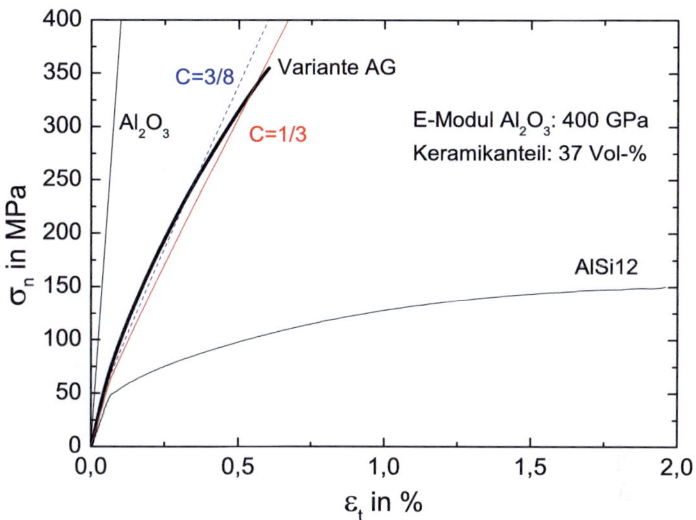

Abb. 6.5. MMC-Variante AG: Anwendung der linearen Mischungsregel unter Berücksichtigung des Verstärkungswirkungsgrads C

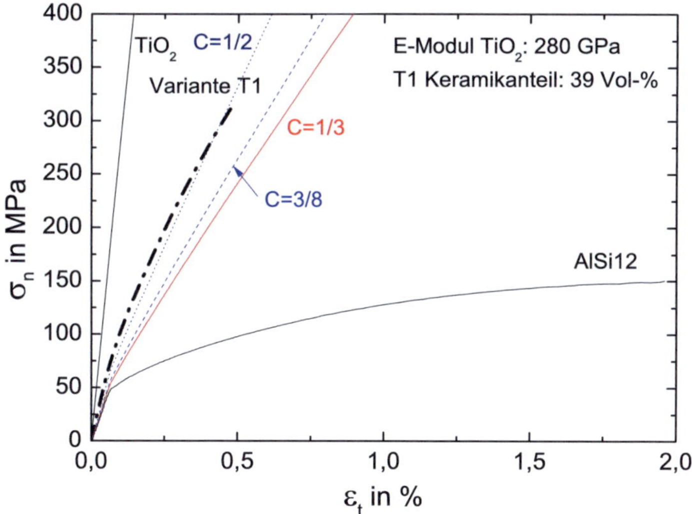

Abb. 6.6. MMC-Variante T1: Anwendung der linearen Mischungsregel unter Berücksichtigung des Verstärkungswirkungsgrads C

6.2 Entlastungsversuche

Die Versuche wurden wie in Kapitel 4.3 beschrieben durchgeführt und ausgewertet. Einen typischen Entlastungsversuch der Variante A2 zeigt Abbildung 6.7, für die Varianten AG und T1 zeigen dies die Abbildungen 6.8 und 6.9. Den Entlastungsversuchen wurden Zugverfestigungskurven der entsprechenden MMCs überlagert, wobei hierfür die Liniensymbole der Abbildung 6.2 übernommen wurden.

Mit zunehmender Totaldehnung nimmt die Fläche der sich aus erstem und letztem Entlastungszyklus bildenden Hystereseschleifen erwartungsgemäß zu, was für die Auswertung nicht von Bedeutung ist, da nur die letzten vier Entlastungszyklen pro Lasthorizont in die Auswertung eingingen.

Die Entwicklung der Entlastungsmoduln der drei MMC-Varianten werden in Abbildung 6.10 dargestellt. Bei den Varianten A2 und T1 dienten jeweils drei Messungen zur Bestimmung der arithmetischen Mittelwerte, bei der Variante AG zwei Messungen.

Bei allen drei MMC-Varianten konnten 6 Lasthorizonte erreicht werden. Die ermittelten Entlastungsmoduln liegen insgesamt im Bereich von 128 bis 135 GPa, wobei die Variante T1 Werte von 128,4 bis 129,0 GPa erreicht und die Variante A2 mit Werten von 130,5 bis 132,0 GPa darüber liegt. Die höchsten Werte erreicht die Variante AG mit Entlastungsmoduln von 133,4 bis 134,9 GPa.

6.3 Diskussion

Es ist festzustellen, dass die jeweiligen quasistatischen Zugversuche eine Einhüllende der Entlastungsversuche darstellen und somit eine hohe Reproduzierbarkeit der Versuchsergebnisse gegeben ist.

Mit zunehmendem Lastniveau bzw. mit zunehmender Totaldehnung ist von einer Schädigungsentwicklung in Form von Mikrorissbildung auszugehen, welche sich durch einen Abfall der ermittelten Entlastungsmoduln bemerkbar macht. Bei den Varianten AG und A2 ist dies nur tendenziell zu beobachten, bei der Variante T1 ist dies nicht erkennbar.

Der Abfall zwischen dem ersten und letzten Lastniveau beträgt bei der Variante AG 1,5 GPa, was rund 1 % des Maximalwertes beim ersten Lastniveau entspricht. Bei der Variante A2 beträgt die Differenz zwischen Maximal- und Minimalwert 1,5 GPa, was ebenfalls etwa 1 % des ersten Lastniveaus entspricht.

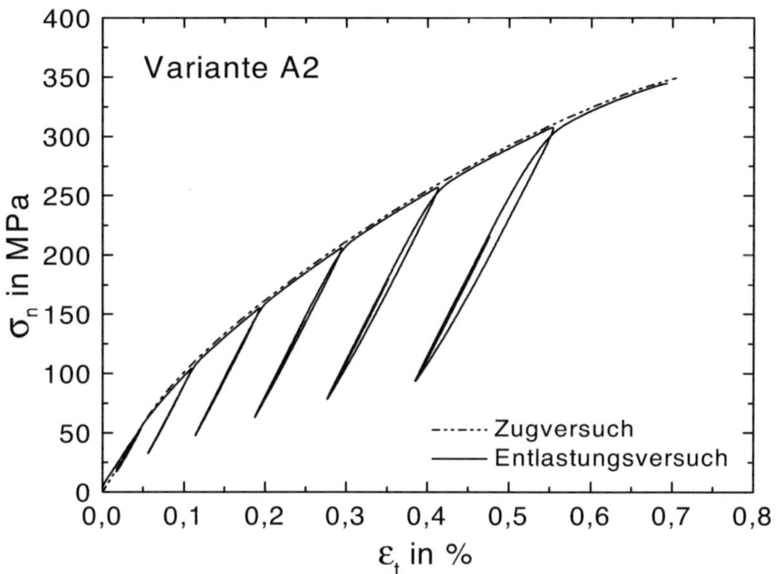

Abb. 6.7. Probenvariante A2: Entlastungsversuch und Zugversuch

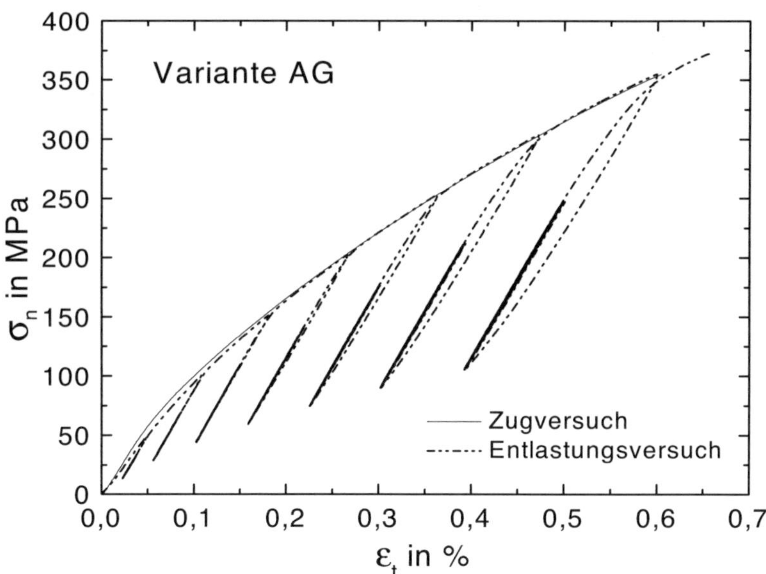

Abb. 6.8. Probenvariante AG: Entlastungsversuch und Zugversuch

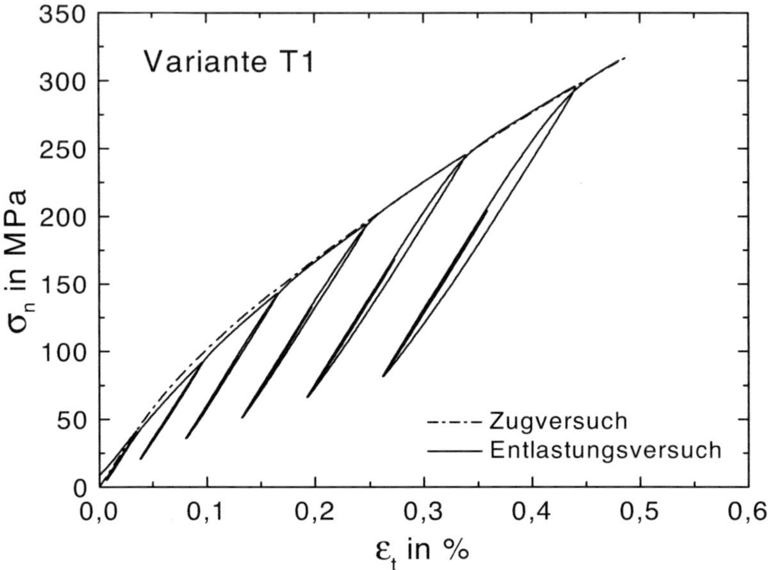

Abb. 6.9. Probenvariante T1: Entlastungsversuch und Zugversuch

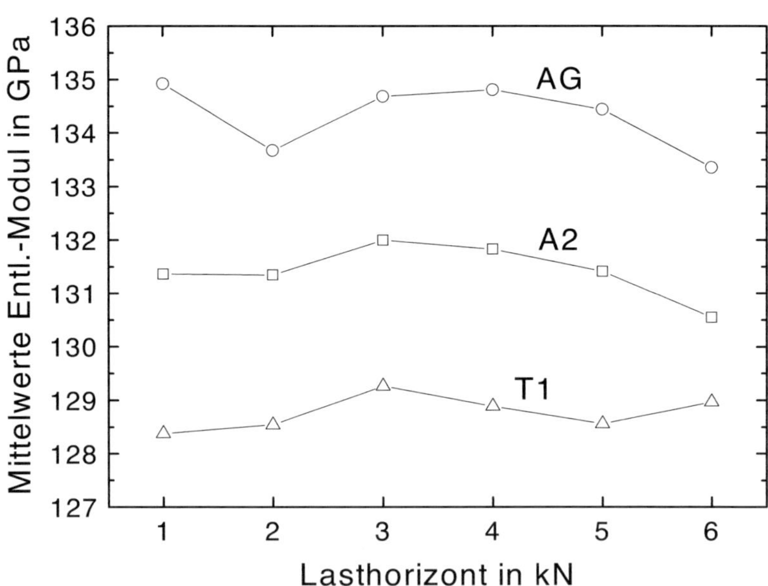

Abb. 6.10. Ergebnisse der Entlastungsversuche an den MMCs im Überblick

Bei der Variante T1 sind die Unterschiede zwischen Minimal- und Maximalwert noch geringer und liegen mit 0,6 GPa betragsmäßig im Bereich von etwa einem halben Prozent der beim ersten Lastniveau erreichten Werte.

In der Literatur finden sich Untersuchungen einer mit 22 Vol-% Al_2O_3-Partikeln verstärkten Al-Legierung 6061 (T6), bei der die Probensteifigkeit durch die Tangente an dem ansteigenden Ast der Spannungs-Dehnungs-Linie bestimmt wurde (Ber99). Die Autoren weisen einen annähernd linearen Zusammenhang für die mittlere Steifigkeitsabnahme über der Gesamtdehnung der Proben nach. Bei einer Gesamtdehnung von knapp 2,5 % betrug die maximale Steifigkeitsabnahme etwa 18 %. Bei dieser Gesamtdehnung konnten in Schliffbildern auf einer Fläche von 16 mm x 16 mm knapp 700 Risse nachgewiesen werden, von denen das Maximum der Risslängen im Bereich zwischen 7,5 und 15 µm lag.

Die untersuchten Preform-MMCs erreichen dagegen nur eine Bruchdehnung von knapp 0,5 %. Bei diesem Wert der Gesamtdehnung zeigt auch die partikelverstärkte Al-Legierung von (Ber99) eine Steifigkeitsabnahme von lediglich 1 %, da ein ausgeprägtes Plastifizieren der Al-Legierung bei dieser Gesamtdehnung noch nicht zu erwarten ist.

Als Ausgangspunkte für die Schädigung wurden von (Ber99) gebrochene Partikel und Partikelagglomerate identifiziert, wobei die Bruchwahrscheinlichkeit mit der Partikelgröße ansteigt. Die heterogene Mikrostruktur der partikelverstärkten Al-Legierung führt zu einem makroskopisch dreiachsigen Spannungszustand, durch welchen die Defekte je nach Größe und gegenseitiger Lage aktiviert werden. Dieser Primärschädigung folgt bei entsprechender äußerer Beanspruchung eine makroskopische Rissausbreitung in der Aluminiummatrix.

Für die untersuchten Preform-MMCs kann festgestellt werden, dass ein Abfall der gemessenen Entlastungsmoduln mit zunehmendem Lastniveau in der Messtoleranz liegt und daher keine Schädigungsentwicklung bis zum Versagen der Proben nachgewiesen werden kann.

Die Bruchflächen der Preform-MMCs bei quasistatischer Beanspruchung lassen auf ein ausgeprägt homogenes Schädigungsverhalten schließen. Risse, die sich aufgrund von lokalen Spannungsüberhöhungen an den Stegen der Preform bilden, erreichen aufgrund der geringen Risszähigkeit der Keramikphase relativ schnell eine kritische Länge. Da die Duktilität der Matrix zum Stoppen der Risse aber nicht ausreicht, kommt es zum sprödbruchartigen Versagen der Preform-MMCs.

7 Isotherme Wechselverformungsversuche

7.1 Spannungskontrollierte Versuche

Das Lebensdauerverhalten unter mittelspannungsfreier Schwingbeanspruchung (R = -1) der MMC-Varianten im Vergleich zur unverstärkten Matrix-Legierung gibt Abbildung 7.1 in Form von Spannungswöhlerkurven wieder. Die Lebensdauer nimmt erwartungsgemäß mit abnehmender Spannungsamplitude zu. Die Steigungen der Ausgleichsgeraden sind für alle MMC-Varianten nahezu identisch. Die Datenpunkte der Varianten AG und A2 liegen in einem gemeinsamen Streuband, tendenziell erreicht bei gleichen Spannungsamplituden die Variante AG etwas höhere Lebensdauern.

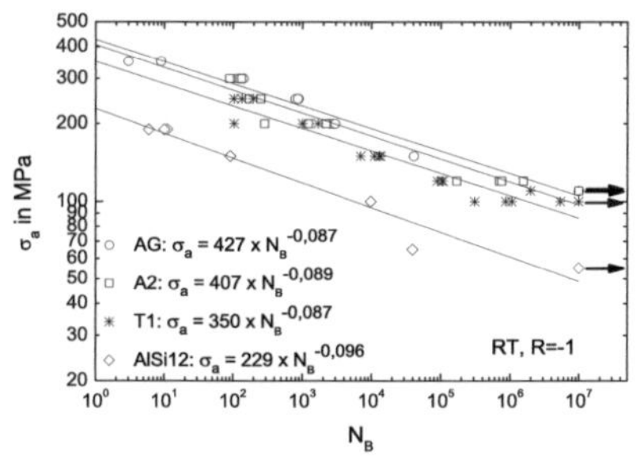

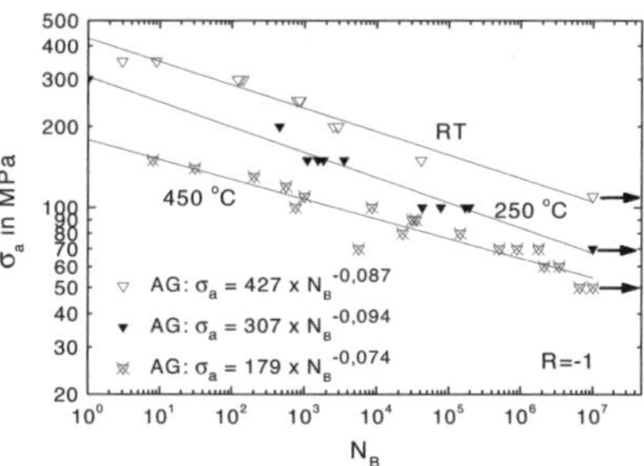

Abb. 7.1. Spannungswöhlerkurven aller Probenvarianten im Vergleich zur unverstärkten Matrixlegierung AlSi12

Abb. 7.2. Spannungswöhlerkurven der Variante AG bei RT, 250 °C und 450 °C

Die Grenzlastspielzahl N_G = 10^7 erreicht die unverstärkte Variante CF bei σ_a = 60 MPa, die MMC-Varianten bei σ_a = 100 MPa (T1) bzw. σ_a = 110 MPa (A2 und AG).

Den Temperatureinfluss auf das Lebensdauerverhalten der MMCs ist exemplarisch anhand der Variante AG in Abbildung 7.2 in Form von Spannungswöhlerkurven bei RT, 250 °C und 450 °C dargestellt. Die Grenzlastspielzahl $N_G = 10^7$ wird für T = 250 °C bei 70 MPa und bei T = 450 °C bei 50 MPa erreicht.

7.1.1 Diskussion

Bei spannungskontrollierten Versuchen ist bei den betrachteten MMCs mit keramischer Preform-Verstärkung im Vergleich zur Matrixlegierung eine um etwa den Faktor zwei höhere Wechselfestigkeit zu verzeichnen. Das Lebensdauerverhalten lässt sich mit der von Basquin vorgeschlagenen doppeltlogarithmischen Darstellung der Ergebnisse durch Ausgleichsgeraden gut beschreiben.

Dies gilt auch für Spannungswöhlerkurven bei erhöhter Temperatur. Die Wechselfestigkeit der Variante AG bei 450 °C entspricht dabei dem Niveau der Wechselfestigkeit der unverstärkten Matrixlegierung bei Raumtemperatur.

Die von (Son91) ermittelten Wechselfestigkeiten (Dauerfestigkeiten bei R = −1) der mit 20 Vol-% Saffil®-Fasern verstärkten GP-AlSi12CuMgNi-Legierung liegen bei Raumtemperatur aufgrund der ausgehärteten Matrix mit etwa 150 MPa etwas höher als bei den in dieser Arbeit betrachteten Preform-MMCs. Ab 250 °C liegen die Werte auf ähnlichem Niveau. Ab etwa 300 °C ist der Festigkeitsvorteil der MMCs mit ausgehärteter GP-AlSi12CuMgNi-Matrix, bedingt durch Überalterungseffekte, nicht mehr gegeben. Bei dieser Temperatur können die unverstärkten Werkstoffe wegen der erweichenden Matrix allerdings schon nicht mehr sinnvoll eingesetzt werden.

7.2 Dehnungskontrollierte Versuche

7.2.1 Matrixwerkstoff AlSi12: Zyklisches Verformungsverhalten

Die mitteldehnungsfreien Ermüdungsversuche wurden bei Raumtemperatur mit einer Versuchsfrequenz von 1 Hz gefahren, lediglich bei $\epsilon_{a,t}$ = 0,1 % wurde aus Gründen der Versuchsdauer eine Versuchsfrequenz von 5 Hz gewählt. In Abbildung 7.3 sind die σ_n-ϵ_t-Hysteresen des Matrixwerkstoffs AlSi12 für Totaldehnungsamplituden von 0,1 %, 0,2 % und 0,3 % bei N = $N_B/2$ aufgetragen. Für alle untersuchten Totaldehnungsamplituden ist ein Bereich mit etwa linearem Spannungs-Dehnungs-Verlauf erkennbar. Mit zunehmender $\epsilon_{a,t}$ ist eine verstärkte Plastifizierung des Matrixwerkstoffs zu verzeichnen, was sich in einem Anstieg der Hysteresefläche mit steigender Totaldehnungsamplitude äußert.

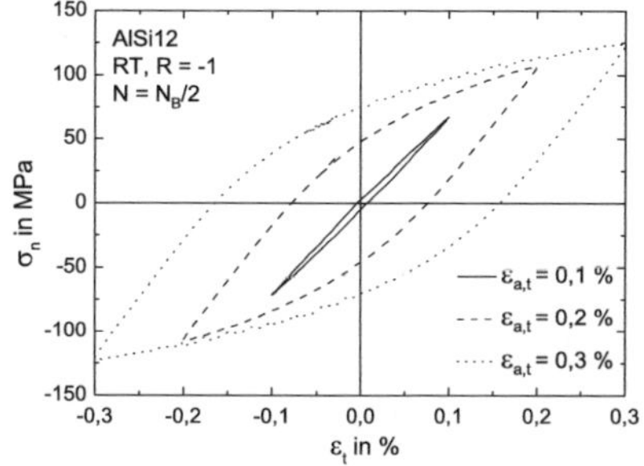

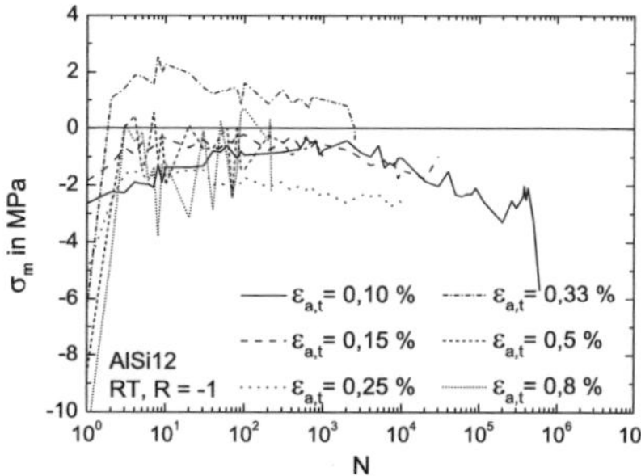

Abb. 7.3. σ_n-ϵ_t-Hysteresen des Matrixwerkstoffs AlSi12 bei RT für N = N_B/2

Abb. 7.4. Mittelspannungsverläufe von AlSi12 bei RT für $\epsilon_{a,t}$ 0,1 % bis 0,8 %

Die Nullpunktsymmetrie der Hystereseschleifen wird durch die in Abbildung 7.4 gezeigten Mittelspannungsverläufe für die gesamte Lebensdauer für alle $\epsilon_{a,t}$ bestätigt. Für Totaldehnungsamplituden von 0,1 bis 0,8 % lassen sich allenfalls geringe Mittelspannungen im Bereich von ± 5 MPa belegen. Ein Aufbau von Mittelspannungen scheint praktisch nicht stattzufinden.

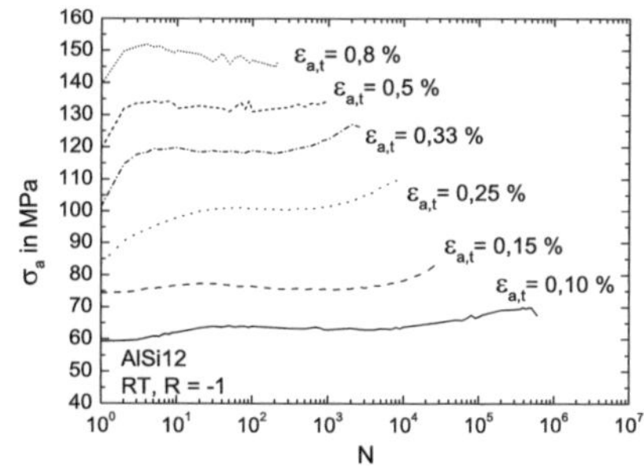

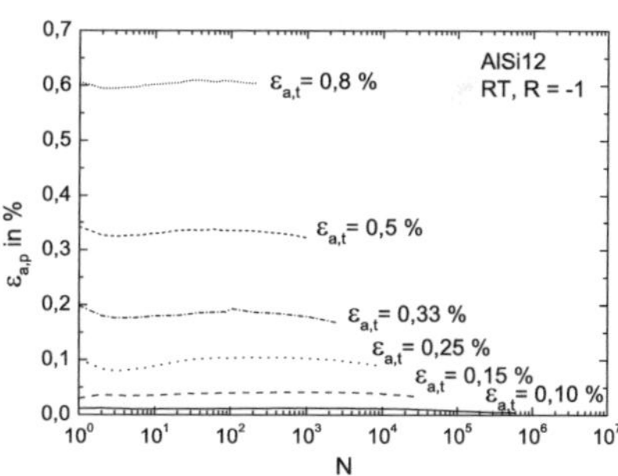

Abb. 7.5. Matrixwerkstoffs AlSi12: Verlauf von σ_a über N bei Raumtemperatur

Abb. 7.6. Matrixwerkstoffs AlSi12: Verlauf von $\epsilon_{a,p}$ über N bei RT

Das Wechselverformungsverhalten des Matrixwerkstoffs AlSi12 bei Raumtemperatur wird anhand der Abbildungen 7.5 (Nennspannungsamplitude σ_a über der Lastspielzahl N) und 7.6 (plastischen Dehnungsamplitude $\epsilon_{a,p}$ über der Lastspielzahl N) deutlich. Für $\epsilon_{a,t}$ = 0,8 % werden Spannungsamplituden um 150 MPa erreicht. In Abbildung 7.6 wird der in Abbildung 7.3 erkennbare Anstieg der plastischen Dehnungsamplitude mit zunehmender Totaldehnungsamplitude quantifiziert. So ergeben sich beispielsweise für $\epsilon_{a,t} = 0,8\ \%$ plastische Dehnungsamplituden von knapp 0,6 %.

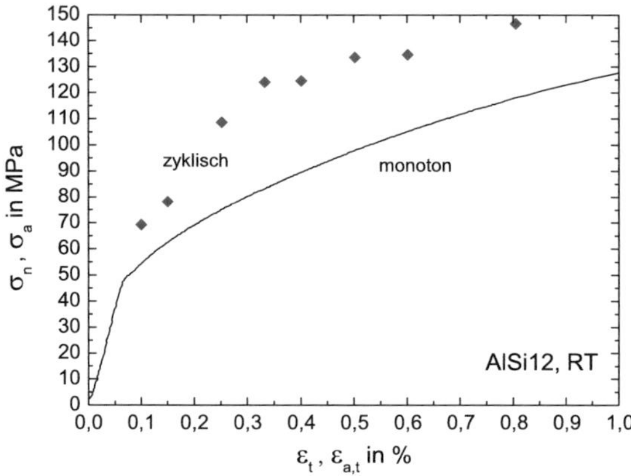

Abb. 7.7. AlSi12: Monotones und zyklisches Spannungs-Dehnungs-Diagramm bei Raumtemperatur

Bedingt durch regelungstechnische Randbedingungen lagen bei den betrachteten dehnungsgeregelten Experimenten die vorgegebenen Totaldehnungen erst nach wenigen Zyklen an. Nach einem Bereich relativ stetiger σ_a- bzw. leicht ansteigender $\epsilon_{a,p}$-Werte ist bei der Matrixlegierung ab $N_B/2$ ein Anstieg der Spannungsamplituden bzw. ein leichter Abfall der plastischen Dehnungsamplituden zu verzeichnen. Der elastische Dehnungsanteil an der Gesamtdehnung wächst auf Kosten des plastischen Dehnungsanteils. Die Matrixlegierung AlSi12 verfestigt demnach bei Raumtemperatur unter der gegebenen isothermen Beanspruchung. Die Zunahme der elastischen Dehnung als Folge des Verfestigungsprozesses führt bei der totaldehnungsgesteuerten Versuchsführung zu einer Zunahme der Spannungsamplitude. Dieser Effekt wird mit steigenden Werten von $\epsilon_{a,t}$ ausgeprägter. Bei $\epsilon_{a,t} = 0,5\ \%$ ist ein annähernd zyklisch neutrales Werkstoffverhalten zu beobachten, bei $\epsilon_{a,t} = 0,8\ \%$ nimmt die Spannungsamplitude mit zunehmender Zyklenzahl ab, was in diesem Fall auf einen Entfestigungsprozess schließen lässt.

Im Vergleich der Spannungs-Dehnungs-Kurven für monotone und zyklische Beanspruchung kann ein zyklisch verfestigter Zustand durch Auftragung der Spannungsamplituden für alle $\epsilon_{a,t}$ bei $N_B/2$ festgestellt werden (Abb. 7.7), was auf die bei zyklischer Beanspruchung höhere Beanspruchungsgeschwindigkeit zurückgeführt werden kann.

7.2.2 Matrixwerkstoff AlSi12: Lebensdauerverhalten

Das Lebensdauerverhalten der Matrixlegierung unter zyklischer Beanspruchung mit einem Lastverhältnis von R = -1 gibt Abbildung 7.8 in Form von Dehnungswöhlerkurven wieder. Erwartungsgemäß nimmt die Lebensdauer mit abnehmender Dehnungsamplitude zu. Die Ausgleichskurve durch die Werte von $\varepsilon_{a,t}$ ergibt sich dabei durch Addition der Ausgleichsgeraden der elastischen und plastischen Dehnungsanteile.

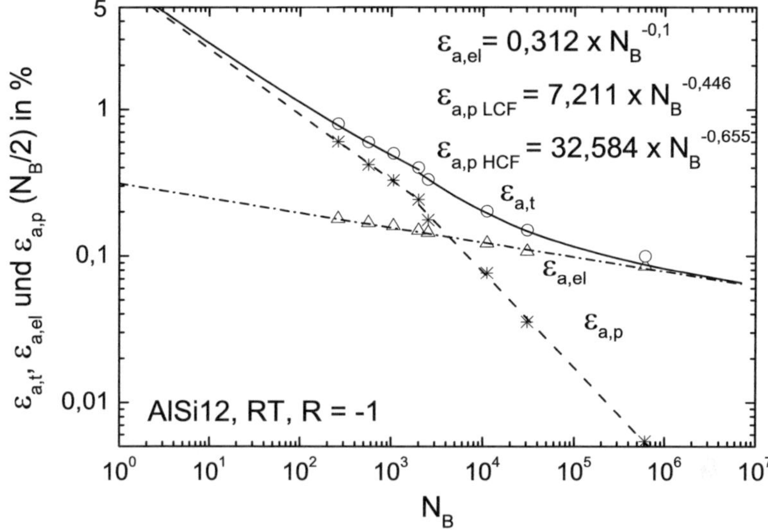

Abb. 7.8. Lebensdauerverhalten der unverstärkten Matrixlegierung AlSi12 bei Raumtemperatur nach Manson-Coffin und Basquin

In der gewählten doppeltlogarithmischen Darstellung kann die Ausgleichsgerade durch die elastischen Dehnungswerte $\varepsilon_{a,el}$ mit der angegebenen Gleichung beschrieben werden. Die numerische Beschreibung der Werte für die plastische Dehnungsamplitude erfolgt mittels zweier Teilgleichungen, die aufgrund des bimodalen Werkstoffverhaltens notwendig werden. Unterhalb einer Bruchlastspielzahl von 2000, d.h. bei $\varepsilon_{a,t}$-Werten größer 0,4 %, kommt es zu einer Art Sättigungsverhalten des Werkstoffs und der Anteil der Plastifizierung nimmt in Bezug auf die Gesamtdehnungsamplitude nicht mehr so stark zu wie dies die Ergebnisse im Bereich der HCF-Beanspruchung erwarten ließen. Die Grenzlastspielzahl $N_G = 10^7$ wird selbst mit der geringsten vorgegebenen Totaldehnungsamplitude ($\varepsilon_{a,t}$ = 0,1 %) nicht erreicht.

Abbildung 7.9 zeigt für den Matrixwerkstoff AlSi12 die Auftragung des Schädigungsparameters nach Smith-Watson-Topper P_{SWT} gemäß der in der Abbildung genannten Definition über der Bruchlastspielzahl N_B. In der doppeltlogarithmischen Darstellung können die berechneten Werte gut durch eine Ausgleichsgerade beschrieben werden.

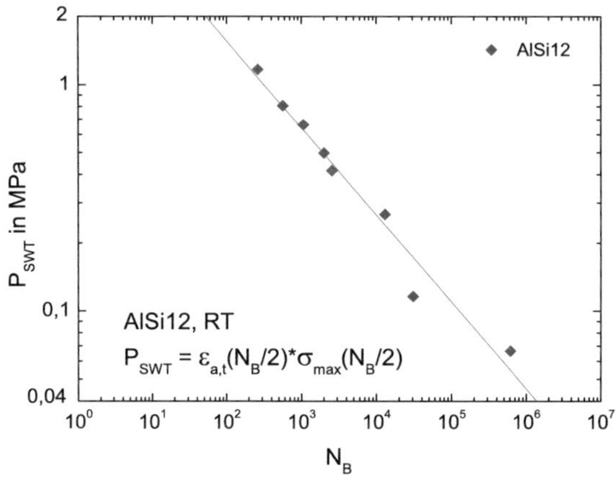

Abb. 7.9. P_{SWT} über N_B der unverstärkten Matrixlegierung AlSi12 bei Raumtemperatur, dehnungskontrolliert

7.2.3 Variante A2: Zyklisches Verformungsverhalten

Die mitteldehnungsfreien Ermüdungsversuche bei Raumtemperatur wurden oberhalb $\varepsilon_{a,t} = 0{,}1\,\%$ mit einer Versuchsfrequenz von 1 Hz gefahren, für $\varepsilon_{a,t} = 0{,}1\,\%$ wurde zur Verkürzung der Versuchsdauer eine Versuchsfrequenz von 5 Hz gewählt. In Abbildung 7.10 sind die σ_n-ε_t-Hysteresen der Variante A2 bei $N = N_B/2$ für Totaldehnungsamplituden von $0{,}10\,\%$, $0{,}15\,\%$, $0{,}25\,\%$ und $0{,}3\,\%$ aufgetragen, den Verlauf der zugehörigen Mittelspannungen zeigt Abbildung 7.11.

Für alle untersuchten Totaldehnungsamplituden zeigen die Hysteresen in Abbildung 7.10 einen Bereich mit etwa linearem Spannungs-Dehnungs-Verlauf. Mit zunehmender Totaldehnungsamplitude steigen die plastischen Verformungsanteile, was sich in einem Anstieg der Hystereseflächen äußert.

Für alle untersuchten Totaldehnungsamplituden sind schon während der ersten Lastspiele Druckmittelspannungen erkennbar, die mit zunehmender Zyklenzahl betragsmäßig zunehmen. Bei der mit $0{,}1\,\%$ kleinsten $\varepsilon_{a,t}$ bauen sich die Druckmittelspannungen nach erreichen eines Minimums von etwa -25

MPa wieder ab, gegen Versuchsende ergeben sich hier geringe Zugmittelspannungen.

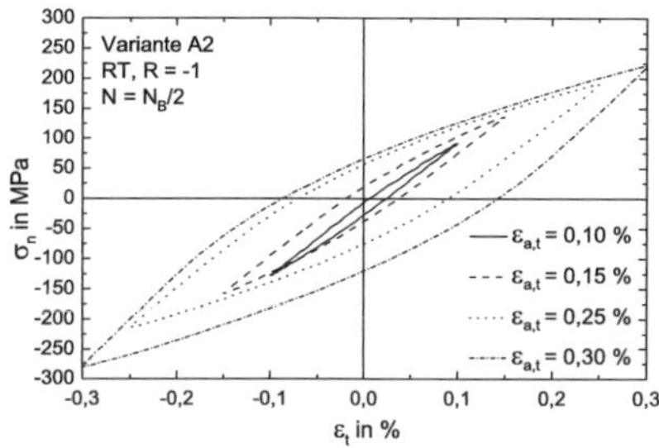

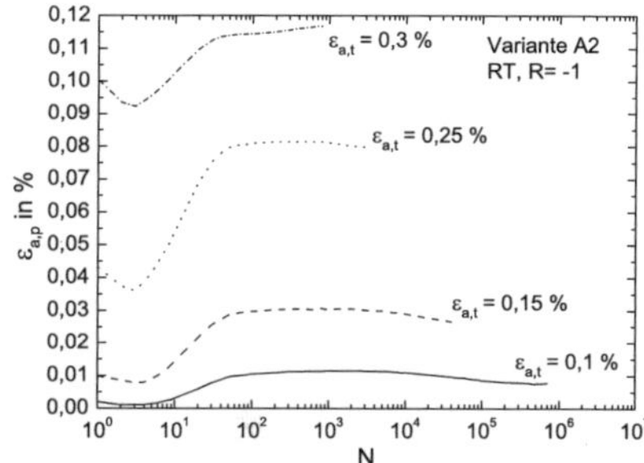

Abb. 7.10. σ_n-ϵ_t-Hysteresen der Probenvariante A2 bei RT für N = N_B/2

Abb. 7.11. Mittelspannungsverläufe der Variante A2 für $\epsilon_{a,t}$ von 0,10 % bis 0,3 %

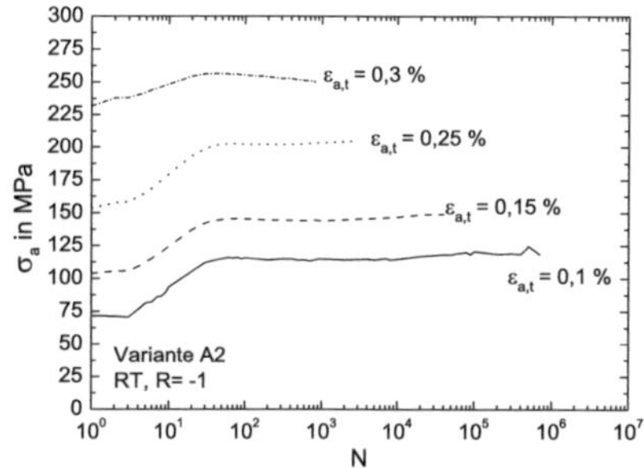

Abb. 7.12. Variante A2: Verlauf von σ_a über N bei Raumtemperatur

Abb. 7.13. Variante A2: Verlauf von $\epsilon_{a,p}$ über N bei Raumtemperatur

Die Abbildungen 7.12 und 7.13 zeigen den Verlauf der Nennspannungsamplitude σ_a und der plastischen Dehnungsamplitude $\epsilon_{a,p}$ über der Lastspielzahl N für die Probenvariante A2 bei Raumtemperatur. Sowohl die Spannungsamplitude als auch die plastische Dehnungsamplitude nehmen mit steigender Totaldehnungsamplitude zu. Nach einem Einschwingvorgang der Maschinenregelung belegt eine geringfügige Zunahme der Spannungsamplitude und eine leichte Abnahme der plastischen Dehnungsamplitude über N für $\epsilon_{a,t} \leq 0,25$ % eine zyklische Verfestigung. Für $\epsilon_{a,t} = 0,3$ % ist dagegen ein entfestigendes zyklisches Verformungsverhalten festzustellen.

Im Vergleich der monotonen und zyklischen Spannungs-Dehnungs-Kurven zeigt sich durch Auftragung der Spannungsamplituden für alle $\epsilon_{a,t}$ bei N_B/2 ein zyklisch verfestigter Zustand (Abb. 7.14).

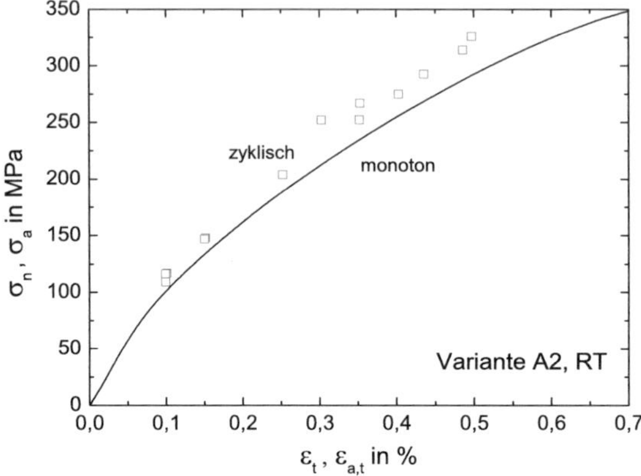

Abb. 7.14. Variante A2: Monotones und zyklisches Spannungs-Dehnungs-Diagramm bei RT

7.2.4 Variante A2: Lebensdauerverhalten

Das Lebensdauerverhalten der Variante A2 unter Wechselbeanspruchung (R = -1) gibt Abbildung 7.15 in Form von Dehnungswöhlerkurven wieder.

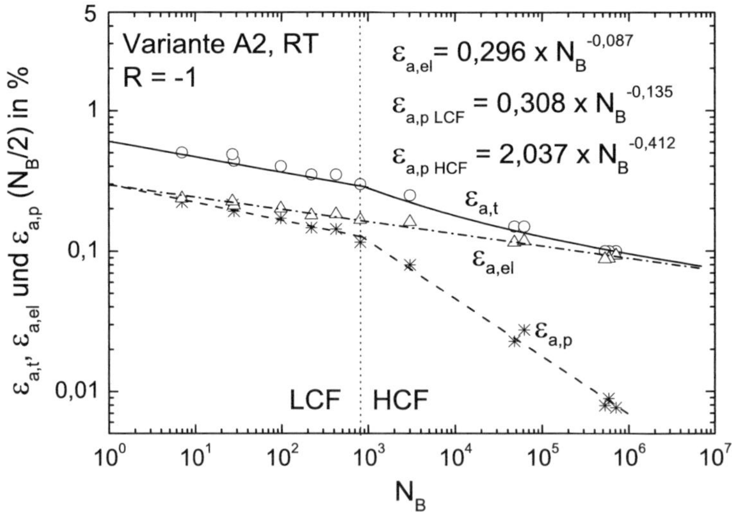

Abb. 7.15. Lebensdauerverhalten der MMC-Variante A2 bei Raumtemperatur nach Manson-Coffin und Basquin

Die Lebensdauer nimmt mit abnehmender Dehnungsamplitude zu. In der gewählten doppeltlogarithmischen Darstellung lassen sich die Datenpunkte der elastischen Dehnungsamplitude im gesamten Lebensdauerbereich durch eine Regressionsgerade beschreiben, die Parameter der Geraden sind in der Abbildung angegeben. Für die plastische Dehnungsamplitude und somit für die Totaldehnungsamplitude ergibt sich ein bimodales Werkstoffverhalten.

Unterhalb von N_B = 800 ist die Steigung der Ausgleichsgeraden geringer als die der Ausgleichsgeraden für Werte oberhalb von N_B = 800. Die Ausgleichskurve durch die Totaldehnungswöhlerkurve ($\epsilon_{a,t}$ über N_B) setzt sich zusammen aus der Addition der Regressionsgeraden für $\epsilon_{a,el}$ und $\epsilon_{a,p}$ und beschreibt die Datenpunkte mit guter Übereinstimmung.

Die Grenzlastspielzahl N_G = 10^7 wird selbst für die kleinste Totaldehnungsamplitude von 0,1 % nicht erreicht, 10^6 Lastspiele werden dagegen knapp erreicht.

Abbildung 7.16 zeigt die Auftragung des Schädigungsparameters nach Smith-Watson-Topper P_{SWT} als Funktion der Bruchlastspielzahl N_B. Die Datenpunkte für die MMC-Variante A2 lassen sich recht gut durch eine Regressionsgerade beschreiben. Zum Vergleich sind die Daten der Matrixlegierung AlSi12 aus Abbildung 7.9 ebenfalls dargestellt.

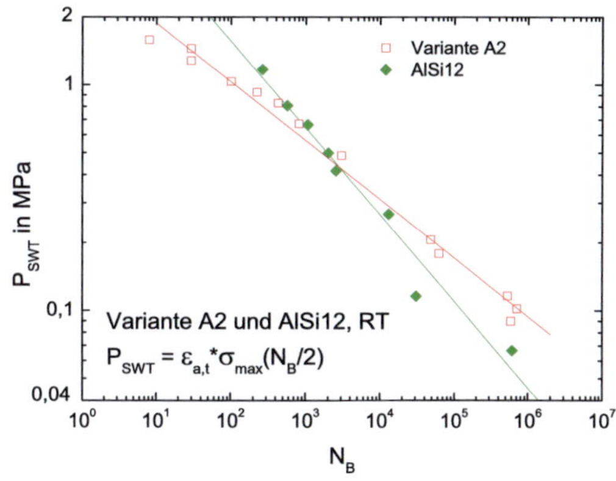

Abb. 7.16. P_{SWT} über N_B von AlSi12 und der Variante A2 bei Raumtemperatur, dehnungskontrolliert

7.2.5 Variante AG: Zyklisches Verformungsverhalten

Die mitteldehnungsfreien Ermüdungsversuche wurden oberhalb $\epsilon_{a,t}$ = 0,1 % mit einer Versuchsfrequenz von 1 Hz gefahren, für $\epsilon_{a,t}$ = 0,1 % wurde eine Versuchsfrequenz von 5 Hz gewählt. In Abbildung 7.17 sind die σ_n-ϵ_t-Hysteresen der Variante A2 bei $N = N_B/2$ und Raumtemperatur für Totaldehnungsamplituden von 0,1 %, 0,2 % und 0,3 % aufgetragen, in Abbildung 7.18 sind die Verläufe der entsprechenden Mittelspannungen wiedergegeben.

In Abbildung 7.17 sind für alle untersuchten Totaldehnungsamplituden Bereiche mit etwa linearem Spannungs-Dehnungs-Verlauf und ein Anstieg der Hystereseflächen durch zunehmende plastische Verformungsanteile erkennbar.

Die Mittelspannungen (Abb. 7.18) liegen für $\epsilon_{a,t} = 0,1$ und 0,2 % zunächst bei Werten knapp unterhalb Null, nach etwa 10^4 bzw. 10^3 Zyklen erfolgt ein kontinuierlicher Aufbau von Druckmittelspannungen über die restliche Lebensdauer. Kurz vor erreichen der Grenzlastspielzahl steigt σ_m bei $\epsilon_{a,t} = 0,1$ % geringfügig an. Bei $\epsilon_{a,t} = 0,3$ % bauen sich ausgehend von $\sigma_m = -20$ MPa während der gesamten Lebensdauer kontinuierlich Druckspannungen auf, die bei Probenbruch einen Wert von etwa -53 MPa erreichen.

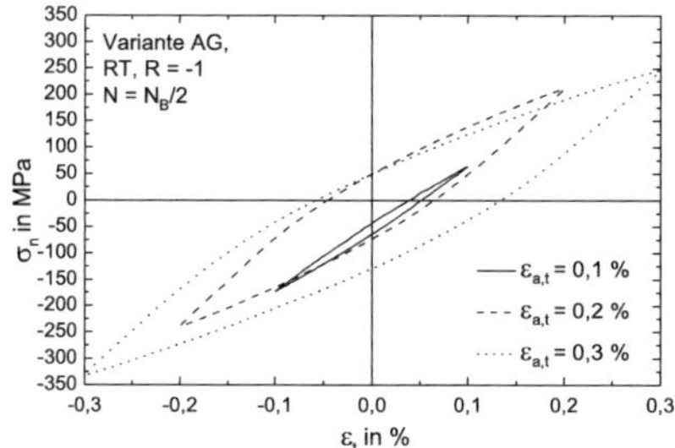

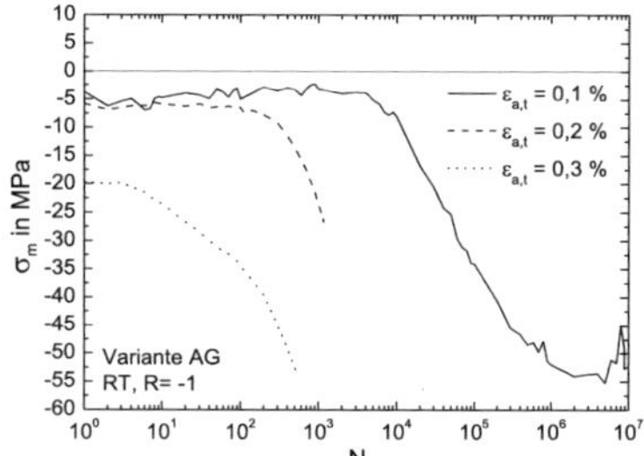

Abb. 7.17. σ_n-ϵ_t-Hysteresen der Probenvariante AG bei RT für $N = N_B/2$

Abb. 7.18. Verlauf von σ_m der Variante AG bei RT für $\epsilon_{a,t}$ von 0,1 % bis 0,3 %

Abbildung 7.19 belegt, dass durch Auftragung der Spannungsamplituden σ_a für alle $\epsilon_{a,t}$ bei $N_B/2$ ein zyklisch verfestigter Zustand im Vergleich zur monotonen Spannungs-Dehnungs-Kurve (σ_n über ϵ_t) vorliegt.

Das Wechselverformungsverhalten der Probenvariante AG bei Raumtemperatur wird anhand der folgenden Abbildungen deutlich. In Abbildung 7.20 ist die Nennspannungsamplitude σ_a über der Lastspielzahl N aufgetragen und Abbildung 7.21 zeigt den Verlauf der plastischen Dehnungsamplitude $\epsilon_{a,p}$ über der Lastspielzahl N. Spannungsamplitude und plastische Dehnungsamplitude nehmen mit steigender Totaldehnungsamplitude zu.

Nach dem Einschwingen der Maschinenregelung ist für $\epsilon_{a,t} = 0,1$ % mit zunehmender Zyklenzahl die Spannungsamplitude leicht abnehmend, wohinge-

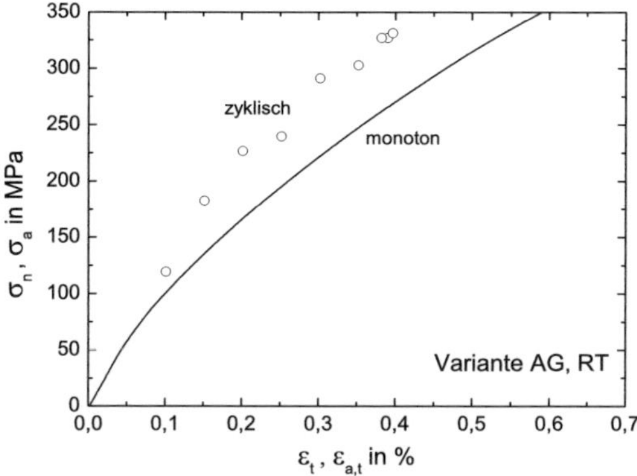

Abb. 7.19. Variante AG: Monotones und zyklisches Spannungs-Dehnungs-Diagramm bei RT

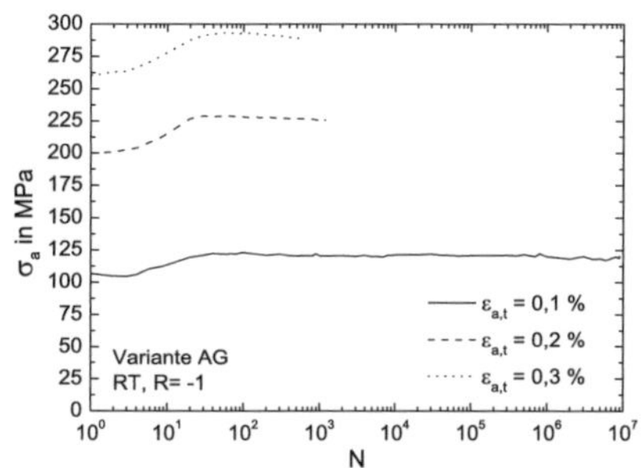

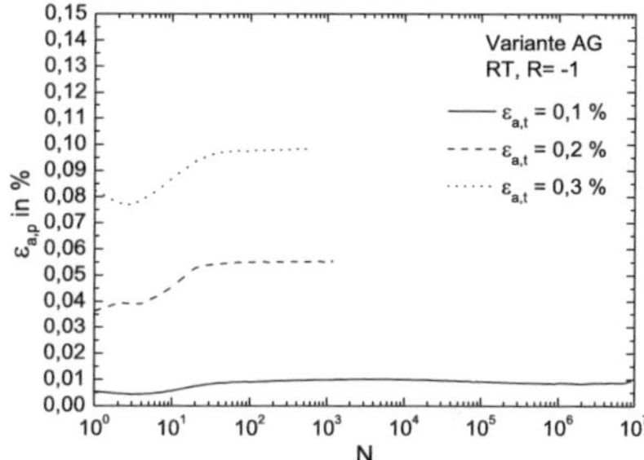

Abb. 7.20. Variante AG: Verlauf von σ_a über N bei Raumtemperatur

Abb. 7.21. Variante AG: Verlauf von $\varepsilon_{a,p}$ über N bei Raumtemperatur

gen das weitgehend zyklisch neutrale Verhalten der plastischen Dehnungsamplitude insgesamt auf zyklisch entfestigendes Werkstoffverhalten schließen lässt. Für $\varepsilon_{a,t} \leq 0,2$ % ist ab N = 20 eine ausgeprägtere Abnahme von σ_a zu erkennen, $\varepsilon_{a,p}$ verhält sich dagegen zyklisch neutral, was insgesamt auch auf ein entfestigendes Werkstoffverhalten hindeutet. Bei $\varepsilon_{a,t}$ = 0,3 % ist dieses Werkstoffverhalten etwas ausgeprägter zu beobachten, da $\varepsilon_{a,p}$ leicht ansteigt und σ_a über N abnimmt.

Den Einfluss der Versuchstemperatur auf das Wechselverformungsverhalten der Probenvariante AG wird aus den folgenden Abbildungen deutlich. Abbildung 7.22 und Abbildung 7.23 zeigen Hystereseschleifen, die sich bei vorgegebenen Totaldehnungsamplituden $\varepsilon_{a,t}$ von 0,1 % bis 0,3 % bei Temperaturen von 250 °C und 450 °C bei $N_B/2$ ergeben. Mit zunehmender Versuchstemperatur verlaufen die Hystereseschleifen bei gleicher Totaldehnungsamplitude flacher, durch den höheren plastischen Verformungsanteil bei höherer Temperatur nehmen die Flächen der Hysteresen tendenziell zu. Zudem zeigt sich bei 450 °C eine Punktsymmetrie der Hysteresen um den Ursprung.

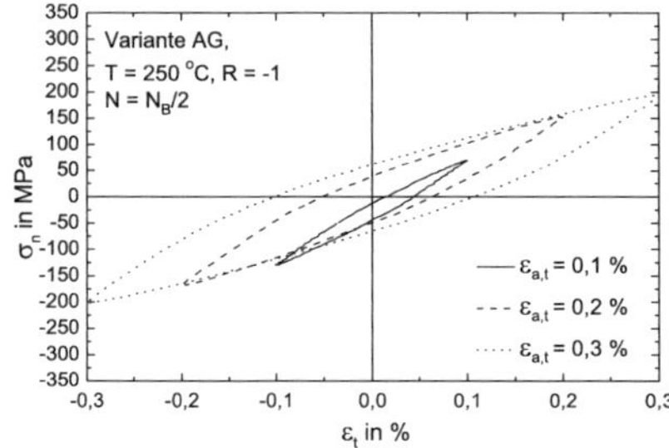

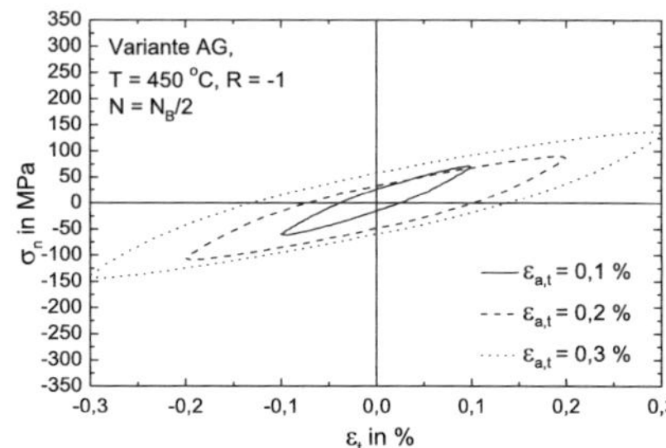

Abb. 7.22. σ_n-ϵ_t-Hysteresen der Probenvariante AG bei 250 °C für $N = N_B/2$

Abb. 7.23. σ_n-ϵ_t-Hysteresen der Probenvariante AG bei 450 °C, $N = N_B/2$

Der Einfluss der Versuchstemperatur auf die Entwicklung von Mittelspannungen der Probenvariante AG wird aus den folgenden Abbildungen 7.24 und 7.25 deutlich.

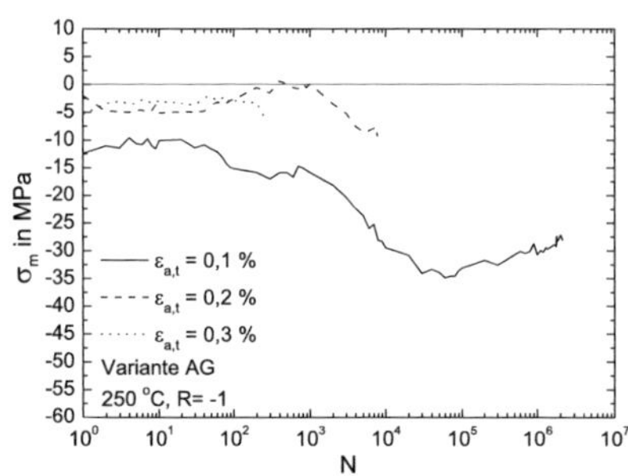

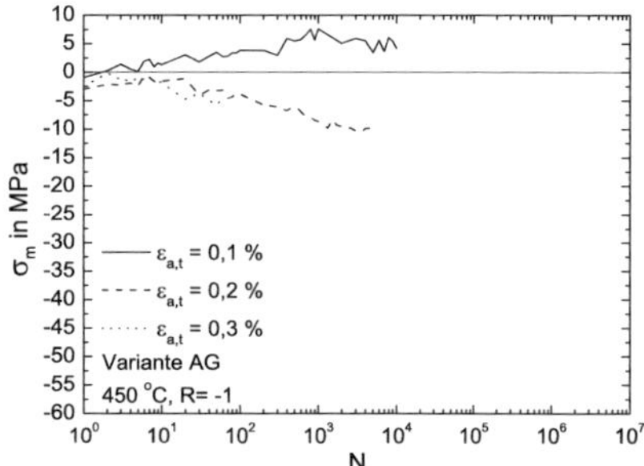

Abb. 7.24. Mittelspannungsverläufe bei 250 °C für $\epsilon_{a,t}$ von 0,1 % bis 0,3 %

Abb. 7.25. Mittelspannungsverläufe bei 450 °C für $\epsilon_{a,t}$ von 0,1 % bis 0,3 %

Bei einer Versuchstemperatur von 250 °C liegen die Mittelspannungen für $\epsilon_{a,t}$ = 0,1 und 0,2 % knapp unterhalb bzw. nahe Null. Bei einer Totaldehnungsamplitude von 0,3 % bauen sich ausgehend von Werten um -10 MPa bis zum Erreichen von etwa 5×10^4 Schwingspielen kontinuierlich Druckmittelspannungen auf. Bis zum Probenbruch ist anschließend ein leichter Anstieg der Mittelspannungen zu beobachten. Bei einer Versuchstemperatur von 450 °C ergeben sich für alle untersuchten $\varepsilon_{a,t}$ Mittelspannungen im Bereich von ± 10 MPa. Für $\varepsilon_{a,t}$ = 0,1 % ist ein leichter Anstieg, für $\varepsilon_{a,t}$ = 0,2 und 0,3 % ist ein leichter Abfall von σ_m feststellbar. Bei einer Versuchstemperatur von 250 °C ergeben sich für Totaldehnungsamplituden von 0,1 bis 0,3 % über der Zyklenzahl N die in Abbildung 7.26 dargestellten Spannungsamplituden und die in Abbildung 7.27 gezeigten plastischen Totaldehnungsamplituden. Der für alle untersuchten $\varepsilon_{a,t}$ feststellbaren leichten zyklische Abnahme von σ_a steht ein annähernd zyklisch neutraler Verlauf von $\varepsilon_{a,p}$ gegenüber, so dass allenfalls von einem geringfügig zyklisch entfestigenden Werkstoffverhalten bei dieser Versuchstemperatur ausgegangen werden kann.

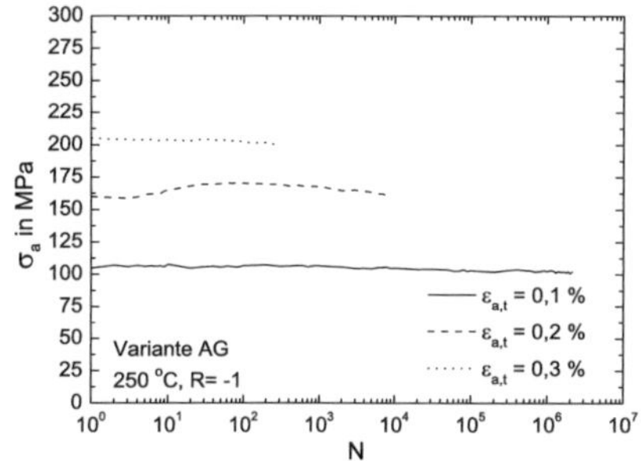

Abb. 7.26. σ_a über N bei 250 °C für $\varepsilon_{a,t}$ von 0,1 % bis 0,3 %

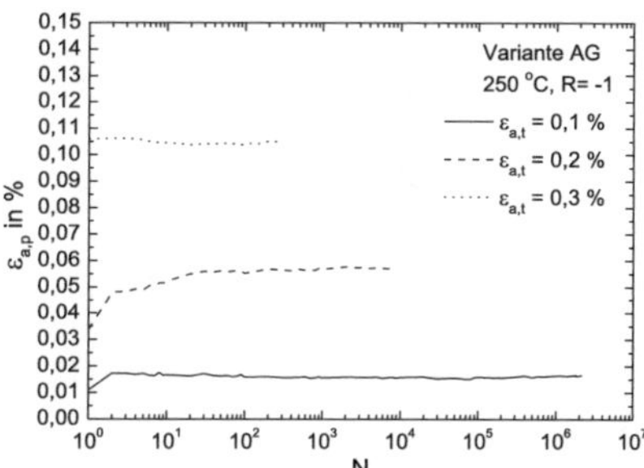

Abb. 7.27. $\varepsilon_{a,p}$ über N bei 250 °C für $\varepsilon_{a,t}$ von 0,1 % bis 0,3 %

Wird die Versuchstemperatur auf 450 °C erhöht, so ergeben sich für σ_a und $\varepsilon_{a,p}$ die in Abbildung 7.28 und Abbildung 7.29 gezeigten Verläufe über der Zyklenzahl N.

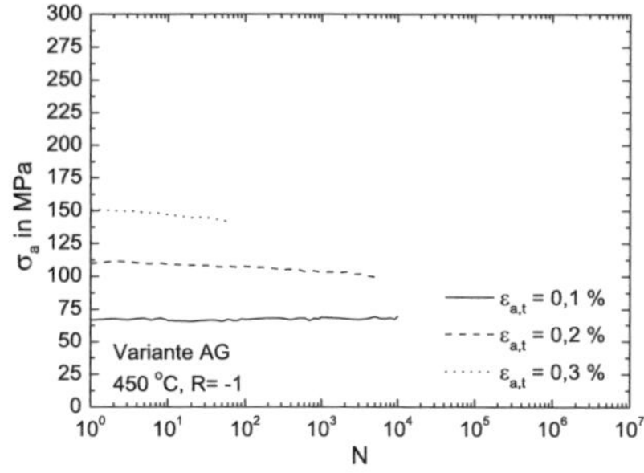

Abb. 7.28. σ_a über N bei 450 °C für $\varepsilon_{a,t}$ von 0,1 % bis 0,3 %

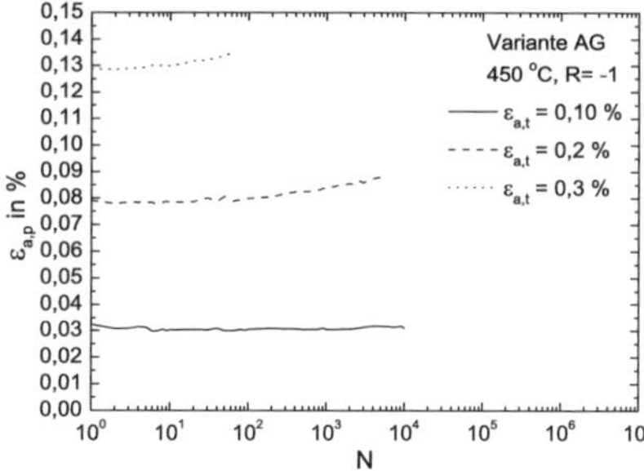

Abb. 7.29. $\varepsilon_{a,p}$ über N bei 450 °C für $\varepsilon_{a,t}$ von 0,1 % bis 0,3 %

Während für $\epsilon_{a,t}$ = 0,1 % von einem zyklisch neutralen Werkstoffverhalten ausgegangen werden kann, ist für $\epsilon_{a,t}$ = 0,2 % und 0,3 % eine kontinuierliche Abnahme von σ_a und eine Zunahme von $\epsilon_{a,p}$ ersichtlich. Für diese Totaldehnungsamplituden liegt demnach bei einer Versuchstemperatur von 450 °C ein zyklisch entfestigendes Werkstoffverhalten vor.

7.2.6 Variante AG: Lebensdauerverhalten

Das Lebensdauerverhalten unter mitteldehnungsfreier Schwingbeanspruchung (R = -1) der Variante AG gibt Abbildung 7.30 in Form von Dehnungswöhlerkurven wieder.

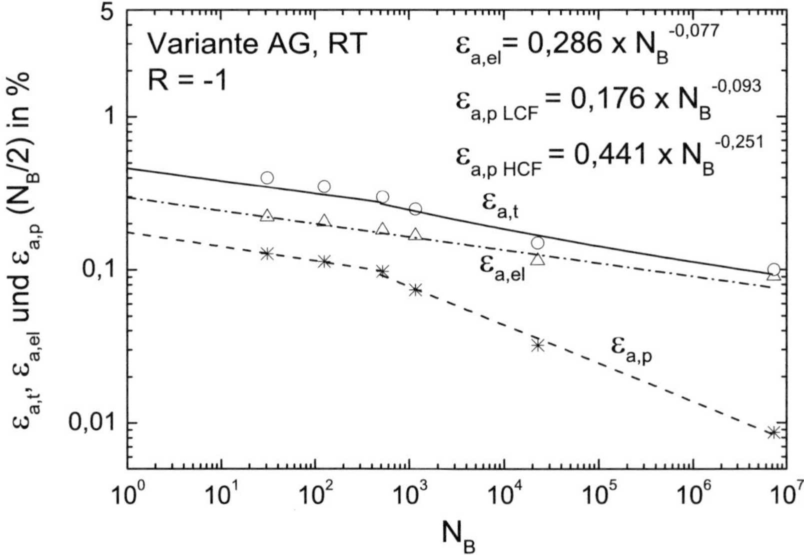

Abb. 7.30. Lebensdauerverhalten der MMC-Variante AG bei Raumtemperatur nach Manson-Coffin und Basquin

Die Lebensdauer nimmt mit abnehmender $\epsilon_{a,t}$ zu. Durch die Datenpunkte der elastischen Dehnungsamplitude lässt sich in der gewählten doppeltlogarithmischen Darstellung durch eine Ausgleichsgerade legen, deren Parameter in der Abbildung angegeben sind. Für die plastische Dehnungsamplitude ergibt sich ein bimodales Werkstoffverhalten.

Für $\epsilon_{a,t}$-Werte unterhalb von N_B = 5 x 10² ergibt sich eine geringere Steigung der Ausgleichsgeraden als für höhere $\epsilon_{a,t}$-Werte. Die Ausgleichskurve durch die Totaldehnungswöhlerkurve ($\epsilon_{a,t}$ über N_B) lässt sich durch Addition der Regressionsgeraden für $\epsilon_{a,el}$ und $\epsilon_{a,p}$ recht gut beschreiben. Die Grenzlastspielzahl $N_G = 10^7$ wird für die kleinste Totaldehnungsamplitude von 0,1 % knapp erreicht.

Der Einfluss der Versuchstemperatur auf das Lebensdauerverhalten der Variante AG ist in Abbildung 7.31 für 250 °C und in Abbildung 7.32 für 450 °C dargestellt. Bei 250 °C ist das bimodale Verhalten der plastischen Dehnungsamplitude noch erkennbar, wohingegen bei 450 °C das plastische Dehnungsverhalten in der doppeltlogarithmischen Darstellung durch eine Regressionsgerade bestimmt werden kann. Die Grenzlastspielzahl $N_G = 10^7$ wird für die kleinste Totaldehnungsamplitude von 0,1 % bei 250 °C nicht erreicht, bei 450 °C verringern sich die Lebensdauern bei gleicher $\epsilon_{a,t}$ noch einmal.

In Abbildung 7.33 ist der Schädigungsparameter nach Smith-Watson-Topper P_{SWT} über der Bruchlastspielzahl N_B für die MMC-Variante AG bei Raumtemperatur aufgetragen. Die Datenpunkte lassen sich in der doppeltlogarithmischen Darstellung recht gut durch eine Regressionsgerade beschreiben.

Zum Vergleich sind die Daten der Matrixlegierung AlSi12 aus Abbildung 7.9 ebenfalls dargestellt.

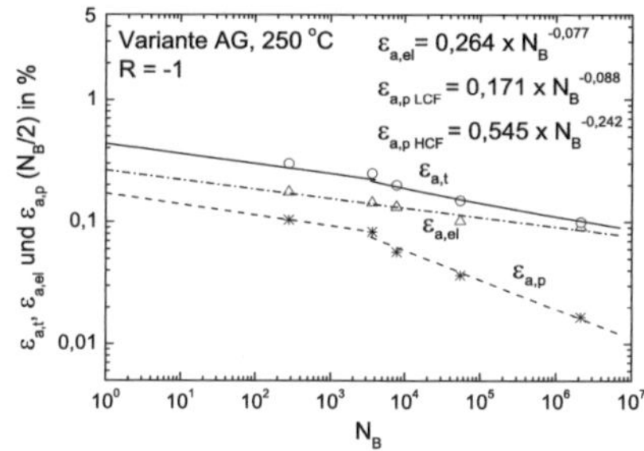

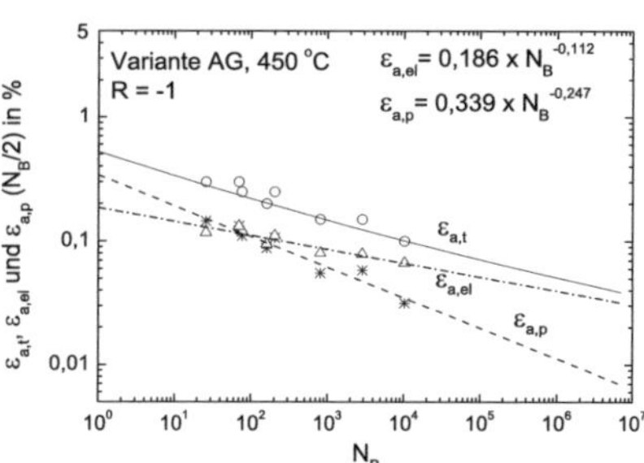

Abb. 7.31. Lebensdauerverhalten der MMC-Variante AG bei 250 °C nach Manson-Coffin und Basquin

Abb. 7.32. Lebensdauerverhalten der MMC-Variante AG bei 450 °C nach Manson-Coffin und Basquin

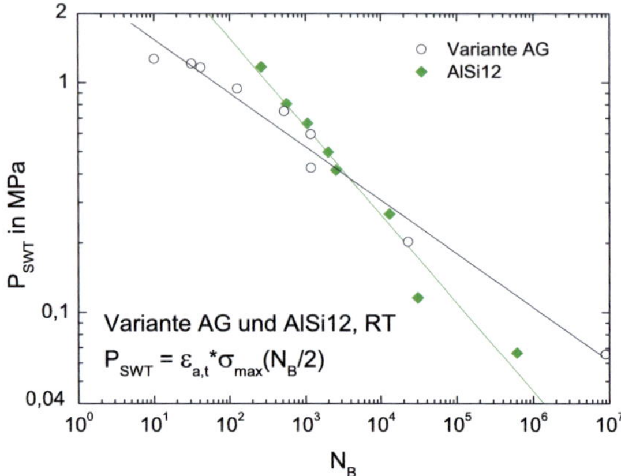

Abb. 7.33. P_{SWT} über N_B von AlSi12 und der Variante
AG bei Raumtemperatur, dehnungskontrolliert

7.2.7 Variante T1: Zyklisches Verformungsverhalten

Die mitteldehnungsfreien Ermüdungsversuche wurden oberhalb $\epsilon_{a,t} = 0,1$
% mit einer Versuchsfrequenz von 1 Hz gefahren, für $\epsilon_{a,t} = 0,1$ % wurde
eine Versuchsfrequenz von 5 Hz gewählt. In Abbildung 7.34 sind die σ_n-ϵ_t-
Hysteresen der Variante T1 bei $N = N_B/2$ und Raumtemperatur für Totaldehnungsamplituden von 0,1 %, 0,2 % und 0,3 % aufgetragen. Wie bei den
vorangegangenen Probenvarianten nehmen auch hier die Flächen der Hysteresen mit steigenden Totaldehnungsamplituden zu. Plastische Verformungsanteile werden schon bei $\epsilon_{a,t} = 0,1$ % beobachtet.

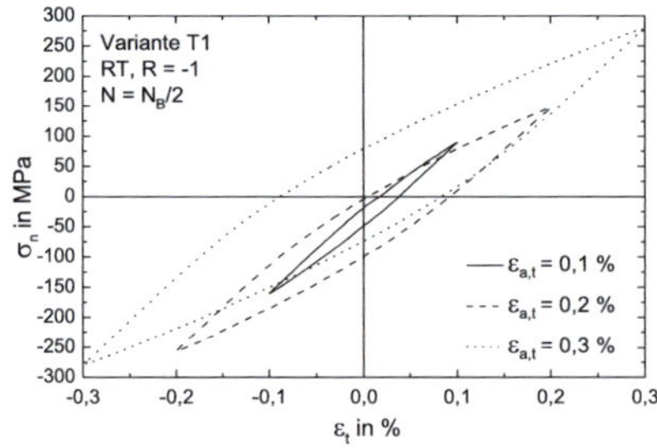

Abb. 7.34. σ_n-ϵ_t-Hysteresen der Probenvariante T1 bei RT für $N = N_B/2$

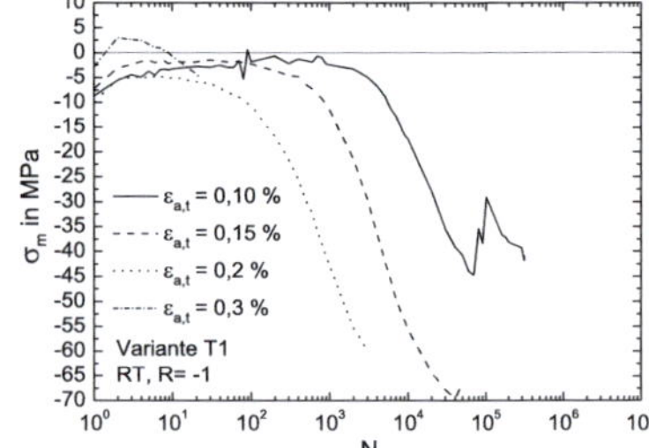

Abb. 7.35. Mittelspannungsverläufe der
Probenvariante T1 bei RT, $\epsilon_{a,t}$ von 0,1 %
bis 0,3 %

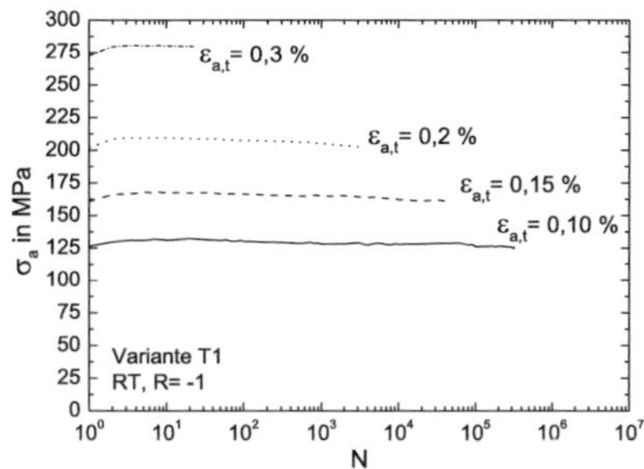

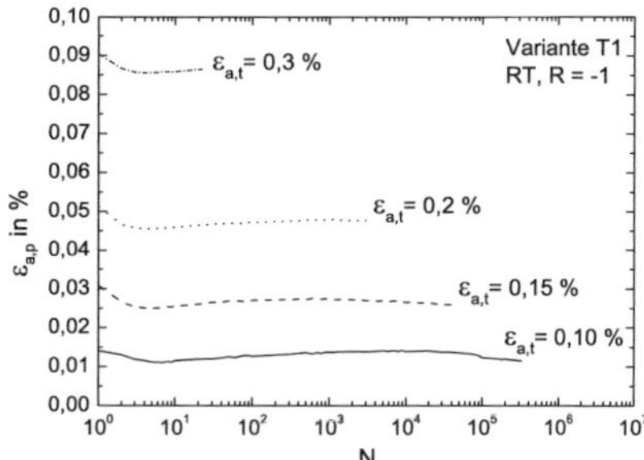

Abb. 7.36. Variante T1: Verlauf von σ_a über N bei Raumtemperatur

Abb. 7.37. Variante T1: Verlauf von $\epsilon_{a,p}$ über N bei Raumtemperatur

Abbildung 7.35 gibt den Verlauf der Mittelspannungen für Totaldehnungsamplituden von 0,1 %, 0,15 %, 0,2 % und 0,3 % wieder. Ausgehend von Werten um Null entwickeln sich im Verlauf der Beanspruchung bei $\epsilon_{a,t}$-Werten bis 0,2 % recht ausgeprägte Druckmittelspannungen. Bei $\epsilon_{a,t} = 0,1$ % ist ab einer Lastspielzahl von knapp 10^5 ein leichter Anstieg der Mittelspannung über N zu verzeichnen. Für $\epsilon_{a,t} = 0,3$ % entwickeln sich anfänglich geringe Zugmittelspannungen, die kontinuierlich bis zum Probenbruch abnehmen.

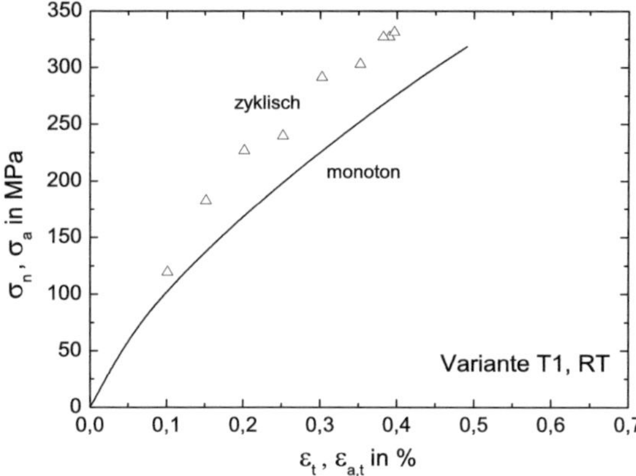

Abb. 7.38. Variante T1: Monotones und zyklisches Spannungs-Dehnungs-Diagramm bei RT

Abbildung 7.36 ist zu entnehmen, dass für $\epsilon_{a,t} \leq 0,2$ % die Spannungsamplitude mit zunehmender Zyklenzahl abnimmt, der Verlauf der plastischen Dehnungsamplituden ist dagegen uneinheitlich (Abb. 7.37). Für $\epsilon_{a,t} = 0,1$ % und

0,15 % ist nach einem anfänglichen Anstieg mit zunehmender Zyklenzahl ein geringer Abfall der plastischen Dehnungsamplitude zu erkennen. Für $\varepsilon_{a,t}$ = 0,2 % ergibt sich ein leichter kontinuierlicher Anstieg von $\varepsilon_{a,p}$, der nach dem Einschwingvorgang auch für $\varepsilon_{a,t}$ = 0,3 % erkennbar ist. Tendenziell ist daher für alle $\varepsilon_{a,t}$ von einem entfestigenden Werkstoffverhalten auszugehen.

Wie Abbildung 7.38 belegt, zeigt sich im Vergleich von monotoner und zyklischer Spannungs-Dehnungs-Kurve für alle Totaldehnungsamplituden bei $N_B/2$ ein zyklisch verfestigter Zustand.

7.2.8 Variante T1: Lebensdauerverhalten

Dehnungswöhlerkurven der Variante T1, die sich bei mitteldehnungsfreier Schwingbeanspruchung (Lastverhältnis R = -1) ergeben, zeigt Abbildung 7.39. Wie beim Matrixwerkstoff und den anderen Varianten zeigt sich auch hier mit abnehmender Dehnungsamplitude eine Zunahme der Lebensdauer. Die Werte der elastischen Dehnungsamplitude lassen sich in der gewählten doppeltlogarithmischen Darstellung durch eine Ausgleichsgerade beschreiben, deren Parameter in der Abbildung angegeben sind.

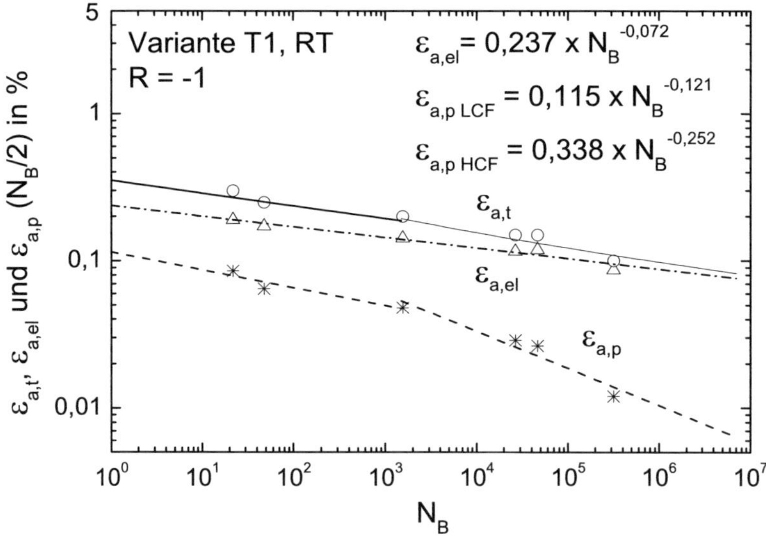

Abb. 7.39. Lebensdauerverhalten der MMC-Variante T1 bei Raumtemperatur nach Manson-Coffin und Basquin

Für die plastische Dehnungsamplitude ergibt sich ein schwach ausgeprägtes bimodales Werkstoffverhalten. Für $\epsilon_{a,t}$-Werte unterhalb von $N_B = 10^3$ ergibt sich eine geringere Steigung der Ausgleichsgeraden als für höhere $\epsilon_{a,t}$-Werte. Die Ausgleichskurve durch die Totaldehnungswöhlerkurve ($\epsilon_{a,t}$ über N_B) lässt sich durch Addition der Regressionsgeraden für $\epsilon_{a,el}$ und $\epsilon_{a,p}$ recht gut beschreiben. Die Grenzlastspielzahl $N_G = 10^7$ wird auch für die kleinste Totaldehnungsamplitude von 0,1 % nicht erreicht.

In Abbildung 7.40 ist der Schädigungsparameter nach Smith-Watson-Topper P_{SWT} als Funktion der Bruchlastspielzahl N_B aufgetragen. Die Datenpunkte für die MMC-Variante T1 lassen sich in der doppeltlogarithmischen Darstellung auch hier recht gut durch eine Regressionsgerade beschreiben. Die Daten der Matrixlegierung AlSi12 aus Abbildung 7.9 sind zum Vergleich ebenfalls dargestellt.

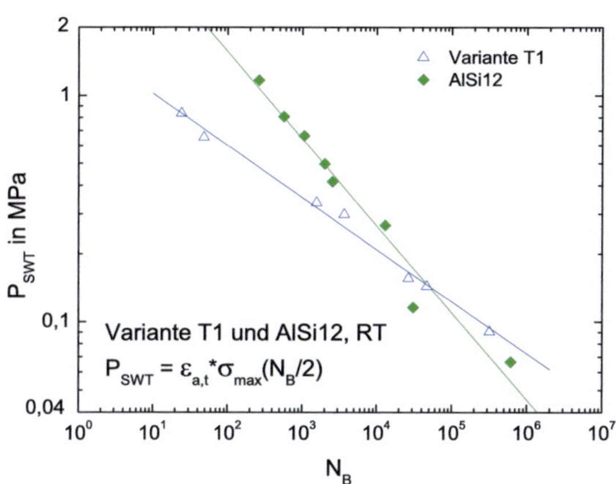

Abb. 7.40. P_{SWT} über N_B von AlSi12 und der Variante T1 bei Raumtemperatur, dehnungskontrolliert

7.2.9 Diskussion zyklisches Verformungsverhalten

Für die **Matrixlegierung AlSi12** kann festgestellt werden, dass die **Verfestigung bei isothermer Wechselbeanspruchung vergleichbar** ist mit der von Flaig (Fla95) bei der nicht ausgehärteten Legierung **GK-AlSi6Cu4** beobachteten Wechselverfestigung, welche mit einer Zunahme der Versetzungsdichte in Verbindung mit einer Abnahme der Gleitversetzungsdichte begründet werden kann. Die von Flaig untersuchte, optimal ausgehärtete, Al-Legierung GK-AlSi12CuMgNi zeigt dagegen bei 20 °C anfänglich eine Abnahme der plastischen Dehnungsamplitude und nur eine geringe Zunahme der Spannungsamplitude, d. h. ein kontinuierliches, aber im Vergleich zur Legierung GK-AlSi6Cu4 geringes, wechselverfestigendes Werkstoffverhalten. Als Grund hierfür werden die vorliegenden Ausscheidungsstrukturen genannt. Bei 250 °C zeigt der Werkstoff GK-AlSi12CuMgNi dagegen ein stark wechselentfestigendes Werkstoffverhalten. Bei 20 °C wird ein praktisch konstantes Mittelspannungsniveau beobachtet, bei 250 °C Versuchstemperatur ergeben sich dagegen Druckmittelspannungen von maximal 20 MPa, die sich aber kurz vor Probenbruch wieder abbauen.

Vergleicht man die in den Abbildungen 7.10, 7.17 und 7.34 gezeigten **Hystereseschleifen** der untersuchten MMCs mit den in Abbildung 7.3 gezeigten Hysteresen der Matrix, so zeigen alle Werkstoffe schon bei $\epsilon_{a,t}$ = 0,1 % kein rein elastisches Werkstoffverhalten mehr. Mit zunehmender $\epsilon_{a,t}$ plastifiziert die unverstärkte Matrix ausgeprägter als die MMC-Varianten, was durch eine deutliche Zunahme der Hystereseflächen anschaulich wird. Dabei ergeben sich für alle MMC-Varianten bei vergleichbaren Totaldehnungsamplituden deutlich höhere Spannungsamplituden als für die Matrixlegierung. Hier zeigt sich deutlich der Einfluss der Keramikverstärkung.

Alle untersuchten Preform-MMCs zeigen im Vergleich zur monotonen Beanspruchung bei $N_B/2$ einen zyklisch verfestigten Zustand, wie die Abbildungen 7.14, 7.19 und 7.38 belegen. Auch hier zeigt sich, dass ein höherer Keramikanteil zu einer stärkeren Verfestigung führt.

Mit steigendem **Volumenanteil der Verstärkung** nehmen bei MMCs mit SiC-Partikelverstärkung die aus den vorgegebenen Dehnungsamplituden resultierenden Spannungsamplituden zu (Kan08). Demnach müsste sich für die MMC-Varianten bei gleicher $\epsilon_{a,t}$ die Reihung AlSi12 (0 Vol-%, Abb. 7.5), A2 (30 Vol-%, 7.12), AG (37 Vol-%, 7.20) T1 (39 Vol-%, 7.36) hin zu höheren σ_a ergeben. Vergleicht man die Messdaten bei $\epsilon_{a,t}$ = 0,1 %, so zeigt sich klar der Verstärkungseffekt der Verstärkungsphasen gegenüber der reinen Matrixlegierung. Für die Matrixlegierung ergeben sich Werte für σ_a von maximal 70 MPa, die Werte der Variante A2 liegen bei etwa 115 MPa, AG bei etwa 125 MPa und T1 bei etwas über 125 MPa, was die prognostizierte Reihung bestätigt.

Für eine Al-Legierung AlSi10Mg mit Saffil®-Preform-Verstärkung (15 Vol-% Al_2O_3, $\epsilon_{a,t}$ = 0,1 %, T = 150 °C, (Bec00b)) ergeben sich Werte für σ_a von etwa 80 MPa, was sich in die betrachtete Reihung einfügt. Die Lebensdauer liegt dabei bei 2 x 10^6 Lastspielen.

Für die verstärkten Werkstoffe ergeben sich bei identischer Beanspruchungsamplitude erwartungsgemäß geringere plastische Dehnungsamplituden im

Vergleich zum Matrixwerkstoff. Bemerkenswert sind die Unterschiede bei Betrachtung der **Mittelspannungen**: Während die AlSi12-Legierung allenfalls einen minimalen Aufbau von Mittelspannungen erkennen lässt (Abb. 7.4), ist bei den untersuchten MMCs ein deutlicher Aufbau von Druckmittelspannungen erkennbar (Abb. 7.11, 7.18 und 7.35), wobei jeweils für $\epsilon_{a,t}$ = 0,1 % gegen Versuchsende ein Anstieg der Mittelspannung zu verzeichnen ist.

Beck (Becoob) nennt für faserverstärkte Verbundwerkstoffe als mögliche Ursachen für den **Aufbau von negativen Mittelspannungen**

- die Umlagerung von Eigenspannungen in Matrix und Fasern, welche aufgrund thermischer Fehlpassungen beim Abkühlen von der Gießtemperatur und bei der Wärmebehandlung entstehen,

- die Zug-Druck-Asymmetrie bei der Verformung von Verbundwerkstoffen, da das durch Fasern gebildete steife Gerüst bei Druckbeanspruchung höhere Festigkeiten aufweist als unter Zugbeanspruchung und

- eine kontinuierliche Schädigung vor allem der in Beanspruchungsrichtung liegenden Fasern sowie der sie umgebenden Matrix und eine sich daraus entwickelnde Zug-Druck-Asymmetrie.

Der letzte Ansatz wird von Beck aus folgenden Gründen als am Tragfähigsten angesehen:

- Eine gefügebedingte Zug-Druck-Asymmetrie müsste zu einem deutlichen Mittelspannungsaufbau schon innerhalb der ersten Zyklen führen, was von Beck nicht beobachtet wird.

- Am Werkstoff AlSi10Mg mit 15 Vol-% Saffil-Faserverstärkung, welcher ein ähnliches Gefüge wie die verstärkte AlSi12CuMgNi-Legierung aufweist, wurden nach der halben Bruchlastspielzahl bei T = 300 °C und $\epsilon_{a,t}$ = 0,3 % Faserschäden und Mikrorisse im gesamten Probenvolumen gefunden. Dies steht in Übereinstimmung mit dem letzten der drei Erklärungsansätze für den beobachteten Mittelspannungsaufbau.

Bei den untersuchten Preform MMCs können diese Begründungen für den Aufbau von Druckmittelspannungen nicht als stimmig angesehen werden, da

- bei den Preform-MMCs über das gesamte Probenvolumen nur wenige Mikro- bzw. Sekundärrisse gefunden wurden und damit ein stark lokalisiertes Schädigungsverhalten angenommen werden kann.

- je nach Beanspruchung schon innerhalb der ersten Zyklen ein deutlicher Mittelspannungsaufbau beobachtet wird, wie durch die doppeltlogarithmische Darstellung in den Abbildungen 7.11, 7.18 und 7.35 und die lineare Darstellung in Abbildung 10.4 ersichtlich ist.

Die sukzessive **Verschiebung der Hystereseschleife zu Druckmittelspannungen** mit zunehmender Lastspielzahl lässt sich wie folgt verstehen:

1. Rissbildung durch Preformschädigung und Mikrorisse konnte nur örtlich begrenzt nachgewiesen werden. Bei $\epsilon_{a,t} = 0,1\,\%$ steigt gegen Versuchsende die Mittelspannung wieder an, Rissschließeffekte sind aber auch bei relativ kleinen Totaldehnungsamplituden recht unwahrscheinlich. Eine zunehmende Schädigung der MMCs mit zunehmender Zyklenzahl müsste sich in einer Abnahme der Spannungsamplitude und einer Zunahme der plastischen Dehnungsamplitude bzw. der Nachgiebigkeit bemerkbar machen, was nicht der Fall ist (hierzu auch Kapitel 10.1).

2. Je nach Beanspruchungsamplitude kommt es bei den MMCs schon bei den ersten Zyklen zum Aufbau von Druckmittelspannungen. Der Aufbau von Mittelspannungen im unverstärkten Matrixwerkstoff (siehe Abb. 7.4) ist dagegen gering.

3. Der bei den Preform-MMCs beobachtete Aufbau von Druckmittelspannungen muss sich daher durch eine Zug-Druck-Asymmetrie ergeben. Beim Aufprägen der vorgegebenen Dehnungsamplituden ergeben sich bei Raumtemperatur unter Druckbeanspruchung betragsmäßig höhere Werte als für das Aufprägen der Dehnung im Zugbereich.

4. Wie bereits in Kapitel 5.2 erwähnt weist Skirl (Ski98b) mittels Neutronenbeugung nach, dass bei Raumtemperatur die Metallphase unter Zug- und die Keramikphase unter Druck-Eigenspannungen steht. Nach seinen Berechnungen nehmen die Eigenspannungen mit zunehmender Temperatur ab und liegen in der Al-Phase bei 400 °C nahe Null.

   Der Aufbau von Mittelspannungen lässt sich durchaus schlüssig mit der Existenz von Eigenspannungen erklären: Unter Wechselbeanspruchung erreicht die Metallmatrix aufgrund der Zug-Eigenspannungen in Zugrichtung früher die Fließgrenze als bei Druckbeanspruchung. Somit ergibt sich aufgrund des Spannungs-Differenz-Effektes ein ratschenartiger Effekt, der zu einem Aufbau von Mittelspannungen führt.

5. Der Abbau von Eigenspannungen, der bei geringen Beanspruchungsamplituden zu beobachten ist, könnte demnach durch ein repetitives lokales Plastifizieren erfolgen.

Für die Annahme, dass Eigenspannungen den Aufbau von σ_m bedingen, spricht auch, dass die eigenspannungsfreie AlSi12-Legierung praktisch keine Mittelspannungen aufbaut (Abb. 7.4). Zudem korreliert das Auftreten von

Mittelspannungen mit dem für die Bildung von Eigenspannungen relevanten Temperaturbereich: Bei Raumtemperatur wird ein Aufbau von σ_m beobachtet (vgl. Abb. 7.18), der bei höheren Temperaturen geringer ausfällt bzw. ganz ausbleibt (vgl. Abb. 7.24 und 7.25).

Demnach scheint der Mechanismus zum Aufbau von Mittelspannungen bei den von Beck (Becoob) untersuchten Faser-Preform-MMCs grundsätzlich verschieden zu den untersuchten Preform-MMCs zu sein. Beck stellt auch bei höheren Temperaturen mit zunehmender Zyklenzahl einen starken Abfall von σ_m fest, was durchaus mit Faserbrüchen und damit einer Abnahme der Festigkeit begründet werden kann. Bei diesen Betrachtungen ist zu berücksichtigen, dass Beck fast ausschließlich ausgehärtete Matrixlegierungen mit geringerem Keramikanteil untersucht hat.

Literatur zum zyklischen Verformungsverhalten findet sich vor allem in Form von **Betrachtungen zum ver- bzw. entfestigenden Verhalten von MMCs**. Allerdings werden dazu nicht immer σ_a und $\epsilon_{a,p}$ gemeinsam betrachtet, sondern in einigen Fällen lediglich der Verlauf der Spannungsamplitude zur Beurteilung herangezogen.

Durch die keramische Verstärkungsphase wird eine Erhöhung der Festigkeit erreicht. Daher liegen die Wechselverformungskurven der Verbundwerkstoffe – bei vergleichbarer Dehnungsamplitude – oberhalb derer von z. B. AA6061-T6, wobei partikelverstärkte MMCs größere Spannungsamplituden induzieren als kurzfaserverstärkte Verbundwerkstoffe (Haro3).

Reines Aluminium zeigt bei einer Beanspruchung mit konstanten plastischen Dehnungsamplituden bei Raumtemperatur ein zyklisch verfestigendes Werkstoffverhalten, bei höheren Temperaturen (180 °C) ein entfestigendes Verhalten. Wird das Aluminium mit 20 Vol-% SiC-Partiklen (Partikelgröße 10 μm) verstärkt, so zeigt sich sowohl bei Raumtemperatur als auch bei einer erhöhten Temperatur von 168 °C ein entfestigendes Verhalten des Verbundwerkstoffs (Han95; Kano8). Bei diesen Versuchen wurde die plastische Dehnungsamplitude über den gesamten Versuchsverlauf konstant gehalten. An den Bruchflächen beobachtete Fehlstellen und Vertiefungen werden auf Dekohäsion oder Bruch von SiC-Partikeln zurückgeführt.

Betrachtet man die Al-Li-Legierung 8090 im kalt ausgehärteten Zustand, so zeigt sich abhängig von der vorgegebenen Dehnungsamplitude eine starke zyklische Verfestigung des Werkstoffs. Eine mit 15 Vol-% SiC-Partikeln verstärkte Legierung im selben Wärmebehandlungszustand zeigt ebenfalls ein ausgeprägtes zyklisches Verfestigen. Dagegen zeigt der selbe MMC-Werkstoff maximal ausgehärtet ein zyklisch neutrales Verformungsverhalten (Kano8).

Eine SiC-partikelverstärkte Al 2024-Legierung verfestigt bei $\Delta\epsilon_p/2$-kontrollierten Versuchen. Der selbe MMC entfestigt bei einer Versuchstemperatur von 190 °C deutlich. Der Verfestigungsprozess ist in der Regel gekennzeichnet durch Bildung und Interaktion von Versetzungen. Dem gegenüber steht bei höheren Temperaturen ein Entfestigungsprozess durch Umordnung und Abbau von Versetzungen durch vereinfachtes Quergleiten, Kornvergröberung und Steifigkeitsverlust durch beginnende Rissbildung (Kan08).

Um zu prüfen, inwieweit das ver- oder entfestigende Verhalten von MMCs von der Versuchstemperatur abhängig ist, wurden von Hartmann (Har03) bei Temperaturen zwischen -100 und 300 °C AA6061-T6 verstärkt mit 20 Vol-% Al_2O_3 Partikeln bzw. Kurzfasern und reines Al mit 20 Vol-% Al_2O_3-Kurzfasern (Saffil®) das Wechselverformungsverhalten untersucht. Die unverstärkte Al-Legierung zeigt bei Raumtemperatur erst bei $\Delta\epsilon_{ges}/2 \geq 0{,}8$ % zyklische Verfestigung auf, wohingegen die Verbundwerkstoffe schon bei $\Delta\epsilon_{ges}/2 \geq 0{,}2$ % eine anfängliche zyklische Verfestigung aufweisen, welche mit zunehmender Gesamtdehnungsamplitude größer wird.

Der Betrag an anfänglicher zyklischer Verfestigung hängt von der plastischen Verformung der Legierung ab, da die Verfestigung auf der (sich behindernden) Wechselwirkung der Versetzungen beruht. Weiterhin werden die Versetzungen durch Mg_2Si-Ausscheidungen, die bei der Aushärtung der Al-Legierung gebildet werden, an ihrer Bewegung gehindert.

Bei großer Verformungsamplitude tritt im Fall der Partikelverstärkung nach etwa 10 % der Lebensdauer zyklische Entfestigung auf, was nicht auf das Wachsen von Makrorissen, sondern auf Entfestigungsvorgänge in der Matrix zurückgeführt wird (Har01; Har03).

Die MMCs mit AA6061 Matrix zeigen bei 300 °C schon bei Beginn der Versuche ausgeprägtes Entfestigen, bedingt durch eine starke Vergröberung der Mg_2Si-Ausscheidungen aufgrund von Überalterungseffekten (Har02a; Kan08). Die Form der Verstärkung (Faser oder Partikel) hat nur einen geringfügigen Einfluss auf das temperaturabhängige zyklische Verformungsverhalten (Har01).

Durch eine Überalterung der MMCs mit AA6061-Matrix (T6 + 300 °C/24h) wird die Festigkeit der Matrix und damit die des Verbundwerkstoffs in hohem Maße durch Vergröberung der härtenden Ausscheidungen vermindert. Die Wechselverformungskurven der faser- und partikelverstärkten MMCs liegen weit unterhalb derer, die im T6-Zustand gemessen werden (Abb. 7.41).

Der kurzfaserverstärkte MMC (20 Vol-% Saffil®-Fasern, Index s) weist im Gegensatz zum maximal ausgehärteten Zustand in den dargestellten Fällen überalterter Proben eine höhere Festigkeit auf als der partikelverstärkte MMC

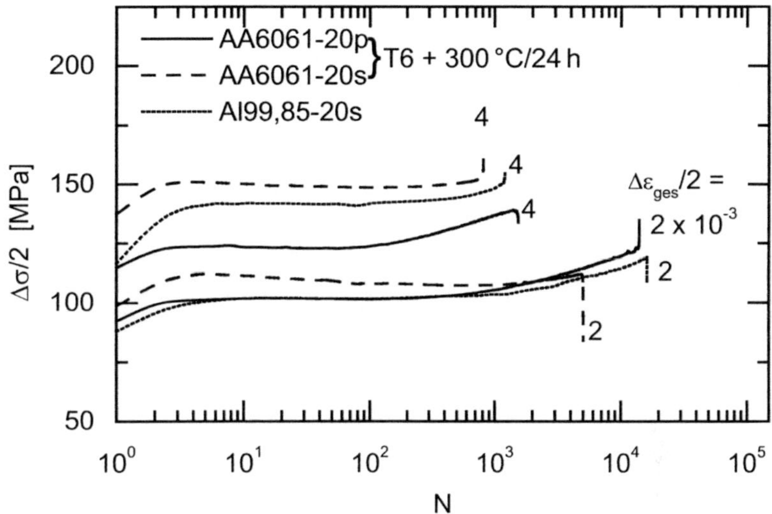

Abb. 7.41. Wechselverformungskurven von partikel- und kurzfaserverstärkten MMCs mit AA6061-Matrix bei unterschiedlichen Dehnungsamplituden (Raumtemperatur, Lastverhältnis R = -1) (Haro2b; Haro3)

(20 Vol-% Partikelverstärkung, Index p). Durch die aufgrund der Vergröberung der Ausscheidungen fehlende Behinderung der Versetzungsbewegung ist die nun vorhandene zyklische Verfestigung der überalterten Werkstoffe vergleichbar mit der von kurzfaserverstärktem technisch reinem Aluminium. Der Effekt der zyklischen Verfestigung kann demnach direkt mit der Duktilität der Matrix korreliert werden, welche beim Verbundwerkstoff mit der weicheren Matrix größer ist (Haro3).

Zusammenfassend kann festgestellt werden, dass in der Literatur über das zyklisch ver- bzw. entfestigende Werkstoffverhalten von MMCs uneinheitlich berichtet wird. Dies verwundert nicht, da die Variantenvielfalt an MMCs hoch ist. So sind neben dem Matrixwerkstoff und seinem eventuellen Aushärtungszustand auch der Verstärkungsanteil und die Art und Form der Verstärkungsphase zu berücksichtigen. Tendenziell wird bei Raumtemperatur eher ein zyklisches Verfestigen der MMCs beobachtet.

Vergleicht man die in Abbildung 7.41 gezeigten Ergebnisse mit den untersuchten Preform-MMCs mit nicht aushärtbarer AlSi12-Matrix, so ergeben sich durch den höheren Anteil an Keramikverstärkung bei vergleichbarer Dehnungsamplitude deutlich größere Spannungsamplituden für die Preform-MMCs. Die Spannungsamplituden liegen im Bereich der ausgehärteten MM-

Cs auf AA6061-Basis (Har03). Bei der Variante A2 mit 30 Vol-% Al_2O_3-Verstärkung (Abb. 7.12) führt schon eine Gesamtdehnungsamplitude von 0,1 % zu Spannungsamplituden von 100 MPa, die bei den überalterten MMCs mit 20 Vol-% Verstärkung in Abbildung 7.41 erst bei $\epsilon_{a,t} = 0,2$ % erreicht werden.

Bei der Variante AG (Abb. 7.20) liegt der Anteil der Verstärkung mit 37 Vol-% knapp doppelt so hoch wie bei den von Hartmann untersuchten MM-Cs. Bei einer vorgegebenen $\epsilon_{a,t}$ von 0,2 % erreicht der untersuchte Preform-MMC Spannungsamplituden von 225 MPa, was mehr als das Doppelte der von Hartmann gemessenen Werte bei gleicher Totaldehnungsamplitude ist. Mit zunehmender Versuchstemperatur ergeben sich mit 170 MPa bei $\epsilon_{a,t} = 0,2$ % etwas geringere Spannungsamplituden (Abb. 7.26), bei 450 °C werden bei gleicher Totaldehnungsamplitude nur noch knapp 110 MPa erreicht (Abb. 7.28).

Die Variante T1 (Abb. 7.36) mit einer Verstärkung von 39 Vol-% zeigt mit etwas mehr als 125 MPa bei 0,1 % Totaldehnungsamplitude bzw. knapp 210 MPa bei $\epsilon_{a,t} = 0,2$ % die höchsten Spannungsamplituden aller untersuchten MMCs.

Die unverstärkte AlSi12-Matrix 7.5 zeigt im Vergleich zu den Werten in Abbildung 7.41 nur etwas geringere Spannungsamplituden. Die Keramikverstärkung scheint daher keinen entscheidenden Einfluss auf das zyklische Verformungsverhalten zu haben. Von (Kan08) und (Har03) wird der Wärmebehandlungszustand für das ent- bzw. verfestigende Verhalten von MMCs mit Al-Matrix als Ursache genannt. Für die untersuchten Preform-MMCs kommt diese Begründung weniger in Betracht, da die AlSi12-Legierung praktisch nicht aushärtbar ist.

Hartmann (Har03) stellt fest, dass die plastische Verformung in MMCs lokalisiert auftritt und daher lokal größer ist als makroskopisch messbar. Daher verfestigen die Verbundwerkstoffe in höherem Maße als die unverstärkte Legierung. Dieser Effekt ist nach seinen Ergebnissen für eine kurzfaserverstärkte Legierung ausgeprägter als für die MMCs mit Partikelverstärkung.

Ein stärkeres Verfestigen der untersuchten MMCs im Vergleich zur unverstärkten AlSi12-Matrixlegierung kann nicht festgestellt werden, lediglich der oben betrachtete Aufbau von Mittelspannungen stützt Hartmanns These. Vielmehr scheint ein höherer Keramikanteil zu einer geringer ausgeprägten zyklischen Ver- bzw. Entfestigung zu führen.

Nach einem Bereich mit zyklisch neutralem Werkstoffverhalten ist bei der Matrixlegierung ab $N_B/2$ ein Anstieg der Spannungsamplituden (Abb. 7.5) bzw. ein leichter Abfall der plastischen Dehnungsamplituden (Abb. 7.6) unterhalb von $\epsilon_{a,t}$ = 0,8 % zu verzeichnen. Der elastische Dehnungsanteil an der Gesamtdehnung wächst auf Kosten des plastischen Dehnungsanteils. Die **Matrixlegierung AlSi12 verfestigt** demnach bei Raumtemperatur zyklisch. Die Zunahme der elastischen Dehnung als Folge des Verfestigungsprozesses führt bei der totaldehnungsgesteuerten Versuchsführung zu einer Zunahme der Spannungsamplitude.

Erklärt werden kann dieses Werkstoffverhalten der metallischen Matrixlegierung durch eine Zunahme der Versetzungsdichte in Verbindung mit einer Abnahme der Gleitversetzungsdichte (Lan05).

Bei $\epsilon_{a,t}$ = 0,3 % und unterhalb davon ist ein verfestigendes Werkstoffverhalten auch bei der Variante A2 der Fall, wie anhand der Abbildungen 7.12 und 7.13 deutlich wird.

Bei der Variante AG ist ein leicht entfestigendes Werkstoffverhalten erkennbar, wie die Abbildungen 7.20 und 7.21 belegen. Mit zunehmender Versuchstemperatur wird dieses Werkstoffverhalten ausgeprägter (siehe Abb. 7.26 und 7.27 bzw. 7.28 und 7.29).

Für die Probenvariante T1, die einen ähnlichen Keramikanteil besitzt wie die Variante AG, wird tendenziell auch ein entfestigendes Werkstoffverhalten festgestellt (Abb. 7.36 und 7.37).

Demnach nimmt bei den Preform-MMCs bei Raumtemperatur mit zunehmendem Keramikanteil die Ausprägung des zyklischen Ver- bzw. Entfestigens ab, höhere Versuchstemperaturen akzentuieren dagegen das zyklische Verformungsverhalten.

7.2.10 Diskussion Lebensdauerverhalten

Ein Zusammenhang zwischen den in Kapitel 3.3 beschriebenen Oberflächen-Kenngrößen und dem Lebensdauerverhalten der MMCs ist nicht erkennbar. Für die Variante AG wurde die Rauhtiefe R_z mit 2,66 µm ermittelt, für die Variante T1 ergab sich R_z zu 2,53 µm, was im Bereich der mit einem R_z-Wert von 2,59 µm bestimmten Rauhtiefe von AlSi12 liegt. Für die Variante A2 wurde mit R_z = 4,7 µm die größte Rauhtiefe ermittelt.

Die Abbildungen 7.42 und 7.44 lassen erkennen, dass die Variante A2 bei vergleichbarer Beanspruchung bis zu einer Bruchlastspielzahl von etwa 3 x 10^4 höhere Bruchlastspielzahlen als die übrigen MMCs erreicht, was gegen einen Oberflächeneinfluss auf die Lebensdauer spricht. Zudem ist dies ein Hinweis darauf, dass der Ausgang der Schädigung nicht zwangsläufig an der Oberfläche erfolgen muss. Vergleicht man die Lebensdauern der untersuchten Preform-MMCs mit den von Hartmann bestimmten Lebensdauern (vgl.

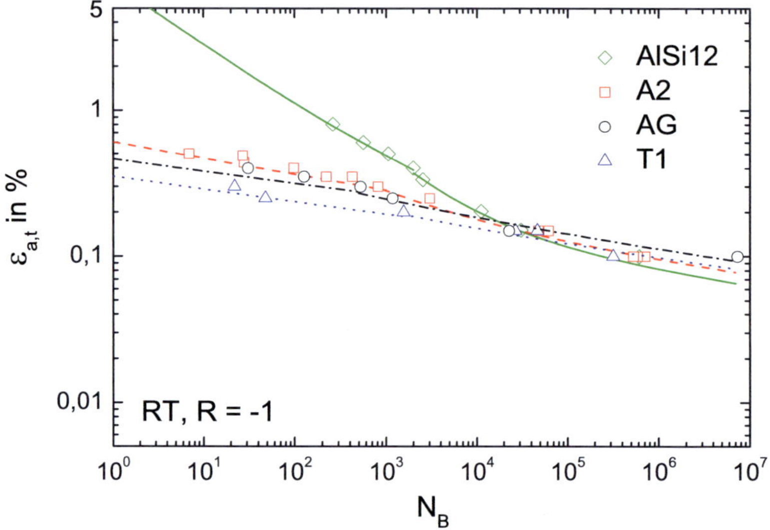

Abb. 7.42. Totaldehnungswöhlerkurven aller Varianten mit AlSi12 bei Raumtemperatur

Abbildung 7.41), so ergibt sich beispielsweise für die Variante AG (Abb. 7.20) bei einer Totaldehnungsvorgabe von 0,2 % eine Lebensdauer von etwa 10^3 Lastspielen im Vergleich zu 2×10^4 Lastspielen der mit 20 Vol-% partikelverstärkten AA6061-Legierung. Aufgrund des mit 37 Vol-% Al_2O_3 fast doppelt so hohen Verstärkungsanteils ergeben sich bei der Variante AG Spannungsamplituden von 225 MPa, wodurch sich die verringerte Lebensdauer erklären lässt. Bei einer Totaldehnungsamplitude von 0,1 % erreicht die Variante AG knapp die Grenzlastspielzahl. Die Variante T1 (Abb. 7.36) mit einer Verstärkung von 39 Vol-% zeigt von allen untersuchten MMCs bei 0,1 % Totaldehnungsamplitude mit 125 MPa die höchsten Spannungsamplituden, daher aber auch mit 3×10^5 Lastspielen die geringsten Lebensdauern.

Die in den Abbildungen 7.8, 7.15, 7.30 und 7.39 nach Manson-Coffin und Basquin aufgetragenen elastischen und plastischen Dehnungsanteile werden in den Abbildungen 7.42, 7.44 und 7.45 einander gegenübergestellt.

In Abb. 7.42 sind die Totaldehnungswöhlerkurven aller Varianten aufgetragen. Im LCF-Bereich, also bei vergleichsweise hohen $\varepsilon_{a,t}$-Vorgaben, zeigt die AlSi12-Matrixlegierung höhere Lebensdauern als die MMCs. Etwa bei $\varepsilon_{a,t} =$ 0,2 %, d. h. ab einer Bruchlastspielzahl $N_B = 2 \times 10^4$, ist ein Übergangsbereich auszumachen, ab dem bei gleicher Totaldehnungsvorgabe die MMCs etwas höhere Lebensdauern als die unverstärkte Matrixlegierung erreichen. Die Beobachtung von Hartmann (Har01; Har03), wonach bei dehnungsgeregelter Versuchsführung mit zunehmendem Verstärkungs-Volumenanteil eine ausgeprägtere Lebensdauerreduzierung einhergeht, konnte tendenziell bestätigt werden.

Dagegen konnte die Feststellung von Hartmann (Har01; Har03), dass bei Gesamtdehnungsregelung eine Verstärkung (sowohl durch Partikel als auch durch Saffil®-Kurzfasern) eine generelle Verringerung der Lebensdauer gegenüber der unverstärkten AA6061-Legierung bewirkt, nicht bestätigt werden. Wie Abb. 7.42 zeigt, hängt bei den untersuchten Preform-MMCs eine geringere oder höhere Lebensdauer im Vergleich zur unverstärkten Matrixlegierung von der Dehnungsamplitude ab, mit der die Werkstoffe beansprucht werden. Bei kleinen Dehnungsamplituden erreichen die MMCs bei Raumtemperatur und Wechselbeanspruchung etwas höhere Lebensdauern als die unverstärkte Matrixlegierung.

Hartmann trägt die durch die Dehnungen induzierten maximalen Spannungsamplituden bei halber Bruchlastspielzahl über der Bruchlastspielzahl auf. In dieser Darstellung erreichen die partikelverstärkten MMCs im Vergleich zum unverstärkten Werkstoff gleiche, bei großen Spannungsamplituden tendenziell längere Lebensdauern. Die Lebensdauer der kurzfaserverstärkten MMC ist auch in dieser Darstellung geringer als die übrigen Verbundwerkstoffe mit AA6061-Matrix (Har02b; Har03; Har04).

Obwohl Hartmann einen nicht unerheblichen Aufbau von Mittelspannungen verzeichnet (Har03), betrachtet er zwar die maximalen Spannungsamplituden (Har02b; Har04), nicht aber die auftretenden Maximalspannungen.

Aus den Abbildungen 7.5, 7.12, 7.20, 7.36 sind die sich bei dehnungsgeregelter Versuchsführung ergebenden Spannungsamplituden ersichtlich. Werte hieraus, beispielsweise bei $N_B/2$, ließen sich über der Bruchlastspielzahl auftragen und mit den Werten von Hartmann vergleichen. Es ist aber fraglich, ob die Spannungsamplituden für sich allein Aussagekraft besitzen oder ob nicht vielmehr die Maximalspannungen Relevanz besitzen. Aus Spannungsamplituden und Mittelspannungen (vgl. Abb. 7.4, 7.11, 7.18 und 7.35) lassen sich die Maximalspannungen ermitteln. Diese sind in Abb. 7.43 über der Bruchlastspielzahl aufgetragen.

Die Varianten AG und A2 zeigen die höchsten Lebensdauern, die unverstärkte Matrixlegierung zeigt bei vergleichbarer σ_{max} deutlich geringere Lebensdauern. Die N_B-Werte der Variante T1 liegen zwischen AlSi12 und den anderen MMCs. Somit ergibt sich in diesem Fall keine Reihung in Abhängigkeit des Keramikanteils (vgl. Tabelle 3.2). Die Variante T1 hat mit 39 Vol-% zwar

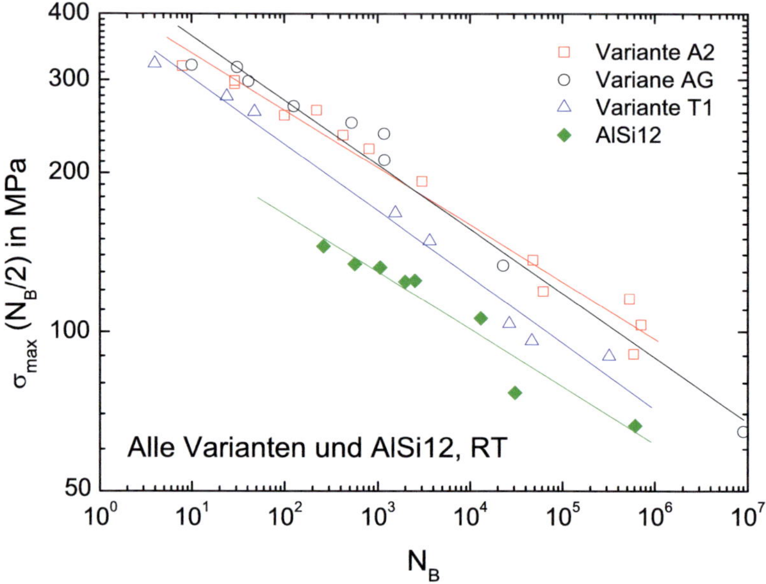

Abb. 7.43. Maximalspannungen aller Varianten und AlSi12 bei Raumtemperatur

den höchsten Keramikanteil, dies führt aber nicht zwangsläufig zu den höchsten Maximalspannungen. Die Maximalspannungen scheinen durchaus einen versagensrelevanten Einfluss auf die Lebensdauer zu haben.

Abbildung 7.44 zeigt die Manson-Coffin-Darstellung aller untersuchten Varianten im Vergleich zur unverstärkten Matrixlegierung bei Raumtemperatur. Die Variante AG erreicht dabei bei einer Totaldehnungsamplitude von 0,1 % die Grenzlastspielzahl knapp. Aus Abbildung 7.45 ist ersichtlich, dass in diesem Fall der Anteil der elastischen Dehnung fast den Wert der Totaldehnung erreicht. Auch die anderen MMC-Varianten und die Matrix verformen sich bei dieser Totaldehnungsvorgabe fast ausschließlich elastisch, liegen aber nur in einem Lebensdauerbereich von 3 - 7 x 10^5 Lastspielen.

Die Matrixlegierung und die untersuchten MMC-Probenvarianten zeigen bei doppeltlogarithmischer Auftragung der Ergebnisse ein bimodales Werkstoffverhalten, wie Abbildung 7.44 belegt. LCF- und HCF-Bereich unterscheiden sich hierbei durch unterschiedliche Steigungen der Ausgleichsgeraden, wobei der Übergangsbereich als Intervall $500 \leq N_B \leq 2000$ definiert werden kann. Wie schon im Kapitel 7.2.2 erwähnt kommt es zu einer Art Sättigungsver-

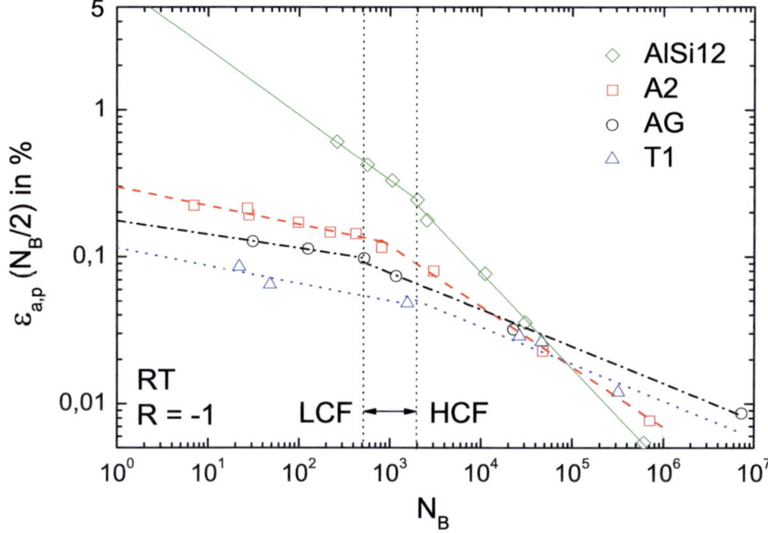

Abb. 7.44. Vergleich aller Varianten mit AlSi12 in der Manson-Coffin-Darstellung $\epsilon_{a,p}$ über N_B bei Raumtemperatur

halten der Matrix und der Anteil der Plastifizierung nimmt in Bezug auf die Gesamtdehnungsamplitude nicht mehr so stark zu, wie dies die Ergebnisse im Bereich der HCF-Beanspruchung erwarten ließen. Auch hier lässt sich eine Reihung in Abhängigkeit vom Keramikanteil erkennen.

Aus der Basquin-Darstellung in Abbildung 7.45 ist ersichtlich, dass der elastische Verformungsanteil an der Gesamtdehnung für alle Probenvarianten und die Matrixlegierung in einem gemeinsamen Streuband liegt, womit die Bedeutung der plastischen Dehnungsanteile (siehe Abb. 7.44) für die Beurteilung des Verformungsverhaltens unterstrichen wird.

Der Temperatureinfluss auf das Lebensdauerverhalten der Preform-MMCs wird exemplarisch anhand der Variante AG durch die folgenden Abbildungen deutlich. Abbildung 7.46 zeigt hierbei den Verlauf von $\epsilon_{a,p}$ über N_B und in Abbildung 7.47 ist der Verlauf von $\epsilon_{a,el}$ über N_B bei unterschiedlichen Temperaturen aufgetragen. Die Werte der plastischen Dehnungsamplitude bei 250 °C liegen bei vergleichbarer Steigung der Ausgleichsgeraden etwas oberhalb der Werte bei Raumtemperatur, da das plastische Verformungsvermögen mit der Temperatur zunimmt. Das bimodale Verhalten ist bei beiden Temperaturen recht ähnlich ausgeprägt. Wie Abbildung 7.29 belegt, stellen sich bei 450 °C die höchsten plastischen Dehnungsamplituden ein, was aber

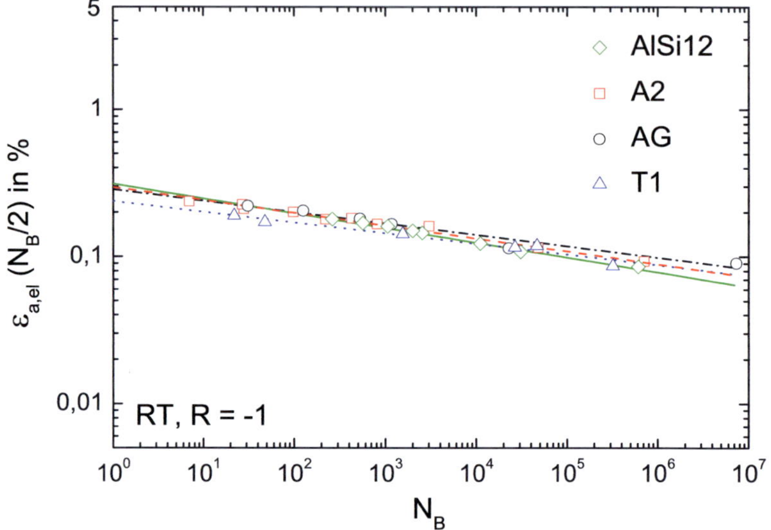

Abb. 7.45. Vergleich aller Varianten in der Basquin-Darstellung $\epsilon_{a,el}$ über N_B bei Raumtemperatur

mit einer starken Verringerung der Lebensdauer einhergeht, wie Abbildung 7.46 belegt. Zudem unterscheidet sich das elastische Verformungsverhalten bei 450 °C deutlich von dem bei niedrigeren Temperaturen, wie Abbildung 7.47 belegt.

Zur Beurteilung des Lebensdauerverhaltens ist eine kombinierte Betrachtung von Dehnungsamplituden und auftretenden Maximalspannungen in Form von Schädigungsparametern nützlich, da diese Faktoren entscheidenden Einfluss auf die Lebensdauer haben. Der in den Kapiteln 2.1.3 und 2.1.4 beschriebene Schädigungsparameter P_{SWT} kann sinnvoll angewandt werden, obwohl bei den MMCs abhängig von der Beanspruchung ein starker Abfall von σ_m und damit auch ein Abfall der Maximalspannung σ_{max} zum Teil schon vor $N_B/2$ zu verzeichnen ist. Bei gleicher Zyklenzahl sind aber die Werte für σ_m im Verhältnis deutlich kleiner als die Werte für σ_a, wodurch der Einfluss der Mittelspannungen auf die Maximalspannungen im Endeffekt nicht so stark ausgeprägt zur Geltung kommt.

Abbildung 7.48 zeigt die Auftragung des Schädigungsparameters P_{SWT} nach Smith-Watson-Topper über der Bruchlastspielzahl N_B bei Raumtemperatur und isothermer Beanspruchung für alle Probenvarianten und den Matrixwerkstoff AlSi12. Auffällig sind zunächst die recht ähnlichen Steigungen der

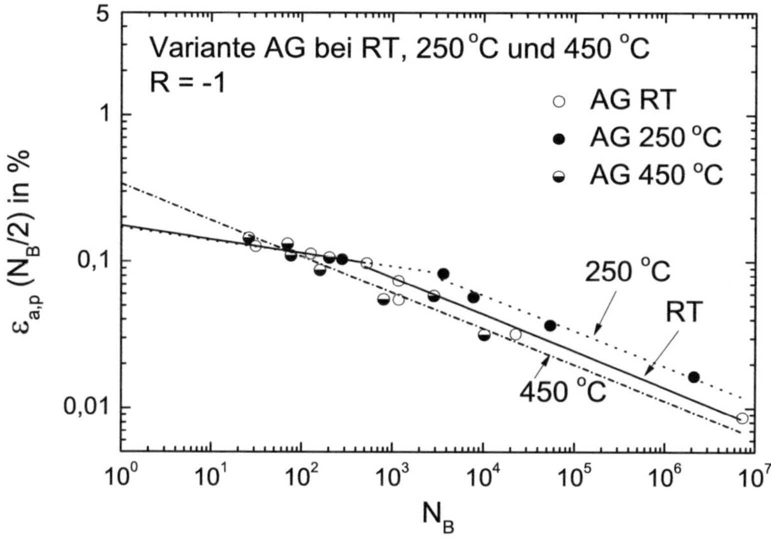

Abb. 7.46. Vergleich der Variante AG in der Manson-Coffin-Darstellung $\epsilon_{a,p}$ über N_B bei RT, 250 °C und 450 °C

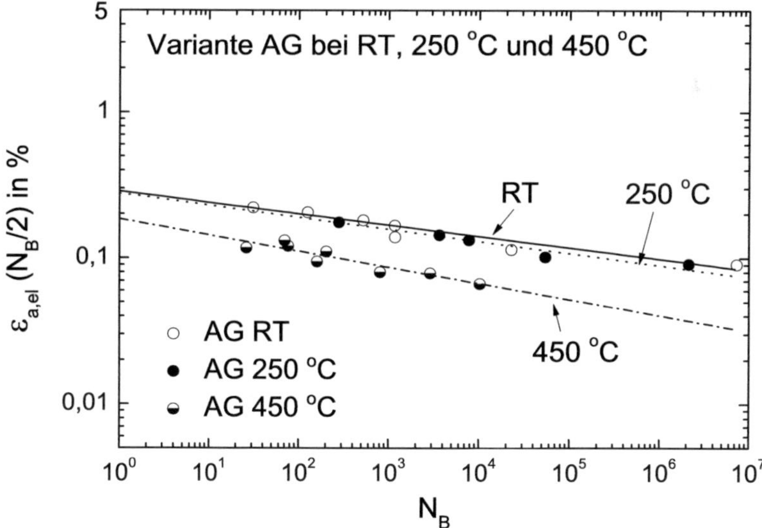

Abb. 7.47. Vergleich der Variante AG in der Basquin-Darstellung $\epsilon_{a,el}$ über N_B bei RT, 250 °C und 450 °C

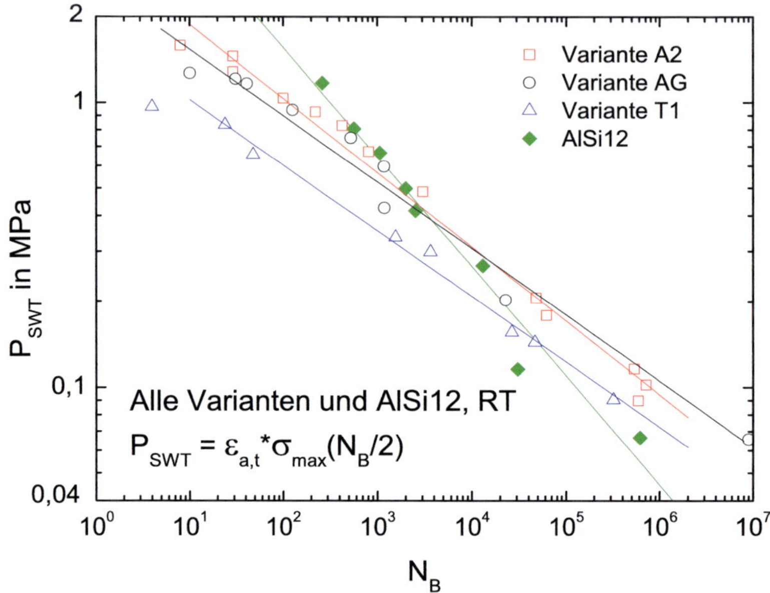

Abb. 7.48. P_{SWT} über N_B für alle Varianten und AlSi12 bei Raumtemperatur, dehnungskontrolliert

MMC-Ausgleichsgeraden im Vergleich zum Matrixwerkstoff. Die Lebensdauern der MMC-Varianten A2 und AG lassen sich mit Hilfe des Schädigungsparameters gut beschreiben, obwohl die Keramikanteile recht unterschiedlich sind. Die Werte für die Variante T1 sind geringer als die der anderen Varianten, was auf die bei dieser Variante auftretenden geringeren Lebensdauern bei vergleichbarer Dehnungsamplitude zurückzuführen ist. Eine gemeinsame Beschreibung der Lebensdauern aller Probenvarianten und der Matrixlegierung ist mit dem Schädigungsparameter nach Smith-Watson-Topper allerdings nicht möglich.

Abbildung 7.49 zeigt die Auftragung des Schädigungsparameters P_{OST} nach Smith-Watson-Topper über der Bruchlastspielzahl N_B bei Raumtemperatur und isothermer Beanspruchung für alle Probenvarianten und den Matrixwerkstoff AlSi12.

Abbildung 7.50 zeigt die Auftragung des Schädigungsparameters nach Smith-Watson-Topper P_{SWT} über der Bruchlastspielzahl N_B bei Raumtemperatur, 250 °C und 450 °C für die Probenvariante AG. Es ist ersichtlich, dass die Ausgleichsgeraden der P_{SWT}-Werte bei 250 °C und Raumtemperatur nur wenig

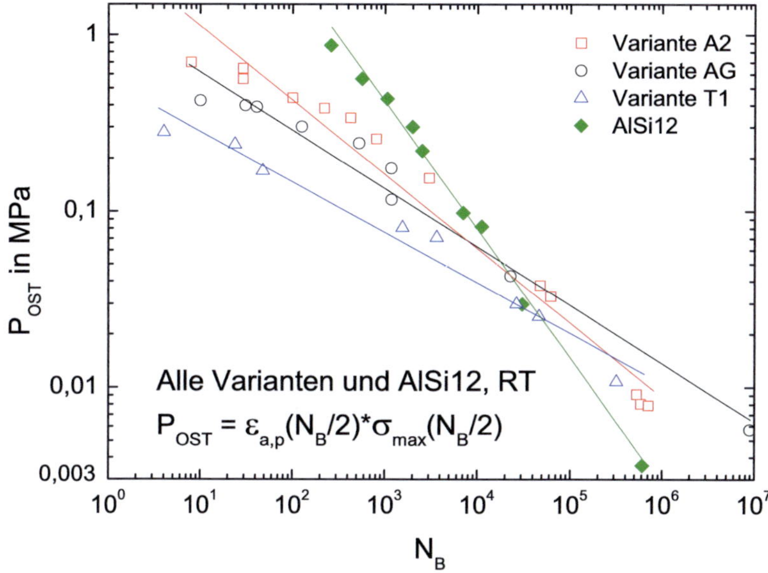

$$P_{OST} = \varepsilon_{a,p}(N_B/2) \cdot \sigma_{max}(N_B/2)$$

Abb. 7.49. P_{OST} über N_B für alle Varianten und AlSi12 bei Raumtemperatur, dehnungskontrolliert

voneinander abweichen. Bei einer Versuchstemperatur von 450 °C ergeben sich bei vergleichbaren P_{SWT}-Werten deutlich verringerte Lebensdauern. Da bei 450 °C allenfalls geringe Mittelspannungen aufgebaut werden (Abb. 7.25), entspricht in diesem Fall σ_a (Abb. 7.28) annähernd σ_{max}. Durch die totaldehnungskontrollierte Versuchsführung ergeben sich durch die im Vergleich zu niedrigeren Versuchstemperaturen geringeren Maximalspannungswerte die verringerten Werte für P_{SWT}.

Ebenso ist Abbildung 7.50 zu entnehmen, dass bei 450 °C die Bruchlastspielzahlen stärker als bei den niedrigeren Versuchstemperaturen streuen. Während bei P_{SWT} $\varepsilon_{a,t}$ Berücksichtigung findet, wird beim Schädigungsparameter P_{OST} $\varepsilon_{a,p}$ zur Berechnung herangezogen.

Abbildung 7.51 zeigt für die Probenvariante AG die Auftragung des Schädigungsparameters nach Ostergren P_{OST} über der Bruchlastspielzahl N_B bei Raumtemperatur, 250 °C und 450 °C. Die Ausgleichsgerade für 250 °C liegt hier leicht über der bei Raumtemperatur. Bei 450 °C ergeben sich bei vergleichbaren P_{OST}-Werten verringerte Lebensdauern, allerdings nicht so ausgeprägt wie beim Schädigungsparameter P_{SWT} in Abbildung 7.50.

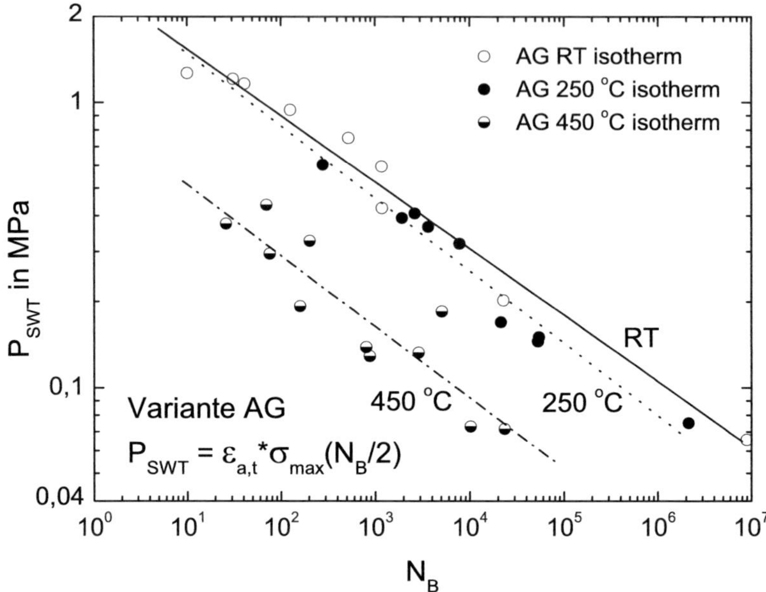

Abb. 7.50. P_{SWT} über N_B für die Variante AG bei RT, 250 °C und 450 °C, dehnungskontrolliert

Eine einheitliche Darstellung der Ergebnisse ist sowohl mit dem Schädigungsparameter P_{SWT} als auch mit dem Schädigungsparameter P_{OST} nicht möglich.

Der Temperatureinfluss auf die Schädigungsparameter nach Smith-Watson-Topper P_{SWT} und Ostergren P_{OST} wurde von Beck (Becoob) für MMCs auf Basis von ALSI12CuMgNi für die Temperaturen 150 °C, 300 °C und 400 °C untersucht. Für den Schädigungsparameter P_{SWT} ergab sich hierbei, dass die Steigungen der Ausgleichsgeraden für alle drei Versuchstemperaturen ungefähr gleich sind. Die P_{SWT}-Werte für $T = 150$ °C sind bei allen Bruchlastspielzahlen etwa um einen Faktor zwei größer als diejenigen für $T = 300$ °C und 400 °C.

Auch beim Schädigungsparameter nach Ostergren P_{OST} liegen die Punkte für $T = 300$ °C und 400 °C in einem gemeinsamen Streuband. Die bei 150 °C gemessenen Werte von P_{OST} fallen mit zunehmender Bruchlastspielzahl deutlich stärker ab als bei den beiden höheren Temperaturen.

Für die MMCs auf Basis von AlSi10Mg ergab Becks (Becoob) Auftragung des Schädigungsparameters nach Smith-Watson-Topper P_{SWT}, dass die Steigung der Ausgleichsgeraden für alle Temperaturen (150 °C, 250 °C, 300 °C, 350

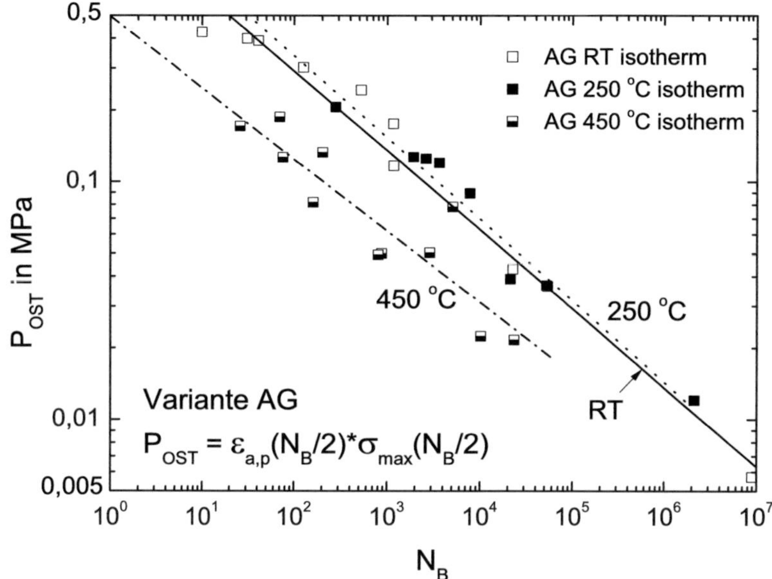

Abb. 7.51. P_{OST} über N_B für die Variante AG bei RT, 250 °C und 450 °C, dehnungskontrolliert

°C, 400 °C) ungefähr gleich ist. Die Lebensdauer für T = 250 °C und 400 °C liegen innerhalb eines relativ breiten, gemeinsamen Streubandes. Für 150 °C ergeben sich im gesamten untersuchten Bereich – analog zu den Beobachtungen der MMCs auf Basis von ALSI12CuMgNi – etwas größere Bruchlastspielzahlen als bei den übrigen Temperaturen.

Die Auftragung des Schädigungsparameters nach Ostergren P_{OST} für Versuchstemperaturen zwischen 150 °C bis 400 °C über der Bruchlastspielzahl ergab, dass die Resultate für den Temperaturbereich 250 ≤ N_B ≤ 350 °C bei allen N_B innerhalb eines gemeinsamen Streubandes liegen. Für T = 150 °C wird ein deutlich steilerer Verlauf der Ausgleichsgerade beobachtet. Die Datenpunkte ordnen sich dabei so an, dass für N_B 10⁴ alle Resultate innerhalb eines Streufeldes mit einer Breite von ungefähr einer Größenordnung liegen.

P_{SWT} und P_{OST} können die MMC-Werkstoffe, wie in den Abbildungen 7.48, 7.50 und 7.51 gezeigt, nicht einheitlich beschreiben. Dem Temperatureinfluss könnte man mit einer geeigneten Normierung Rechnung tragen. Hierzu wurden bei der Variante AG Durchschnittswerte für temperaturabhängigen E-Modul bestimmt. Bei Raumtemperatur ergab sich ein E-Modul von 154 GPa,

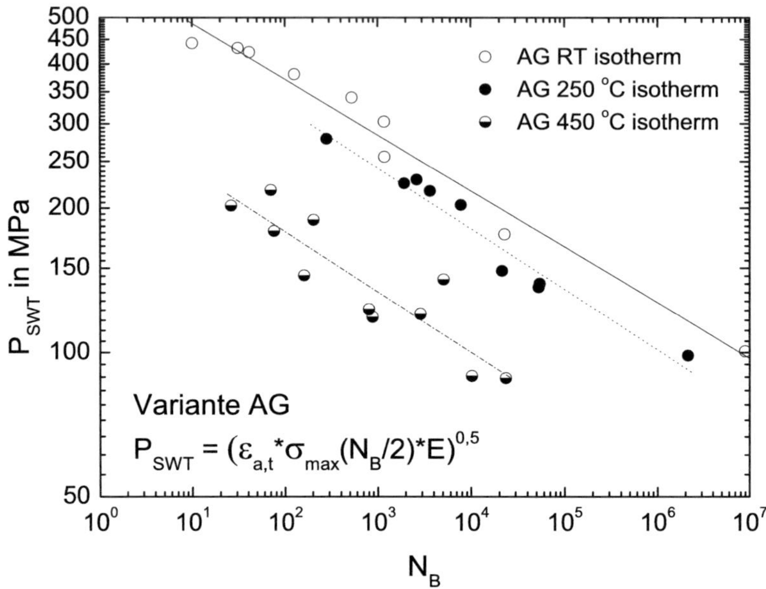

Abb. 7.52. P_{SWT} (unter Berücksichtigung des E-Moduls) über N_B für die Variante AG bei RT, 250 °C und 450 °C, dehnungskontrolliert

bei 250 °C wurde ein durchschnittlicher E-Modul von 129 GPa ermittelt und bei 450 °C sank der E-Modul auf 109 GPa.

Da die aus den Gleichungen 2.2 und 2.3 bekannten Schädigungsparameter nach Smith-Watson-Topper und Ostergren sowohl Maximalspannung und Totaldehnungsamplitude bzw. plastische Dehnungsamplitude als auch den jeweiligen E-Modul berücksichtigen, wurden in den Abbildungen 7.52 und 7.53 die entsprechenden Daten für die Variante AG aufgetragen. Aus den Abbildungen ist ersichtlich, dass selbst die Berücksichtigung des temperaturabhängigen E-Moduls keine einheitliche Beschreibung des MMC-Werkstoffs AG für alle Prüftemperaturen zulässt.

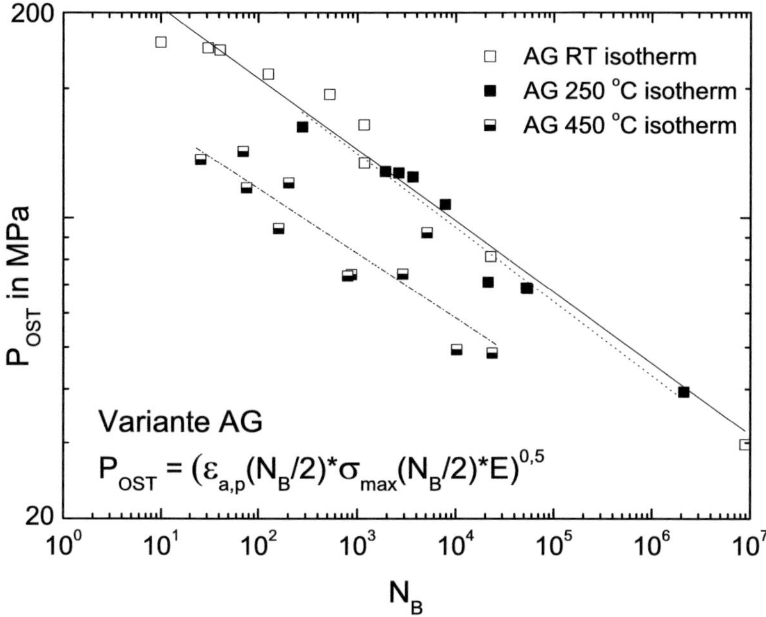

$$P_{OST} = (\varepsilon_{a,p}(N_B/2)*\sigma_{max}(N_B/2)*E)^{0,5}$$

Abb. 7.53. P_{OST} (unter Berücksichtigung des E-Moduls) über N_B für die Variante AG bei RT, 250 °C und 450 °C, dehnungskontrolliert

8 Thermisch-mechanische Ermüdungsversuche (TMF)

8.1 Matrixwerkstoff AlSi12: Zyklisches Verformungsverhalten

Die bei thermisch-mechanischen Ermüdungsversuchen entsprechend Kapitel 4.6 im ersten Lastspiel bestimmten Hystereseschleifen der Nennspannung σ_n über der mechanischen Totaldehnung ε_t^{me} für Maximaltemperaturen von 250 °C bis 400 °C sind in Abbildung 8.1 aufgetragen. Die Abbildungen 8.2 und 8.3 zeigen die entsprechenden Hysteresen nach Durchlaufen des zweiten Beanspruchungszyklus und der halben Bruchlastspielzahl. Der Matrixwerkstoff befand sich zu Versuchsbeginn im Anlieferungszustand.

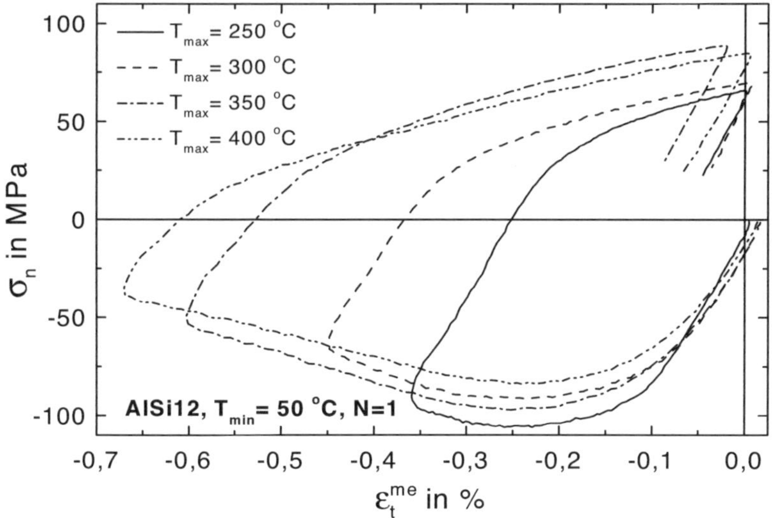

Abb. 8.1. Matrixwerkstoff AlSi12: σ_n-ε_t^{me}-Hysteresen für TMF-Beanspruchung mit T_{max} = 250 °C bis 400 °C, N = 1

Bei allen untersuchten T_{max} verformt sich der Werkstoff bereits im ersten Lastspiel elastisch-plastisch. Die Schleifen werden sowohl bei N = 1, als auch bei N = 2 und bei $N_B/2$ mit zunehmender T_{max} breiter und flacher. Dieses Verhalten ist im Bereich von T_{max} (kleinste ϵ_t^{me}-Werte) ausgeprägter als bei T_{min} (ϵ_t^{me}-Werte nahe Null). Schon bei T_{max} = 250 °C und bei höheren T_{max} ändert sich die Form der Hysteresen zwischen N = 1 und $N_B/2$ deutlich. Bei $N_B/2$ ist für alle Temperaturen eine deutliche Verringerung der Hysteresefläche im Vergleich zu N = 1 feststellbar. Tendenziell liegen die Minimal- und Maximalspannungen bei $N_B/2$ höher als bei N = 1. Dieser Effekt ist im Bereich der Minimalspannungen stärker ausgeprägt. Die Minimalspannung wird bei N = 1 stets vor der Maximaltemperatur erreicht, bei $N_B/2$ trifft dies nur noch geringfügig bei $T_{max} \geq$ 300 °C zu. Der niedrigste Wert der Normalspannung wird mit σ_n von knapp -110 MPa bei T_{max} = 250 °C im ersten Zyklus erreicht. Die Maximalspannung hingegen wird stets bei minimaler Versuchstemperatur erreicht.

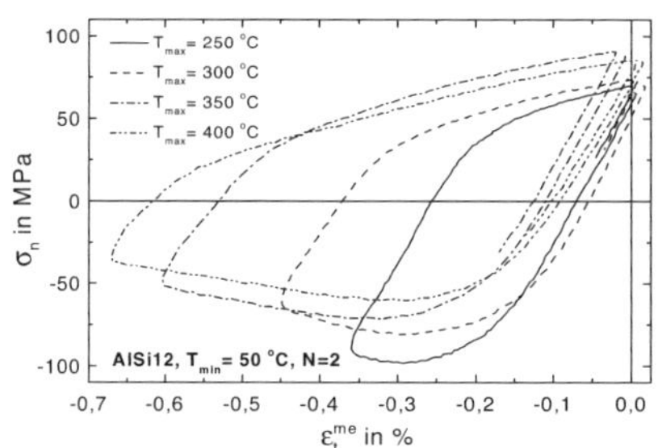

Abb. 8.2. AlSi12: σ_n-ϵ_t^{me}-Hysteresen für TMF-Beanspruchung mit T_{max} = 250 °C bis 400 °C, N = 2

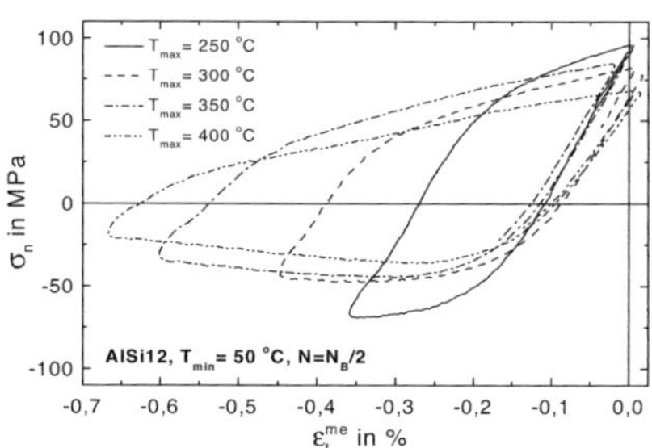

Abb. 8.3. AlSi12: σ_n-ϵ_t^{me}-Hysteresen für TMF-Beanspruchung mit T_{max} = 250 °C bis 400 °C, N = $N_B/2$

Die folgenden Abbildungen zeigen die aus der Entwicklung der Hystereseschleifen bestimmten Wechselverformungskurven der Matrixlegierung AlSi12 bei TMF-Beanspruchung mit T_{max} = 250 °C bis 400 °C. In Abbildung 8.4 ist die Spannungsamplitude σ_a, in Abbildung 8.5 die Mittelspannung σ_m und in Abbildung 8.6 die plastische Dehnungsamplitude $\epsilon_{a,p}$ über der Lastspielzahl N aufgetragen.

Die Spannungsamplituden nehmen mit zunehmender Zyklenzahl deutlich ab, lediglich für T_{max} = 250 °C nimmt σ_a nach den ersten Lastspielen zu, um dann ab N = 300 abzufallen.

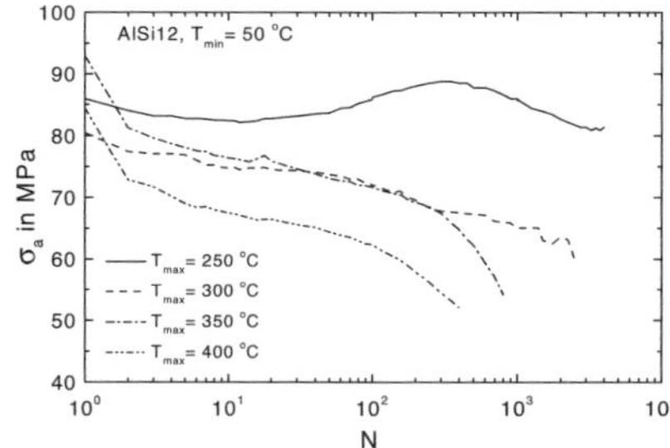

Abb. 8.4. AlSi12: σ_a über N für TMF-Beanspruchung mit T_{max} = 250 °C bis 400 °C

Abb. 8.5. AlSi12: σ_m über N für TMF-Beanspruchung mit T_{max} = 250 °C bis 400 °C

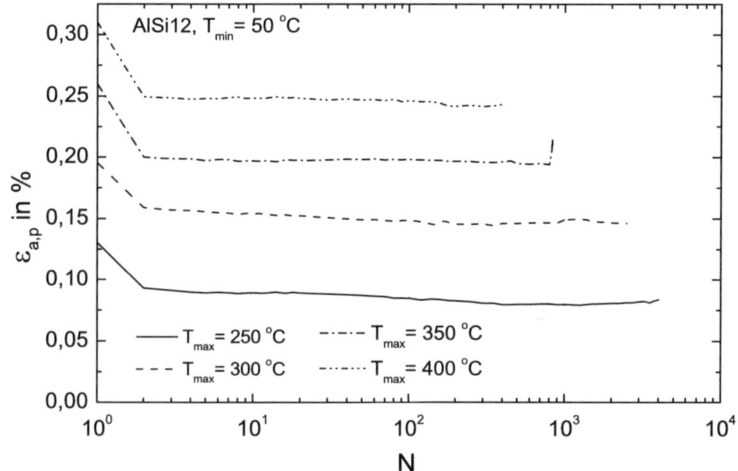

Abb. 8.6. AlSi12: $\epsilon_{a,p}$ über N für TMF-Beanspruchung, T_{max} = 250 °C bis 400 °C

Abbildung 8.5 belegt, dass sich für alle untersuchten Maximaltemperaturen während der gesamten Versuchsdauer ausgehend von negativen Mittelspannungen oder Mittelspannungen nahe Null im Versuchsverlauf positive Mittelspannungen einstellen, die Werte von 15 - 20 MPa erreichen. Bei T_{max} = 250 °C ist die betragsmäßige Zunahme der Mittelspannung mit etwa 35 MPa am größten, bei T_{max} = 400 °C mit etwa 18 MPa am kleinsten. Für T_{max} ≥ 300 °C ist gegen Versuchsende ein leichter Abfall von σ_m zu verzeichnen. Die plastischen Dehnungsamplituden verlaufen bei allen T_{max} annähernd konstant über der Lastspielzahl. Mit zunehmender Zyklenzahl ist eine geringfügige Abnahme von $\epsilon_{a,p}$ zu verzeichnen, die bei T_{max} am deutlichsten erkennbar ist. Die allenfalls geringfügige Abnahme von $\epsilon_{a,p}$ und die für $T_{max} \geq 300\,°C$ ausgeprägte Abnahme von σ_a über N lässt auf ein zyklisch entfestigendes Verhalten der Matrixlegierung unter OP-TMF-Beanspruchung schließen.

8.2 Variante A2: Zyklisches Verformungsverhalten

Die bei thermisch-mechanischen Ermüdungsversuchen entsprechend Kapitel 4.6 erläuterten Randbedingungen im ersten Lastspiel bestimmten Hystereseschleifen der Nennspannung σ_n über der mechanischen Totaldehnung ϵ_t^{me} für Maximaltemperaturen von 250 °C bis 400 °C sind in Abbildung 8.7 aufgetragen. Abbildung 8.8 und 8.9 zeigen die entsprechenden Hysteresen nach Durchlaufen des zweiten Lastspiels bzw. der halben Bruchlastspielzahl.

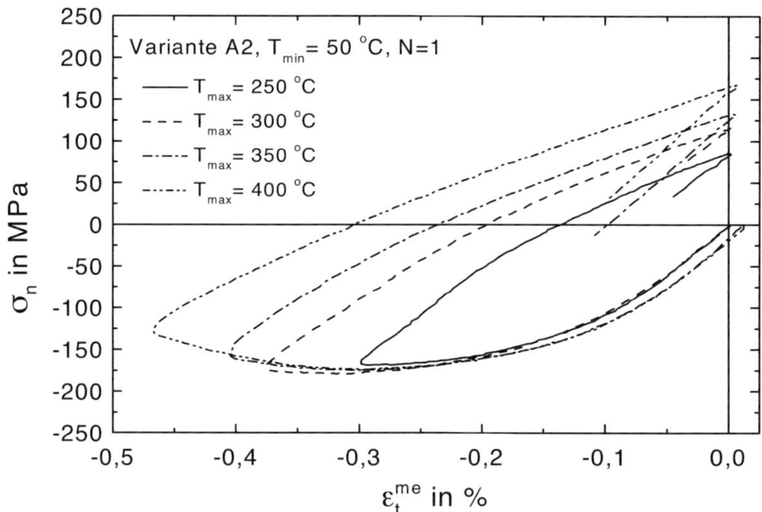

Abb. 8.7. Probenvariante A2: σ_n-ϵ_t^{me}-Hysteresen für TMF-Beanspruchung mit $T_{max} = 250\,°C$ bis $400\,°C$, N = 1

Bei allen untersuchten T_{max} verformt sich der Werkstoff bereits im ersten Lastspiel elastisch-plastisch. Die Schleifen werden sowohl bei N = 1, N = 2, als auch bei $N_B/2$ mit zunehmender T_{max} breiter und flacher.

Vergleicht man die Schleifen bei N = 2 mit den Schleifen nach durchlaufen der halben Bruchlastspielzahl, so ist für alle T_{max} allenfalls eine geringfügige Änderung der Form der Hystereseschleifen feststellbar. Deutlich erkennbar ist dagegen der Aufbau von Mittelspannungen bei allen Maximaltemperaturen.

Die Minimalspannung wird im ersten Lastspiel bei $T_{max} \geq 350\,°C$ vor der Maximaltemperatur erreicht, ansonsten tritt die Minimalspannung stets bei Maximaltemperatur auf. Die Maximalspannung wird sowohl bei N = 1, als auch bei $N_B/2$, bei T_{min} erreicht und nimmt mit zunehmender T_{max} betragsmäßig zu.

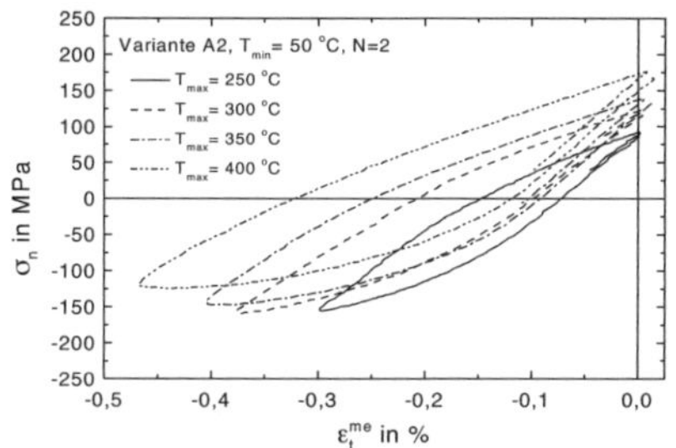

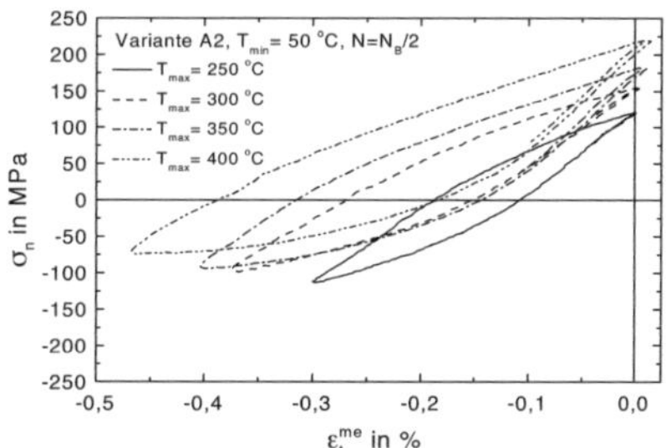

Abb. 8.8. Variante A2: σ_n-ϵ_t^{me}-Hysteresen für TMF-Beanspruchung, $T_{max} = 250\,°C$ bis $400\,°C$, N = 2

Abb. 8.9. Variante A2: σ_n-ϵ_t^{me}-Hysteresen für TMF-Beanspruchung, $T_{max} = 250\,°C$ bis $400\,°C$, N = $N_B/2$

Die Abbildungen 8.10, 8.11 und 8.12 zeigen die Wechselverformungskurven der Variante A2 bei TMF-Versuchen mit Maximaltemperaturen von $250\,°C$ bis $400\,°C$.

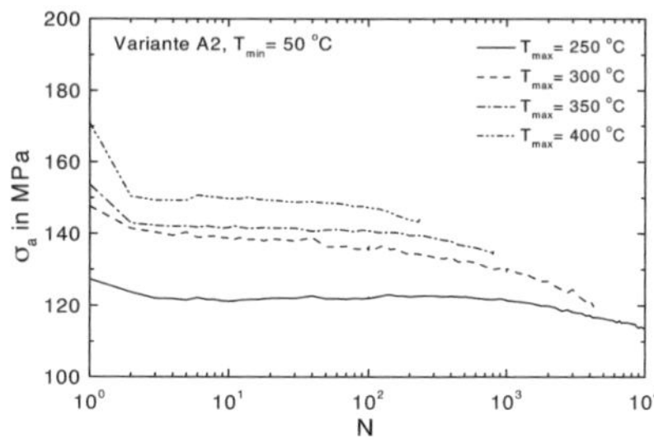

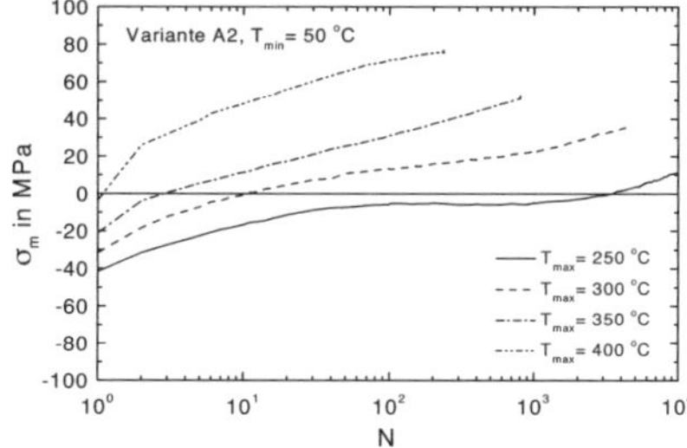

Abb. 8.10. Variante A2: σ_a über N für TMF-Beanspruchung mit $T_{max} = 250\,°C$ bis $400\,°C$

Abb. 8.11. Variante A2: σ_m über N für TMF-Beanspruchung mit $T_{max} = 250\,°C$ bis $400\,°C$

In Abbildung 8.10 ist die Spannungsamplitude σ_a über N, in Abbildung 8.11 die Mittelspannung σ_m über N und in Abbildung 8.12 die plastische Dehnungsamplitude $\epsilon_{a,p}$ über der Lastspielzahl N aufgetragen. Das Abfallen von σ_a und $\epsilon_{a,p}$ bzw. die Zunahme von σ_m vom ersten zum zweiten Lastspiel ist bedingt durch die Auswerteroutine, da sich aus dem ersten Lastspiel keine geschlossene Hystereseschleife ergibt.

Die plastische Dehnungsamplitude bleibt ab N = 2 bei allen Maximaltemperaturen nahezu konstant, wohingegen die Spannungsamplituden über den Versuchsverlauf abnehmen. Es liegt demnach bei allen T_{max} ein zyklisch entfestigendes Werkstoffverhalten vor.

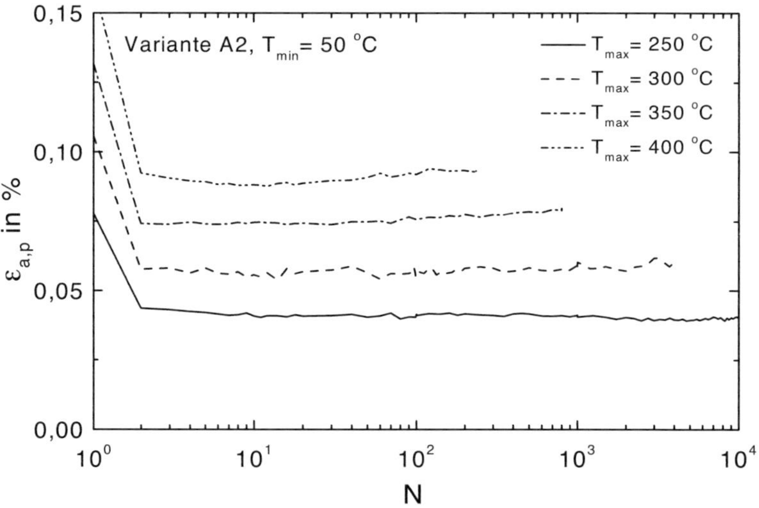

Abb. 8.12. Variante A2: $\epsilon_{a,p}$ über N für TMF-Beanspruchung, T_{max} = 250 °C bis 400 °C

Die induzierten Mittelspannungen liegen für alle T_{max} zu Versuchsbeginn im Druckbereich, bei Versuchsende dagegen im Zugbereich. Die Mittelspannungen verändern sich bei T_{max} = 250 °C bis zum Erreichen der Grenzlastspielzahl um etwa 50 MPa. Für T_{max} = 400 °C ist die betragsmäßige Zunahme von σ_m bis zum Probenbruch mit etwa 80 MPa am höchsten.

Die Spannungsamplituden nehmen mit steigenden T_{max} zu, die höchsten Werte für σ_a werden für T_{max} = 400 °C erreicht. Erwartungsgemäß nehmen die plastischen Dehnungsamplituden $\epsilon_{a,p}$ bei steigenden T_{max} zu. Die Werte, die sich für T_{max} = 400 °C einstellen, liegen etwa 100 Prozent über den

Werten, die bei $T_{max} = 250\,^{\circ}C$ erreicht werden. In Abbildung 8.13 ist die mechanische Totaldehnungsamplitude $\epsilon_{a,t}^{me}$ über T_{max} aufgetragen. Die lineare Zunahme von $\epsilon_{a,t}^{me}$ mit steigender T_{max} kann dabei durch eine Regressionsgerade beschrieben werden.

Der lineare Anstieg der plastischen Dehnungsamplitude $\epsilon_{a,p}$ über der mechanischen Totaldehnungsamplitude $\epsilon_{a,t}^{me}$ ist in Abbildung 8.14 ersichtlich.

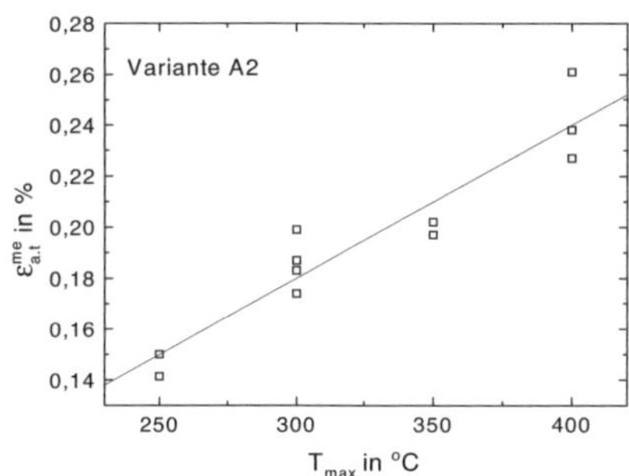

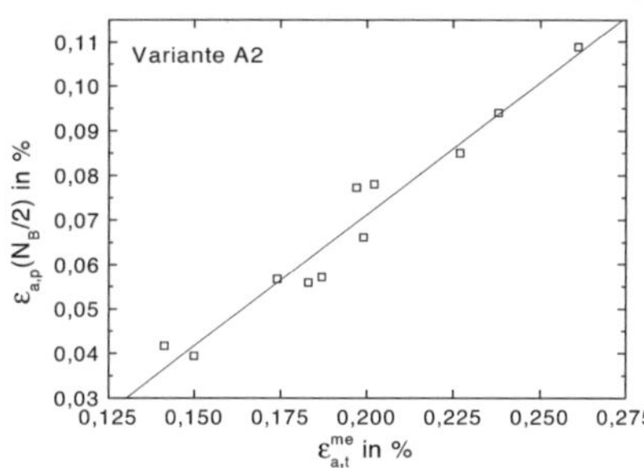

Abb. 8.13. Variante A2: $\epsilon_{a,t}^{me}$ über T_{max} für TMF-Beanspruchung mit $T_{min} = 50\,^{\circ}C$

Abb. 8.14. Variante A2: $\epsilon_{a,p}$ über $\epsilon_{a,t}^{me}$ für TMF-Beanspruchung, $T_{min} = 50\,^{\circ}C$

Die Abbildungen 8.15 und 8.16 zeigen in der gewählten linearen Darstellung das zyklische Spannungs-Dehnungs-Verhalten der Variante A2 bei TMF-Beanspruchung. Aufgetragen sind die sich einstellenden Spannungsamplituden σ_a und Maximalspannungen σ_{max} über der mechanischen Totaldehnungsamplitude $\epsilon_{a,t}^{me}$. Auch hier lassen sich lineare Zusammenhänge erkennen, die durch Ausgleichsgeraden beschrieben werden können.

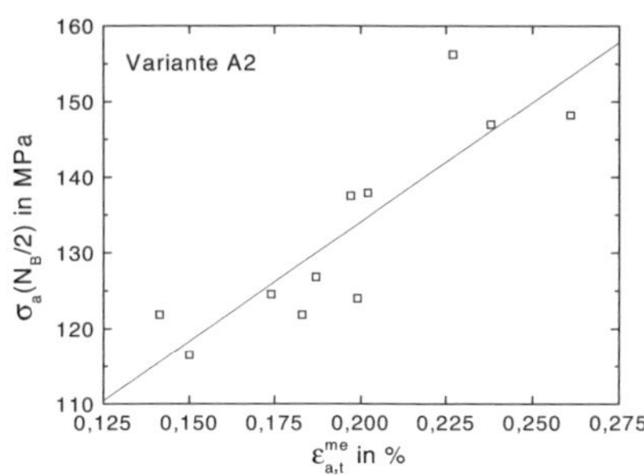

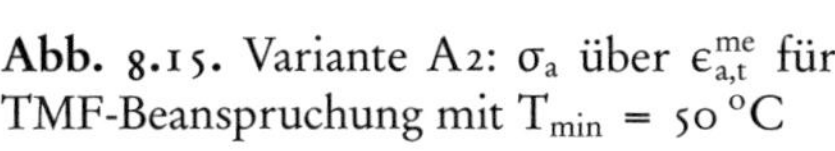

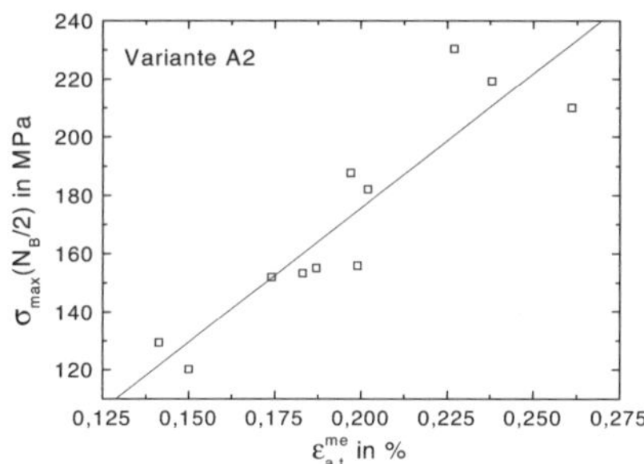

Abb. 8.15. Variante A2: σ_a über $\epsilon_{a,t}^{me}$ für TMF-Beanspruchung mit $T_{min} = 50\,^{\circ}C$

Abb. 8.16. Variante A2: σ_{max} über $\epsilon_{a,t}^{me}$ für TMF-Beanspruchung, $T_{min} = 50\,^{\circ}C$

Die Spannungsamplituden und Maximalspannungen bei $N_B/2$ liegen für T_{max} = 250 °C, d.h. für die kleinsten mechanischen Totaldehnungsamplituden, im Bereich von 120 MPa. Für T_{max} = 400 °C, also für $\epsilon_{a,t}^{me}$ um 0,25 %, werden bei $N_B/2$ Spannungsamplituden im Bereich von 150 MPa erreicht, die Maximalspannungen erreichen Werte um 220 MPa.

8.3 Variante A2: Lebensdauerverhalten

Das Lebensdauerverhalten der MMC-Variante A2 gibt Abbildung 8.17 in Form einer Temperaturwöhlerkurve wieder, d.h. es wurde die Maximaltemperatur T_{max} über der Bruchlastspielzahl N_B aufgetragen. Ausgehend von N_B ≈ 2 x 10² bei T_{max} = 400 °C nimmt die Lebensdauer mit sinkender Maximaltemperatur zu.

Die Grenzlastspielzahl N_G (vgl. Kapitel 4.6) wird bei T_{max} = 250 °C erreicht. Bei der gewählten doppeltlogarithmischen Darstellung lässt sich die Lage der Messpunkte durch eine Ausgleichsgerade beschreiben, wobei die Durchläufer bei T_{max} = 250 °C dabei unberücksichtigt bleiben.

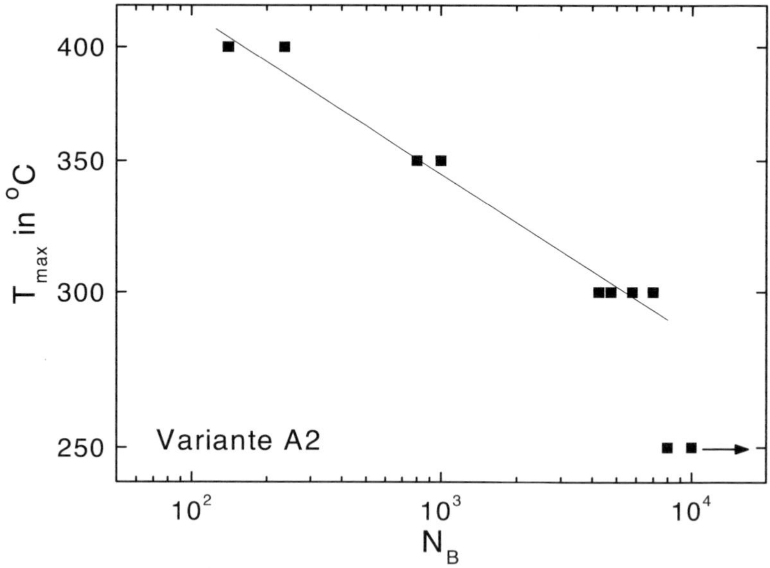

Abb. 8.17. Variante A2: Temperaturwöhlerkurve für TMF-Beanspruchung mit T_{min} = 50 °C und T_{max} = 250 °C bis 400 °C

In Abbildung 8.18 ist die mechanische Totaldehnungsamplitude $\epsilon_{a,t}^{me}$ über der Bruchlastspielzahl N_B und in Abbildung 8.19 ist die plastische Dehnungsamplitude $\epsilon_{a,p}$ über N_B aufgetragen.

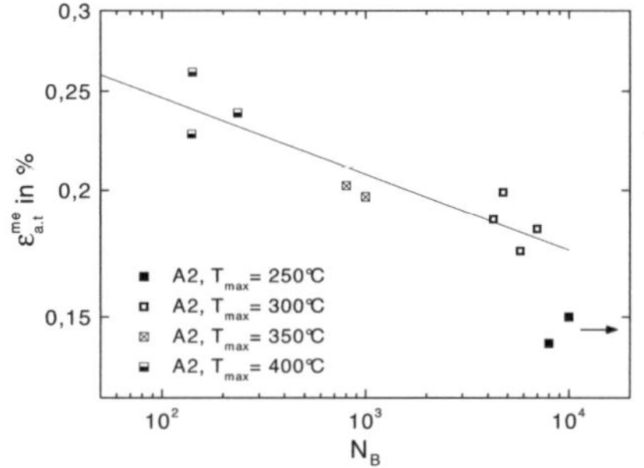

Abb. 8.18. Variante A2: $\epsilon_{a,t}^{me}$ über N_B für TMF-Beanspruchung mit T_{max} = 250 °C bis 400 °C

Abb. 8.19. Variante A2: Manson-Coffin-Darstellung für TMF-Beanspruchung mit T_{max} = 250 °C bis 400 °C

Der Abfall von $\epsilon_{a,t}^{me}$ und $\epsilon_{a,p}$ über N_B lässt sich bei doppeltlogarithmischer Darstellung mit einer Regressionsgeraden beschreiben. Die Grenzlastspielzahl N_G = 10^4 wird bei $\epsilon_{a,t}^{me}$ = 0,15 % und bei $\epsilon_{a,p}$ = 0,04 % erreicht.

In den folgenden Abbildungen 8.20 und 8.21 sind die Schädigungsparameter nach Smith-Watson-Topper und Ostergren aufgetragen. Es lassen sich Ausgleichsgeraden sowohl durch die P_{SWT}-Werte als auch durch die P_{OST}-Werte legen. Die Durchläufer bleiben dabei unberücksichtigt.

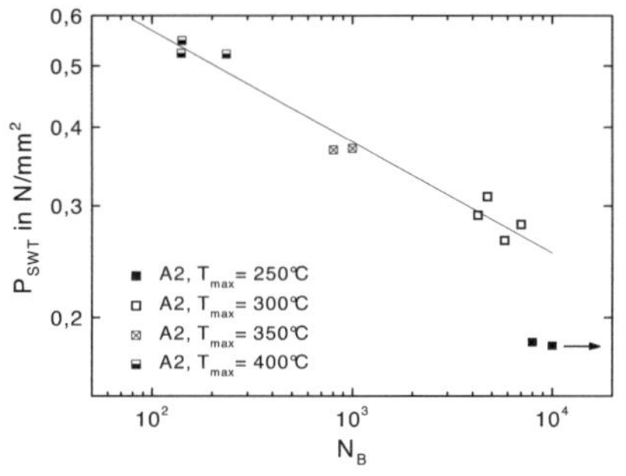

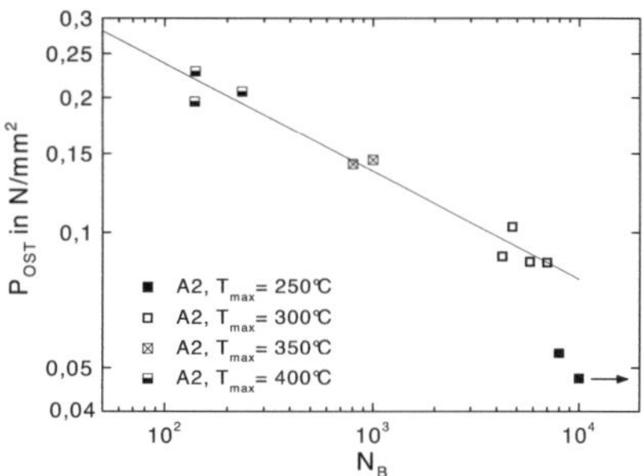

Abb. 8.20. Variante A2: P_{SWT} über N_B für TMF-Beanspruchung mit T_{max} = 250 °C bis 400 °C

Abb. 8.21. Variante A2: P_{OST} über N_B für TMF-Beanspruchung mit T_{max} = 250 °C bis 400 °C

8.4 Variante A2: Diskussion

8.4.1 Zyklisches Verformungsverhalten

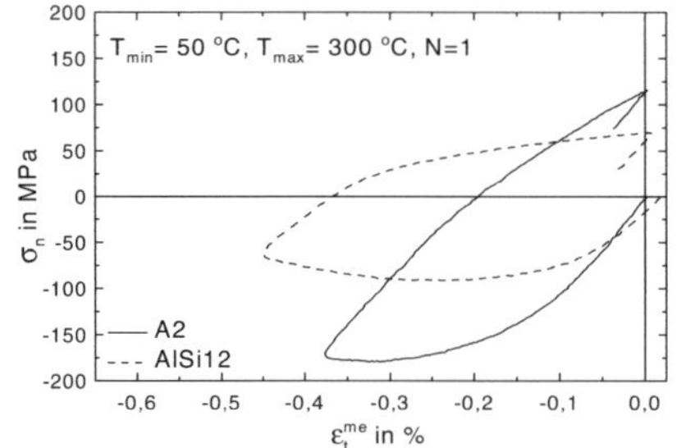

Abb. 8.22. Variante A2 und AlSi12: Hystereseschleifen für TMF-Beanspruchung mit $T_{max} = 300\,^{\circ}C$, $N = 1$

Abb. 8.23. Variante A2 und AlSi12: Hystereseschleifen für TMF-Beanspruchung mit $T_{max} = 300\,^{\circ}C$, $N = N_B/2$

In den Abbildungen 8.22 und 8.23 sind die für $T_{max} = 300\,^{\circ}C$ an der unverstärkten und verstärkten Matrixlegierung ermittelten σ_n- ε_t^{me}-Hysteresen bei $N = 1$ (Abb. 8.22) und $N = N_B/2$ (Abb. 8.23) einander gegenübergestellt. Die entsprechenden Hysteresen für $T_{max} = 350\,^{\circ}C$ zeigen die Abbildungen 8.24 und 8.25. Die Hysteresen der unverstärkten Matrixlegierung sind generell flacher und zeigen deutlich höhere plastische Dehnungsanteile als die preformverstärkte Variante. Die Verringerung der mechanischen Totaldehnung durch die Preform zeigt sich dabei im besonderen bei $350\,^{\circ}C$.

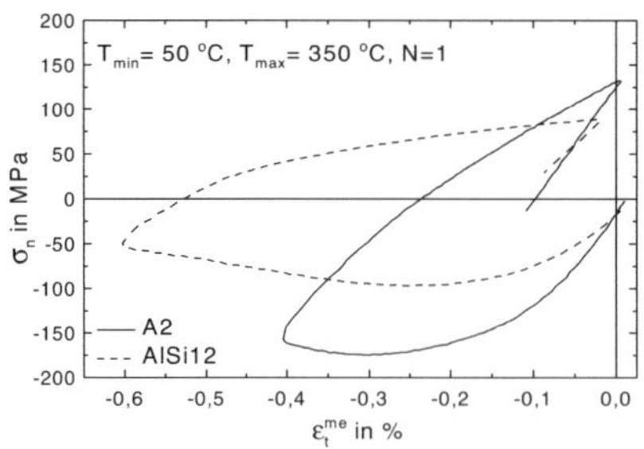
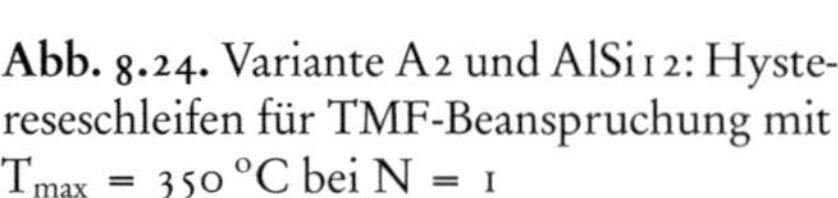
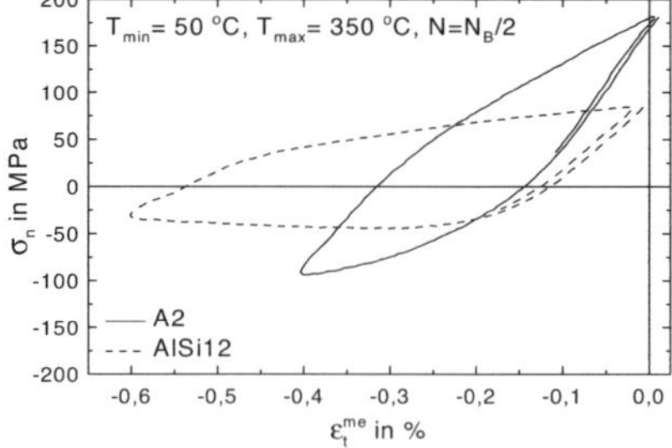

Abb. 8.24. Variante A2 und AlSi12: Hystereseschleifen für TMF-Beanspruchung mit $T_{max} = 350\,^{\circ}C$ bei $N = 1$

Abb. 8.25. Variante A2 und AlSi12: Hystereseschleifen für TMF-Beanspruchung mit $T_{max} = 350\,^{\circ}C$ bei $N = N_B/2$

Die Unterschiede in den Spannungsamplituden bei T_{max} = 300 °C und T_{max} = 350 °C sind sowohl bei der unverstärkten Matrix als auch beim MMC nicht sehr ausgeprägt, wie Abbildung 8.26 belegt. Für den Verbundwerkstoff ergeben sich dabei mit etwa 150 MPa etwa doppelt so hohe σ_a-Werte wie für den unverstärkten Matrixwerkstoff.

Die Werte der plastischen Dehnungsamplituden sind erwartungsgemäß für die unverstärkte Matrix höher als für den MMC, wie Abbildung 8.27 zeigt. Die Erhöhung von T_{max} wirkt sich dabei beim MMC nur in einer geringfügigen Zunahme der plastischen Dehnungsamplitude aus.

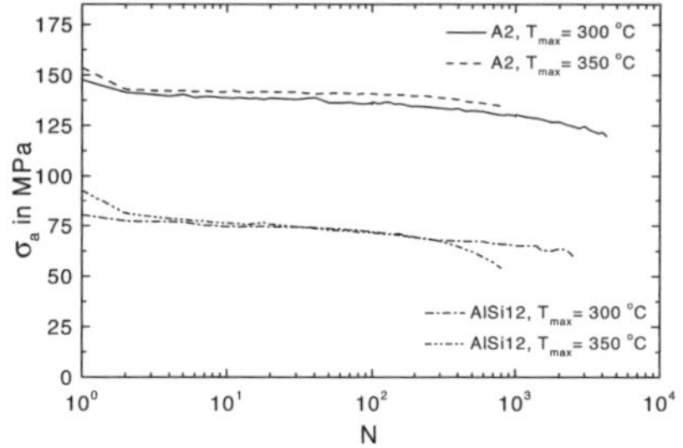

Abb. 8.26. Variante A2 im Vergleich zu AlSi12: σ_a über N

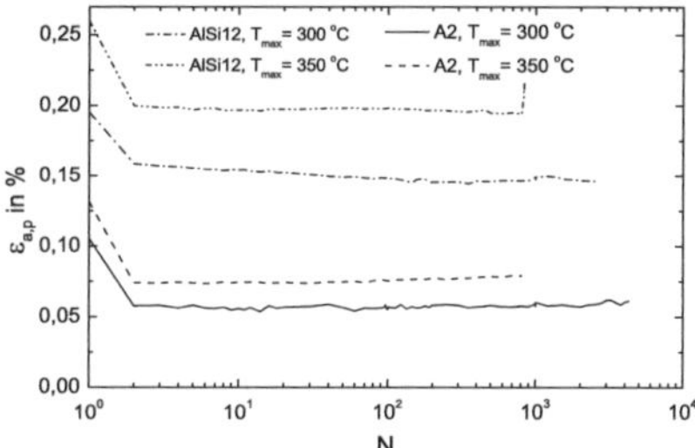

Abb. 8.27. Variante A2 im Vergleich zu AlSi12: $\epsilon_{a,p}$ über N

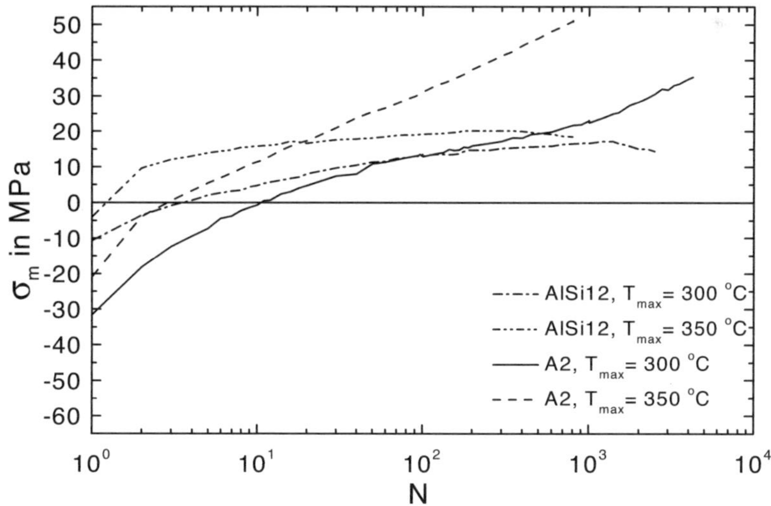

Abb. 8.28. Variante A2 im Vergleich zu AlSi12: σ_m über N

Sowohl für den Matrixwerkstoff als auch für die Variante A2 ist in Abbildung 8.28 für T_{max} = 300 °C als auch für T_{max} = 350 °C ausgehend von negativen Werten ein Aufbau von Zugmittelspannungen zu verzeichnen. Hierbei ergibt sich für den MMC betragsmäßig bis zum Probenbruch eine Zunahme um etwa 70 MPa, bei der Matrixlegierung fällt der Aufbau von Mittelspannungen deutlich geringer aus.

Zusammenfassend wird das zyklische Verformungsverhalten unter TMF-Beanspruchung der Variante A2 im Vergleich zur unverstärkten Matrixlegierung AlSi12 in den Abbildungen 8.29 bis 8.32 dargestellt. Erwartungsgemäß ergeben sich für $\epsilon_{a,t}^{me}$ über T_{max} und $\epsilon_{a,p}$ über $\epsilon_{a,t}^{me}$ bei der Matrixlegierung höhere Werte als beim untersuchten MMC, da die Preform-Verstärkung die thermische Dehnung verringert. Während beim MMC die Spannungsamplituden und Maximalspannungen mit zunehmender mechanischer Totaldehnungsamplitude zunehmen, ist dies bei der Matrixlegierung nicht der Fall, weil sich mit zunehmenden Dehnungsamplituden durch die steigenden Temperaturen ein Festigkeitsabfall der Al-Legierung bemerkbar macht.

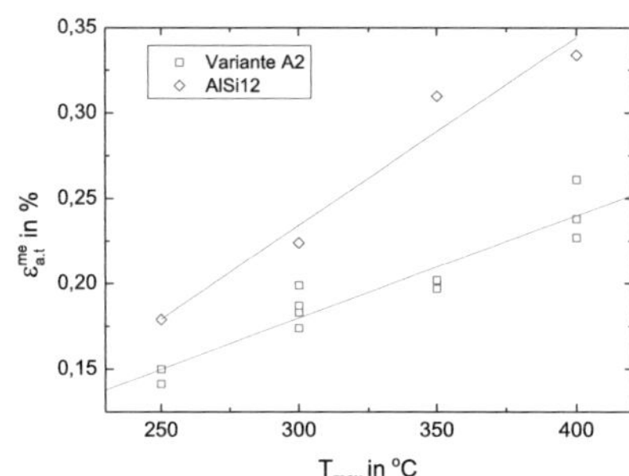

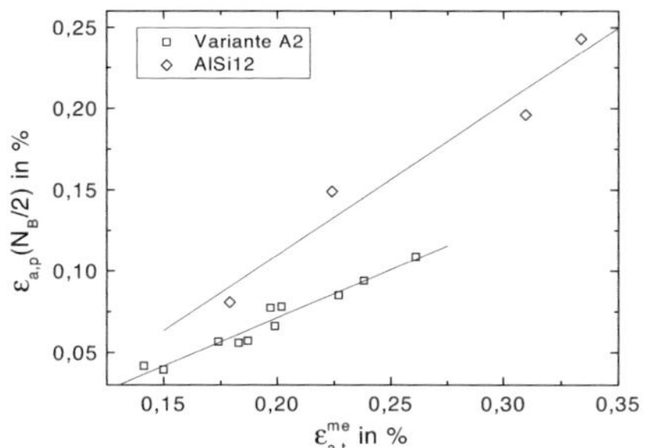

Abb. 8.29. Variante A2 und AlSi12: $\epsilon_{a,t}^{me}$ über T_{max} für TMF-Beanspruchung, T_{min} = 50 °C

Abb. 8.30. Variante A2 und AlSi12: $\epsilon_{a,p}$ über $\epsilon_{a,t}^{me}$ für TMF-Beanspruchung, T_{min} = 50 °C

8.4.2 Lebensdauerverhalten

In Abbildung 8.33 sind die Temperaturwöhlerkurven der Variante A2 und der Matrixlegierung AlSi12 aufgetragen. Bei Maximaltemperaturen von 400 °C ist die Lebensdauer des MMCs aufgrund der hohen σ_a bzw. σ_{max} geringer als die der Al-Legierung und bei 350 °C ergeben sich recht ähnliche Bruchlastspielzahlen. Bei einer Maximaltemperatur von 300 °C werden für den MMC gesteigerte Lebensdauern beobachtet, bei T_{max} = 250 °C ergeben sich im Ge-

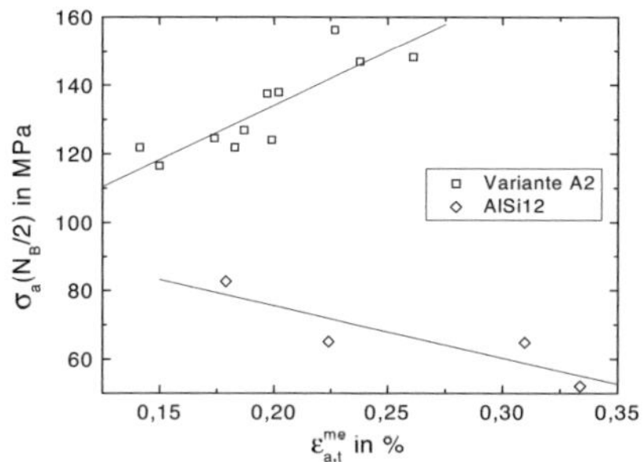

Abb. 8.31. Variante A2 und AlSi12: σ_a über $\varepsilon_{a,t}^{me}$ für TMF-Beanspruchung, $T_{min} = 50\,°C$

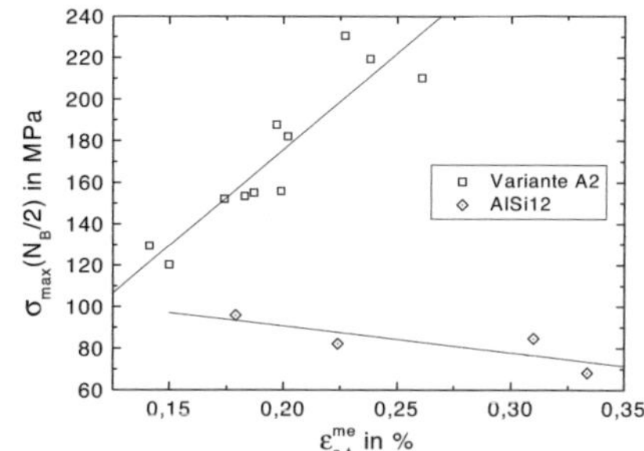

Abb. 8.32. Variante A2 und AlSi12: σ_{max} über $\varepsilon_{a,t}^{me}$ für TMF-Beanspruchung, $T_{min} = 50\,°C$

gensatz zur Matrixlegierung für den MMC Durchläufer. Die Ausgleichsgeraden können mit den in der Abbildung angegebenen Ausdrücken numerisch beschrieben werden.

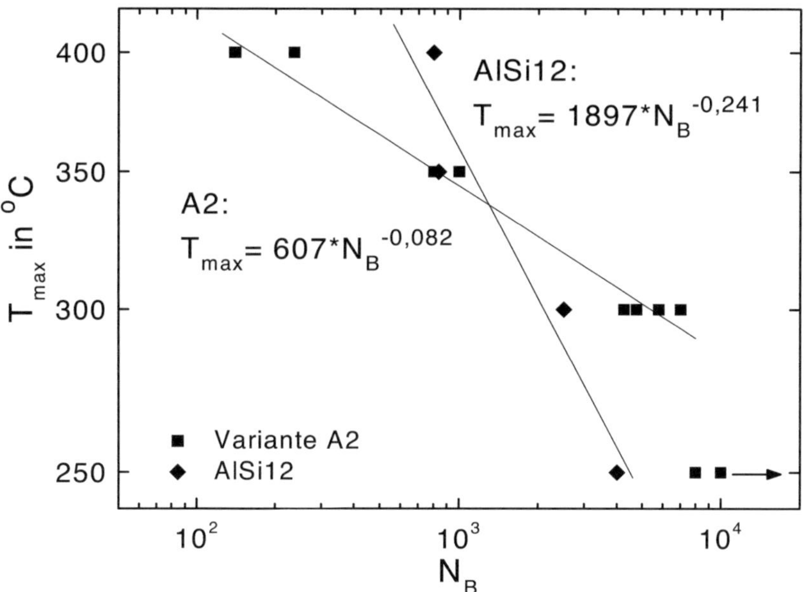

Abb. 8.33. Temperaturwöhlerkurven für TMF-Beanspruchung, $T_{min} = 50\,°C$ und $T_{max} = 250\,°C$ bis $400\,°C$

In Abbildung 8.34 sind für die Variante A2 und die unverstärkte Legierung AlSi12 die mechanischen Totaldehnungsamplituden $\varepsilon_{a,t}^{me}$ über N_B aufgetragen. Beim MMC ergeben sich aufgrund der durch die keramische Verstärkung bedingten höheren Nennspannungen bei höheren Totaldehnungsamplituden geringere Lebensdauern. Auch in der Manson-Coffin-Darstellung erkennt man deutlich den Unterschied zwischen MMC und unverstärktem AlSi12 (Abb. 8.35). Bei geringeren Maximaltemperaturen und damit Dehnungsamplituden ergeben sich für den MMC höhere Bruchlastspielzahlen.

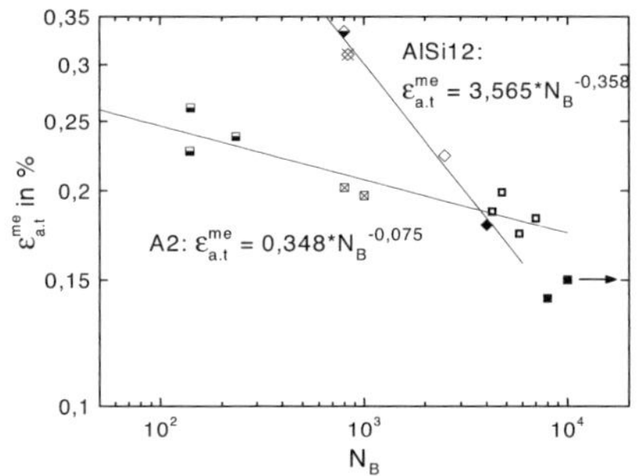

Abb. 8.34. $\varepsilon_{a,t}^{me}$ über N_B für TMF-Beanspruchung, T_{max} = 250 °C bis 400 °C

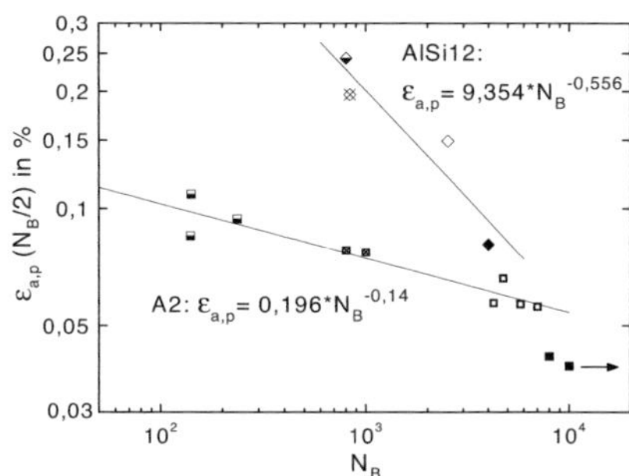

Abb. 8.35. Manson-Coffin-Darstellung für TMF-Beanspruchung, T_{max} = 250 °C bis 400 °C

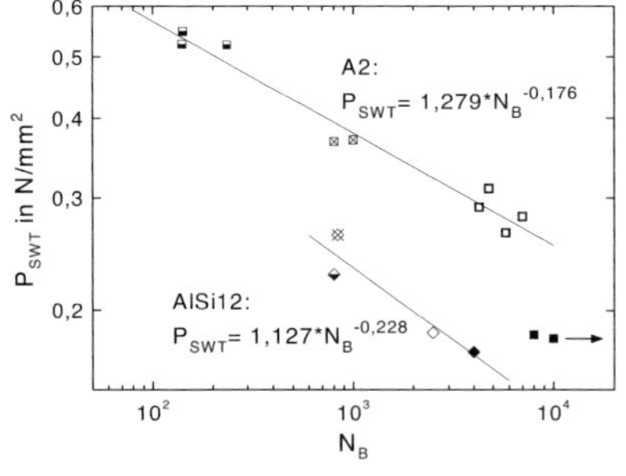

Abb. 8.36. P_{SWT} über N_B für TMF-Beanspruchung, T_{max} = 250 °C bis 400 °C

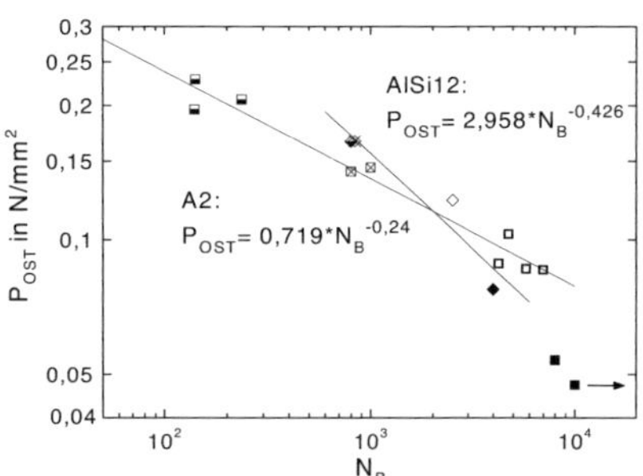

Abb. 8.37. P_{OST} über N_B für TMF-Beanspruchung, T_{max} = 250 °C bis 400 °C

Die Abbildungen 8.36 und 8.37 zeigen abschließend die Schädigungsparameter nach Smith-Watson-Topper P_{SWT} und Ostergren P_{OST} als Funktion von N_B für die MMC-Variante A2 und die unverstärkte Matrix. Der Smith-

Watson-Topper-Parameter führt zu keiner vergleichbaren Darstellung des Lebensdauerverhaltens beider Werkstoffe, der Ostergren-Parameter erscheint hier besser geeignet, wie Abbildung 8.37 belegt.

8.5 Variante AG: Zyklisches Verformungsverhalten

Die bei thermisch-mechanischen Ermüdungsversuchen gemäß der in Kapitel 4.6 beschriebenen Randbedingungen im ersten Lastspiel bestimmten Hystereseschleifen der Nennspannung σ_n über der mechanischen Totaldehnung ε_t^{me} für Maximaltemperaturen von 250 °C bis 400 °C sind in Abbildung 8.38 dargestellt. Die Abbildungen 8.39 und 8.40 zeigen die entsprechenden Hysteresen nach Durchlaufen des zweiten Lastspiels bzw. der halben Bruchlastspielzahl.

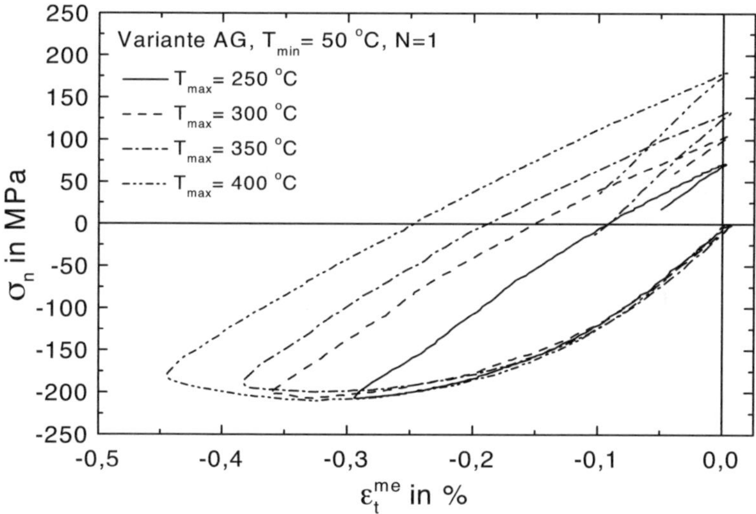

Abb. 8.38. Probenvariante AG: σ_n-ε_t^{me}-Hysteresen für TMF-Beanspruchung mit T_{max} = 250 °C bis 400 °C, N = 1

Bei allen untersuchten T_{max} verformt sich der Werkstoff bereits im ersten Lastspiel elastisch-plastisch. Die Schleifen werden sowohl bei N = 1, N = 2, als auch bei $N_B/2$ mit zunehmender T_{max} breiter und verlaufen geringfügig flacher. Bei $N_B/2$ ist für alle Temperaturen eine deutliche Verringerung der

Hysteresefläche im Vergleich zu N = 1 feststellbar, der Unterschied zwischen dem zweiten Lastspiel und $N_B/2$ ist dagegen nur gering. Die Breite der Hystereseschleifen ändert sich dabei mit zunehmender Zyklenzahl nicht erkennbar. Bei $N_B/2$ ist im Vergleich zu N = 1 ein Aufbau von Mittelspannungen bei allen Maximaltemperaturen erkennbar. Die Minimalspannung wird bei N = 1 bei $T_{max} \geq 300\,°C$ vor der Maximaltemperatur erreicht, ansonsten ergibt sich die Minimalspannung stets bei Maximaltemperatur. Die Maximalspannung wird sowohl bei N = 1, als auch bei $N_B/2$, bei T_{min} erreicht. Eine betragsmäßige Zunahme der Maximalspannung mit zunehmender T_{max} bei $N_B/2$ im Vergleich zu N = 1 ist erkennbar.

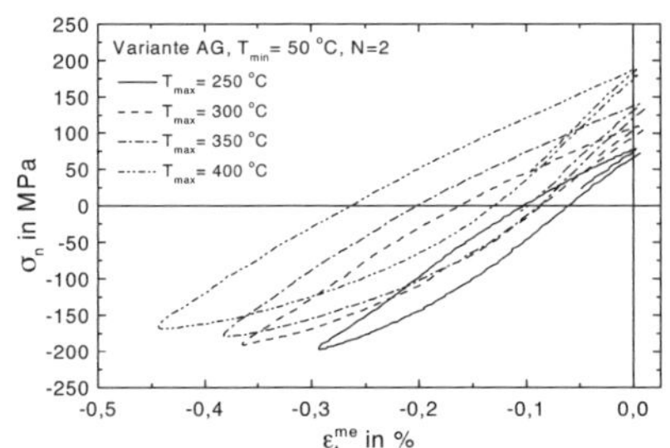

Abb. 8.39. Variante AG: σ_n-ϵ_t^{me}-Hysteresen für TMF-Beanspruchung, $T_{max} = 250\,°C$ bis $400\,°C$, N = 2

Abb. 8.40. Variante AG: σ_n-ϵ_t^{me}-Hysteresen für TMF-Beanspruchung, $T_{max} = 250\,°C$ bis $400\,°C$, N = $N_B/2$

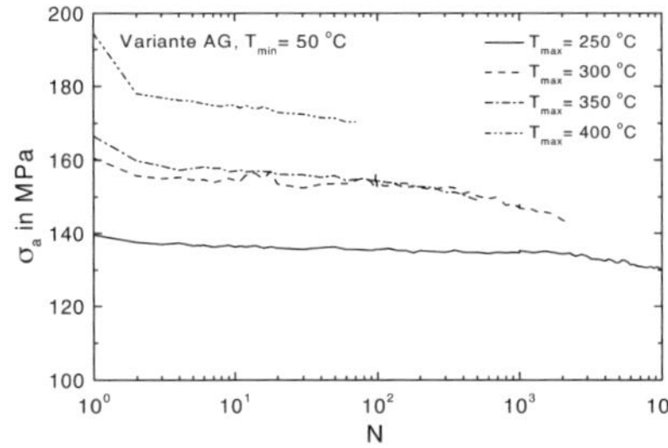

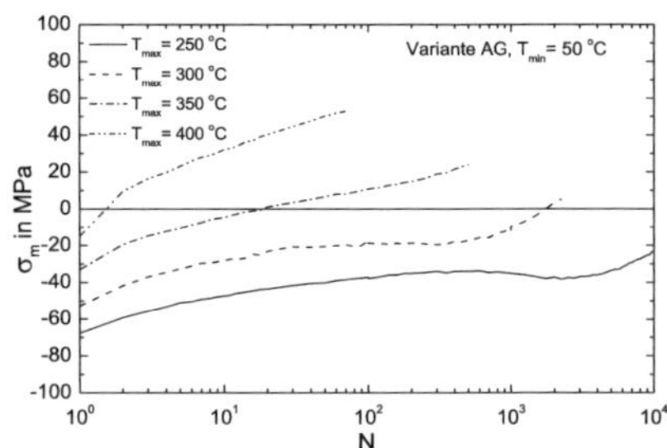

Abb. 8.41. Variante AG: σ_a über N für TMF-Beanspruchung mit $T_{max} = 250\,°C$ bis $400\,°C$

Abb. 8.42. Variante AG: σ_m über N für TMF-Beanspruchung mit $T_{max} = 250\,°C$ bis $400\,°C$

Abbildung 8.41 zeigt, wie sich die Spannungsamplitude über den Versuchsverlauf bei unterschiedlichen Maximaltemperaturen entwickelt. Aus Abbildung 8.42 ist ersichtlich, wie sich die zugehörigen Mittelspannungen entwickeln. Die Entwicklung der zugehörigen plastischen Dehnungsamplituden $\epsilon_{a,p}$ zeigt Abbildung 8.43.

Der teilweise recht deutliche Abfall von σ_a und $\epsilon_{a,p}$ bzw. die Zunahme von σ_m vom ersten zum zweiten Lastspiel ist durch die Auswerteroutine bedingt, da sich bei der gewählten Versuchsführung beim ersten Lastspiel keine geschlossene Hystereseschleife ergibt.

Die Spannungsamplituden nehmen mit steigenden T_{max} zu, die höchsten Werte für σ_a werden für T_{max} = 400 °C erreicht. Für T_{max} = 300 und 350 °C ergeben sich recht ähnliche Spannungsamplituden über der Lastspielzahl (Abb. 8.41).

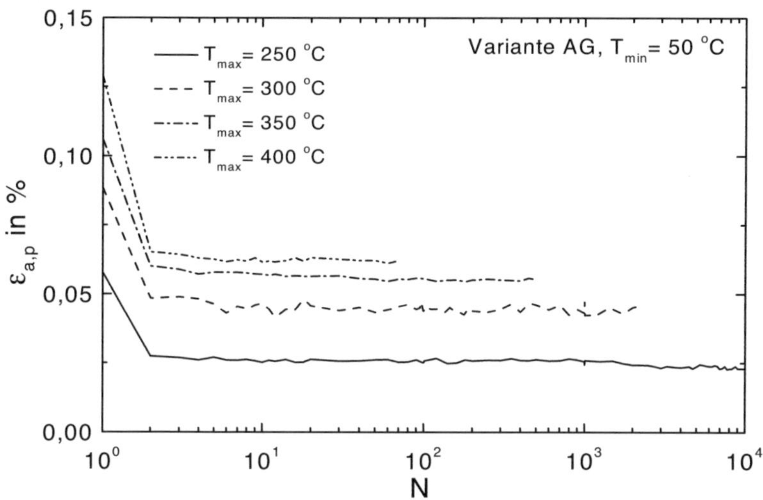

Abb. 8.43. Variante AG: $\epsilon_{a,p}$ über N für TMF-Beanspruchung, T_{max} = 250 °C bis 400 °C

Erwartungsgemäß nehmen auch die plastischen Dehnungsamplituden $\epsilon_{a,p}$ bei steigenden T_{max} zu. Die Werte, die sich für T_{max} = 400 °C einstellen, liegen etwa 100 Prozent über den Werten, die bei T_{max} = 250 °C erreicht werden.

Die plastische Dehnungsamplitude bleibt ab N = 2 bei allen Maximaltemperaturen nahezu konstant (Abb. 8.43), was auch bei der Variante A2 beobachtet wurde (Abb. 8.12). Auch die Abnahme der Spannungsamplitude und die Zunahme von σ_m über N ist vergleichbar mit der Variante A2 (Abb. 8.10

und 8.11). Es liegt somit auch bei der Variante AG bei allen T_{max} ein zyklisch entfestigendes Werkstoffverhalten vor.

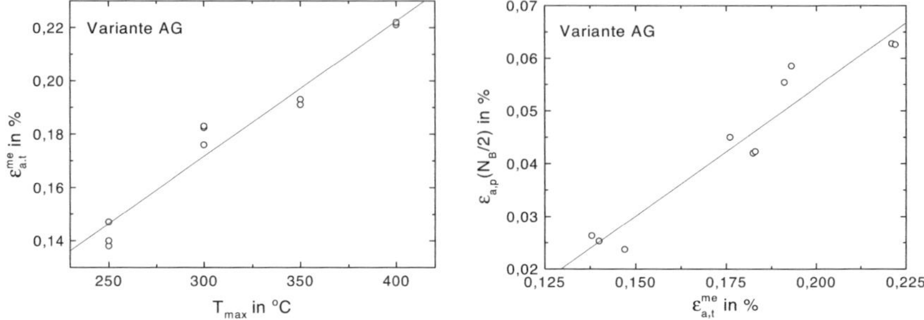

Abb. 8.44. Variante AG: $\epsilon_{a,t}^{me}$ über T_{max}, TMF-Beanspruchung mit T_{min} = 50 °C

Abb. 8.45. Variante AG: $\epsilon_{a,p}$ über $\epsilon_{a,t}^{me}$, TMF-Beanspruchung mit T_{min} = 50 °C

Die induzierten Mittelspannungen liegen für alle T_{max} zu Versuchsbeginn im Druckbereich, bei Versuchsende, mit Ausnahme von T_{max} = 250 °C, dagegen im Zugbereich, wie Abbildung 8.42 belegt. Die Mittelspannungen steigen bei T_{max} = 250 °C bis zum Erreichen der Grenzlastspielzahl um etwa 25 MPa an. Für T_{max} = 400 °C ist die betragsmäßige Zunahme von σ_m bis zum Probenbruch mit etwa 70 MPa am höchsten (Abb. 8.43).

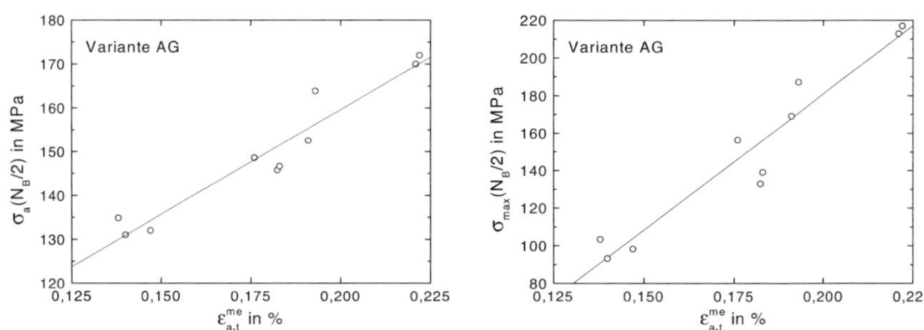

Abb. 8.46. Variante AG: σ_a über $\epsilon_{a,t}^{me}$ für TMF-Beanspruchung mit T_{min} = 50 °C

Abb. 8.47. Variante AG: σ_{max} über $\epsilon_{a,t}^{me}$, TMF-Beanspruchung mit T_{min} = 50 °C

In Abbildung 8.44 ist die mechanische Totaldehnungsamplitude $\epsilon_{a,t}^{me}$ über T_{max} aufgetragen. Die lineare Zunahme von $\epsilon_{a,t}^{me}$ mit steigender T_{max} kann dabei durch eine Regressionsgerade beschrieben werden. Der lineare Anstieg der plastischen Dehnungsamplitude $\epsilon_{a,p}$ über der mechanischen Totaldehnungsamplitude $\epsilon_{a,t}^{me}$ ist in Abbildung 8.45 wiedergegeben.

Die Abbildungen 8.46 und 8.47 zeigen in der gewählten linearen Darstellung das zyklische Spannungs-Dehnungs-Verhalten der Variante AG unter TMF-Beanspruchung. Aufgetragen sind die sich einstellenden Spannungsamplituden σ_a und Maximalspannungen σ_{max} über der mechanischen Totaldehnungsamplitude $\epsilon_{a,t}^{me}$. Auch hier lassen sich lineare Zusammenhänge erkennen, die durch Ausgleichsgeraden beschrieben werden können.

Die Spannungsamplituden und Maximalspannungen bei $N_B/2$ liegen für T_{max} = 250 °C, d.h. für die kleinsten mechanischen Totaldehnungsamplituden, bei 130 MPa bzw. 100 MPa. Für T_{max} = 400 °C, also für $\epsilon_{a,t}^{me}$ um 0,225 %, werden bei $N_B/2$ Spannungsamplituden im Bereich von 170 MPa erreicht, die Maximalspannungen erreichen Werte um 220 MPa.

8.6 Variante AG: Lebensdauerverhalten

Die Temperaturwöhlerkurve der MMC-Variante AG ist in Abbildung 8.48 wiedergegeben. Ausgehend von $N_B \approx 10^2$ bei T_{max} = 400 °C nimmt die Lebensdauer mit sinkender Maximaltemperatur zu. Die Grenzlastspielzahl N_G = 10^4 wird bei T_{max} = 250 °C erreicht.

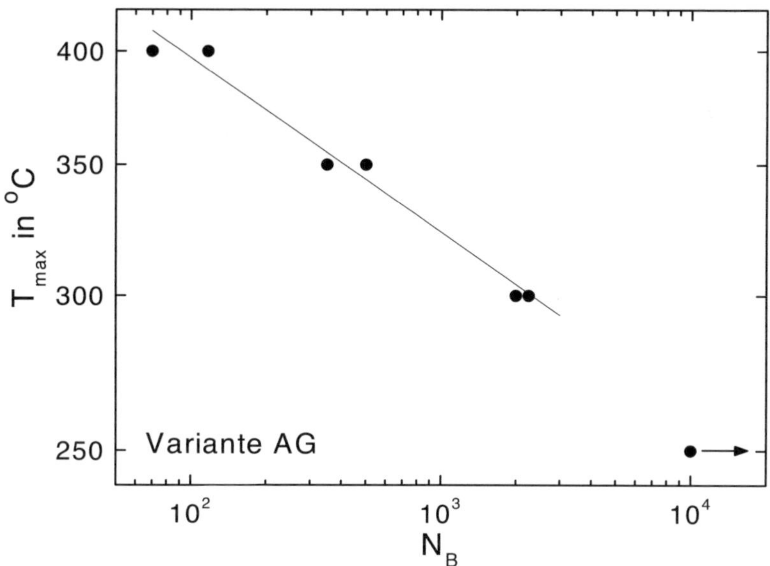

Abb. 8.48. Probenvariante AG: Temperaturwöhlerkurve für TMF-Beanspruchung mit T_{min} = 50 °C und T_{max} = 250 °C bis 400 °C

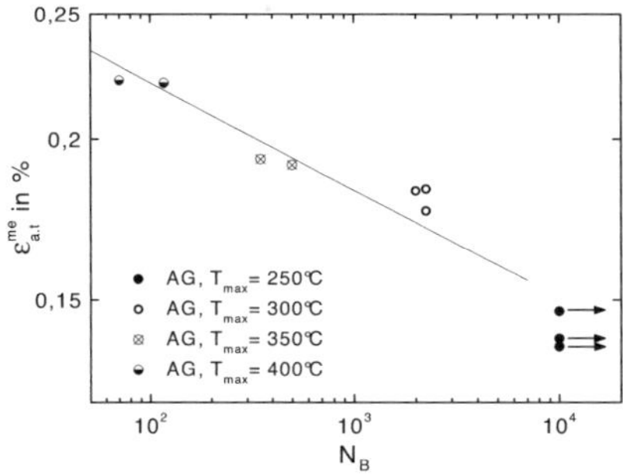
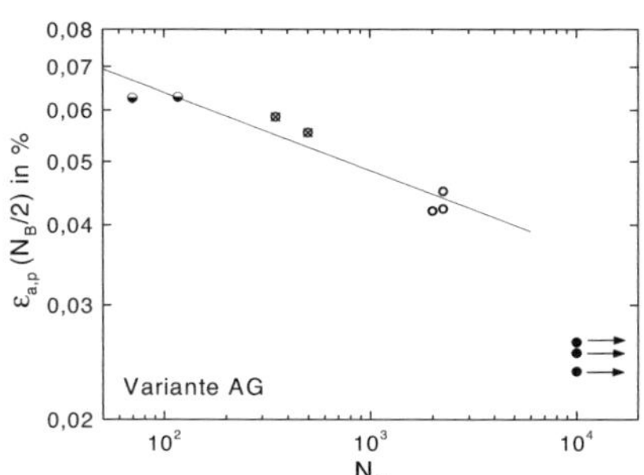

Abb. 8.49. Variante AG: $\epsilon_{a,t}^{me}$ über N_B für TMF-Beanspruchung mit $T_{max} = 250\,°C$ bis $400\,°C$

Abb. 8.50. Variante AG: Manson-Coffin-Darstellung für TMF-Beanspruchung mit $T_{max} = 250\,°C$ bis $400\,°C$

Bei der gewählten doppeltlogarithmischen Darstellung lässt sich die Lage der Messpunkte durch eine Ausgleichsgerade beschreiben, wobei die Durchläufer bei $T_{max} = 250\,°C$ dabei unberücksichtigt bleiben. In Abbildung 8.49 ist die mechanische Totaldehnungsamplitude $\epsilon_{a,t}^{me}$ über der Bruchlastspielzahl N_B und in Abbildung 8.50 ist die plastische Dehnungsamplitude $\epsilon_{a,p}$ über N_B aufgetragen. Der Abfall von $\epsilon_{a,t}^{me}$ und $\epsilon_{a,p}$ über N_B lässt sich bei doppeltlogarithmischer Darstellung jeweils mit einer Regressionsgeraden beschreiben. Die Grenzlastspielzahl $N_G = 10^4$ wird bei $\epsilon_{a,t}^{me} \approx 0,15\ \%$ und bei $\epsilon_{a,p} \approx 0,025\ \%$ erreicht.

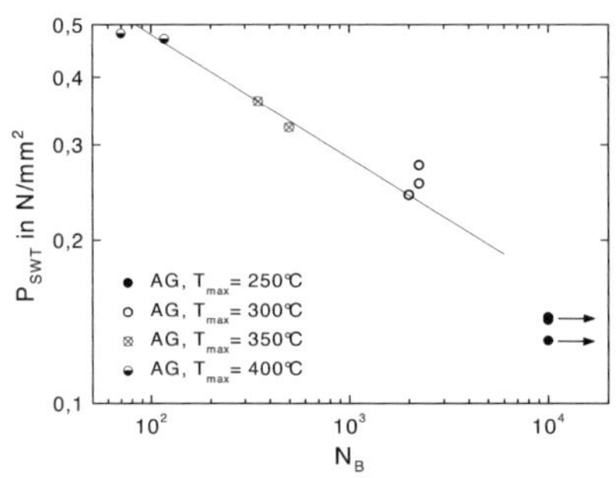
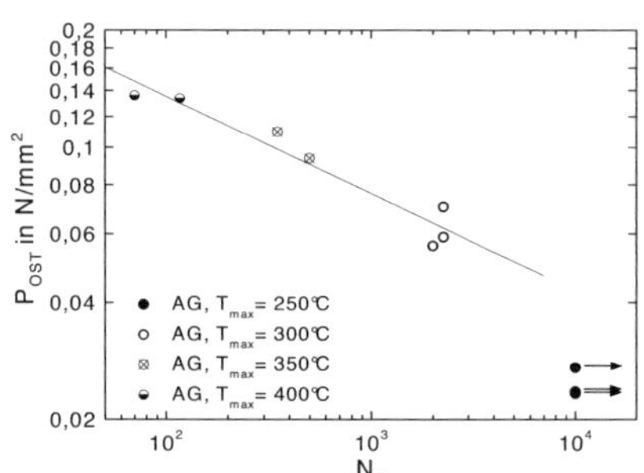

Abb. 8.51. Variante AG: P_{SWT} über N_B für TMF-Beanspruchung, $T_{max} = 250\,°C$ bis $400\,°C$

Abb. 8.52. Variante AG: P_{OST} über N_B für TMF-Beanspruchung mit $T_{max} = 250\,°C$ bis $400\,°C$

In den Abbildungen 8.51 und 8.52 sind die Schädigungsparameter nach Smith-Watson-Topper und Ostergren dargestellt. Sowohl die Werte für P_{SWT} als auch für P_{OST} lassen sich durch Ausgleichsgeraden beschreiben. Die Durchläufer bleiben auch hier unberücksichtigt.

8.7 Variante AG: Diskussion

8.7.1 Zyklisches Verformungsverhalten

Für die unverstärkte und verstärkte Matrixlegierung sind die bei $T_{max} = 300$ °C ermittelten σ_n- ε_t^{me}-Hysteresen bei $N = 1$ (Abb. 8.53) und $N = N_B/2$ (Abb. 8.54) einander gegenübergestellt.

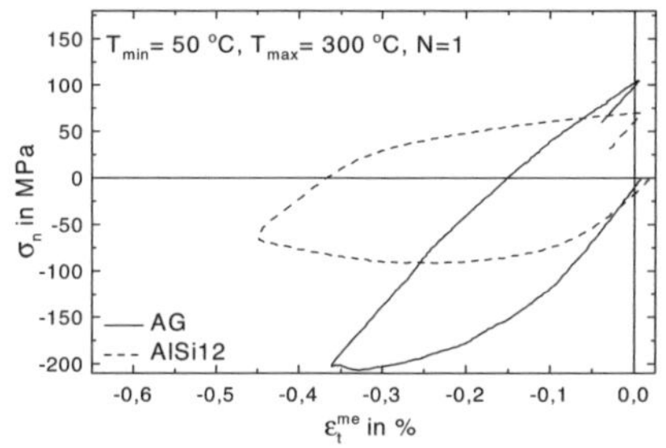

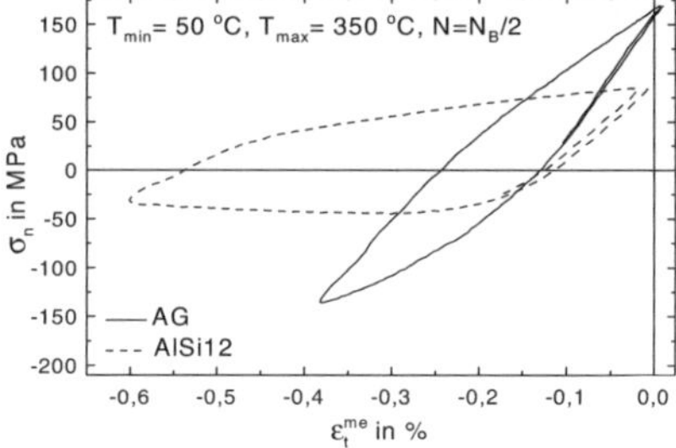

Abb. 8.53. Variante AG und AlSi12: Hystereseschleifen für TMF-Beanspruchung mit $T_{max} = 300\,°C$, $N = 1$

Abb. 8.54. Variante AG und AlSi12: Hystereseschleifen für TMF-Beanspruchung mit $T_{max} = 300$ °C, $N = N_B/2$

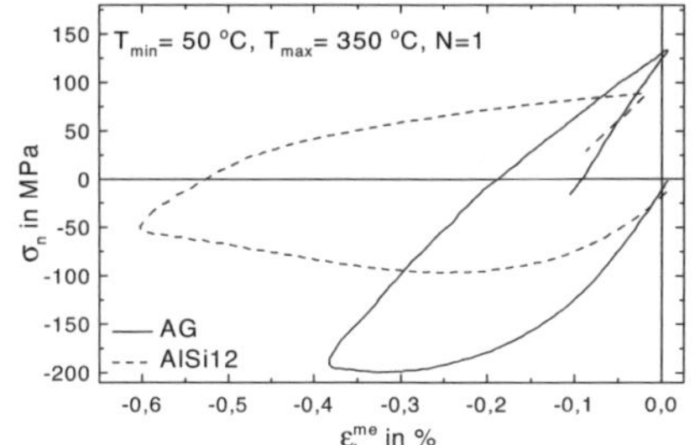

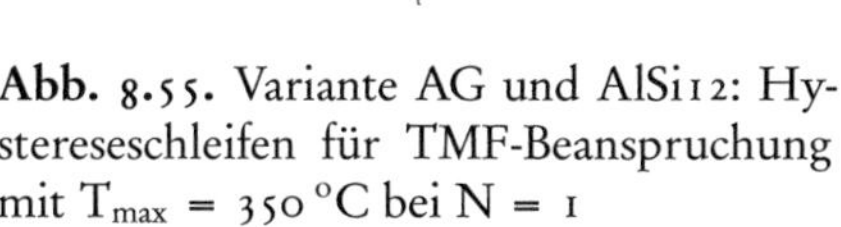

Abb. 8.55. Variante AG und AlSi12: Hystereseschleifen für TMF-Beanspruchung mit $T_{max} = 350\,°C$ bei $N = 1$

Abb. 8.56. Variante AG und AlSi12: Hystereseschleifen für TMF-Beanspruchung mit $T_{max} = 350$ °C bei $N = N_B/2$

Die entsprechenden Hysteresen für $T_{max} = 350\,°C$ zeigen die Abbildungen 8.55 und 8.56. Die Hysteresen der unverstärkten Matrixlegierung verlaufen generell flacher und zeigen deutlich höhere plastische Dehnungsanteile als die preformverstärkte Variante. Die Verringerung der mechanischen Totaldehnung durch die Preform zeigt sich bei $350\,°C$ besonders ausgeprägt.

Die Unterschiede in den Spannungsamplituden bei $T_{max} = 300\,°C$ und $T_{max} = 350\,°C$ sind sowohl bei der unverstärkten Matrix als auch beim MMC nicht sehr ausgeprägt, wie Abbildung 8.57 belegt. Für den Verbundwerkstoff ergeben sich dabei mit etwa 150 MPa etwa doppelt so hohe σ_a-Werte wie für den unverstärkten Matrixwerkstoff. Die Werte der plastischen Dehnungsamplituden sind auch für die Variante AG erwartungsgemäß für die unverstärkte Matrix höher als für den MMC, wie Abbildung 8.58 belegt. Die Erhöhung von T_{max} wirkt sich dabei beim MMC nur in einer geringfügigen Zunahme der plastischen Dehnungsamplitude aus.

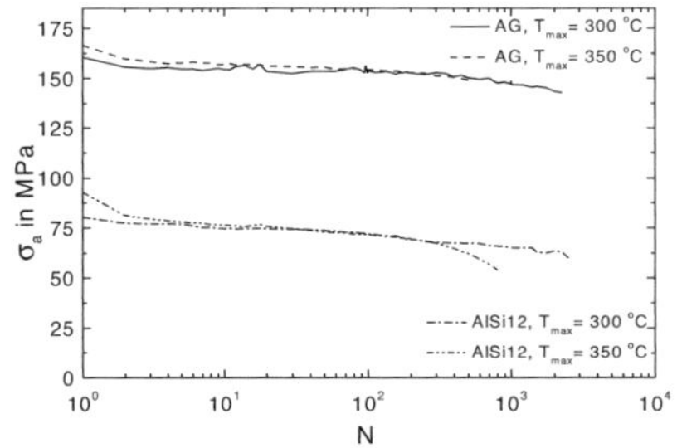

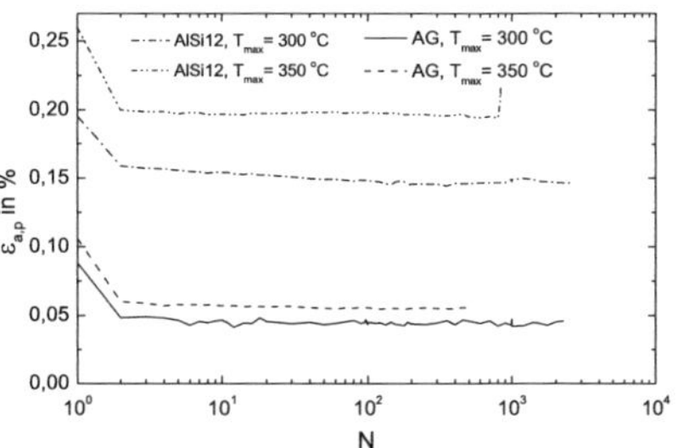

Abb. 8.57. Variante AG im Vergleich zu AlSi12: σ_a über N

Abb. 8.58. Variante AG im Vergleich zu AlSi12: $\epsilon_{a,p}$ über N

Ausgehend von negativen Werten ist sowohl für die Matrixlegierung als auch für die Variante AG in Abbildung 8.59 für $T_{max} = 300\,°C$ als auch für $T_{max} = 350\,°C$ ein Aufbau von Zugmittelspannungen zu verzeichnen. Hierbei ergibt sich für den MMC bei $T_{max} = 300\,°C$ betragsmäßig bis zum Probenbruch eine Zunahme um etwa 60 MPa, bei der Matrixlegierung fällt der Aufbau von Mittelspannungen mit 30 MPa deutlich geringer aus.

Weitere Darstellungen des zyklischen Verformungsverhaltens der Variante AG im Vergleich zur unverstärkten Matrixlegierung AlSi12 unter TMF-Beanspruchung finden sich in den folgenden Abbildungen 8.60 bis 8.63.

Erwartungsgemäß ergeben sich für $\epsilon_{a,t}^{me}$ über T_{max} und $\epsilon_{a,p}$ über $\epsilon_{a,t}^{me}$ bei der Matrixlegierung höhere Werte als beim untersuchten MMC, da die Preform-Verstärkung die thermische Dehnung verringert.

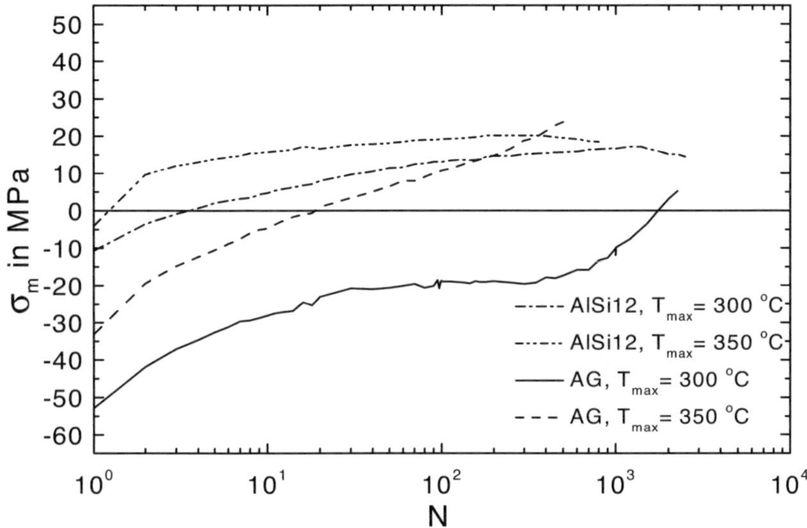

Abb. 8.59. Probenvariante AG im Vergleich zu AlSi12: σ_m über N

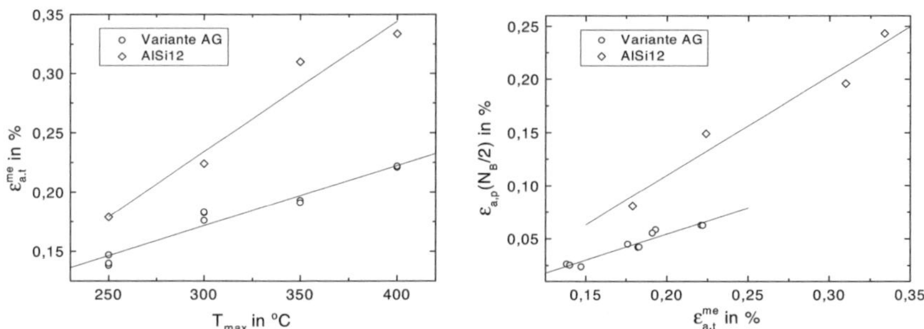

Abb. 8.60. Variante AG und AlSi12: $\epsilon_{a,t}^{me}$ über T_{max} für TMF-Beanspruchung, T_{min} = 50 °C

Abb. 8.61. Variante AG und AlSi12: $\epsilon_{a,p}$ über $\epsilon_{a,t}^{me}$ für TMF-Beanspruchung mit T_{min} = 50 °C

Während beim MMC die Spannungsamplituden und Maximalspannungen mit zunehmender mechanischer Totaldehnungsamplitude zunehmen, ist dies bei der Matrixlegierung nicht der Fall, weil mit zunehmenden Dehnungsamplituden durch die steigenden Temperaturen ein Festigkeitsabfall der Al-Legierung zum Tragen kommt.

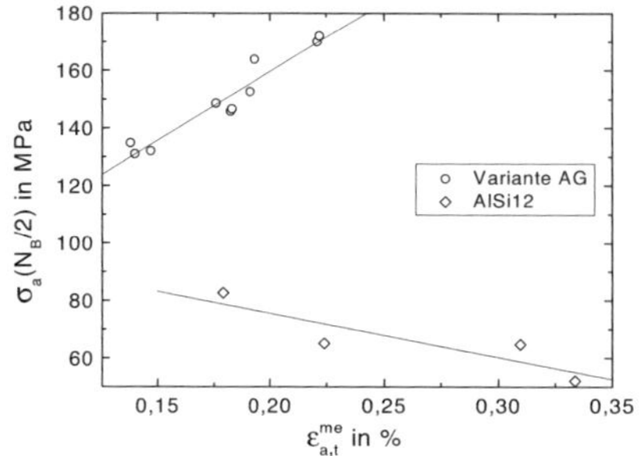

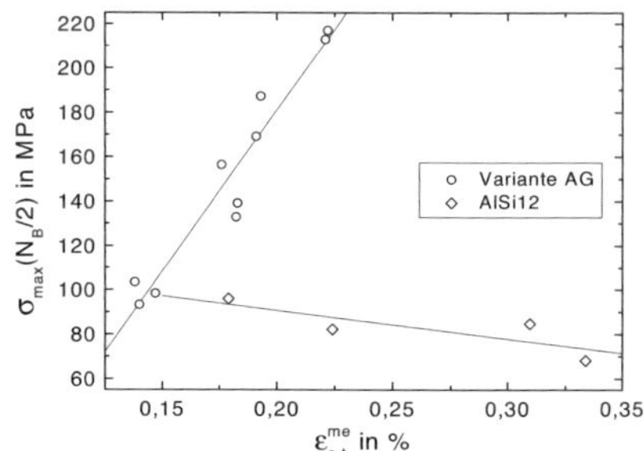

Abb. 8.62. Variante AG und AlSi12: σ_a über $\varepsilon_{a,t}^{me}$ für TMF-Beanspruchung mit T_{min} = 50 °C

Abb. 8.63. Variante AG und AlSi12: σ_{max} über $\varepsilon_{a,t}^{me}$ für TMF-Beanspruchung mit T_{min} = 50 °C

8.7.2 Lebensdauerverhalten

Temperaturwöhlerkurven der Variante AG und der Matrixlegierung AlSi12 sind in Abbildung 8.64 aufgetragen.

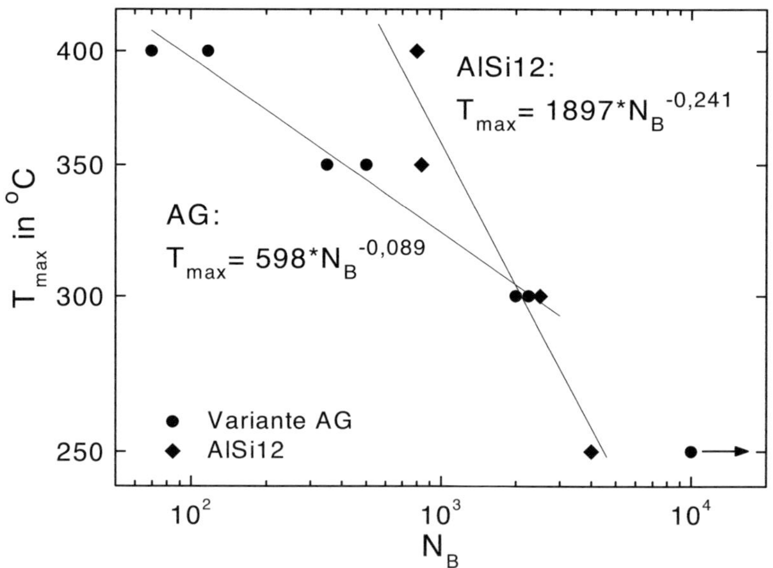

Abb. 8.64. Temperaturwöhlerkurven für TMF-Beanspruchung mit T_{min} = 50 °C und T_{max} = 250 °C bis 400 °C

Bei $T_{max} \geq 350\,^{\circ}C$ ist die Lebensdauer des MMCs aufgrund der hohen σ_a bzw. σ_{max} geringer als die der Al-Legierung. Bei $T_{max} = 300\,^{\circ}C$ ergeben sich ähnliche Bruchlastspielzahlen. Für $T_{max} = 250\,^{\circ}C$ erreicht der MMC im Gegensatz zur Matrixlegierung die Grenzlastspielzahl. Die Ausgleichsgeraden können in der gewählten doppeltlogarithmischen Darstellung mit den in der Abbildung angegebenen Ausdrücken numerisch beschrieben werden.

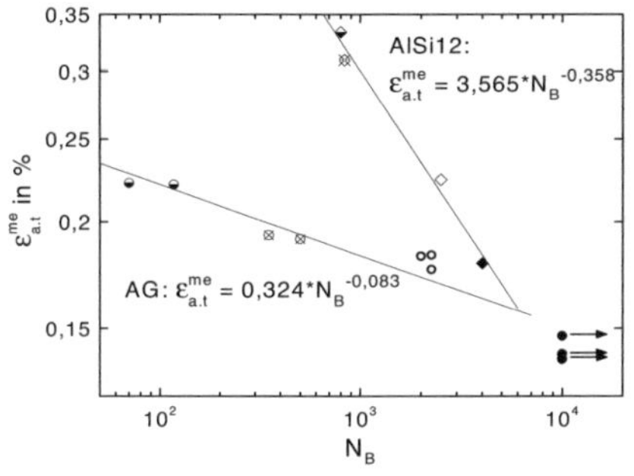

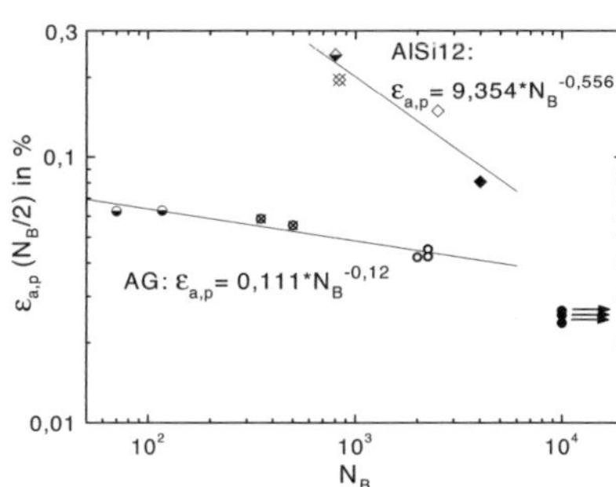

Abb. 8.65. $\varepsilon_{a,t}^{me}$ über N_B für TMF-Beanspruchung mit $T_{max} = 250\,^{\circ}C$ bis $400\,^{\circ}C$

Abb. 8.66. Manson-Coffin-Darstellung für TMF-Beanspruchung, $T_{max} = 250\,^{\circ}C$ bis $400\,^{\circ}C$

Ein Vergleich der mechanischen Totaldehnungsamplituden über der Bruchlastspielzahl von Variante AG mit unverstärktem AlSi12 kann mit Hilfe von Abbildung 8.65 gezogen werden. Beim MMC ergeben sich aufgrund der durch die keramische Verstärkung bedingten höheren Nennspannungen bei höheren Totaldehnungsamplituden geringere Lebensdauern.

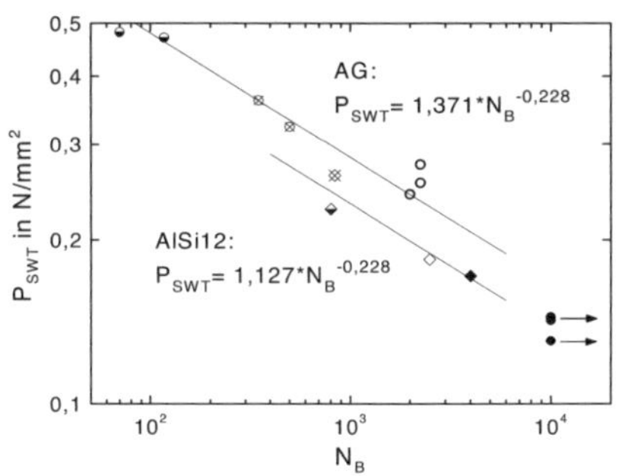
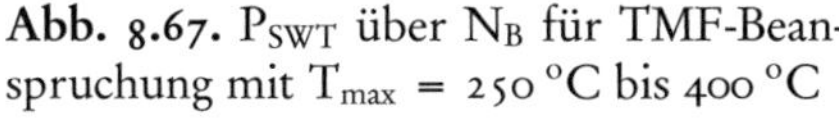

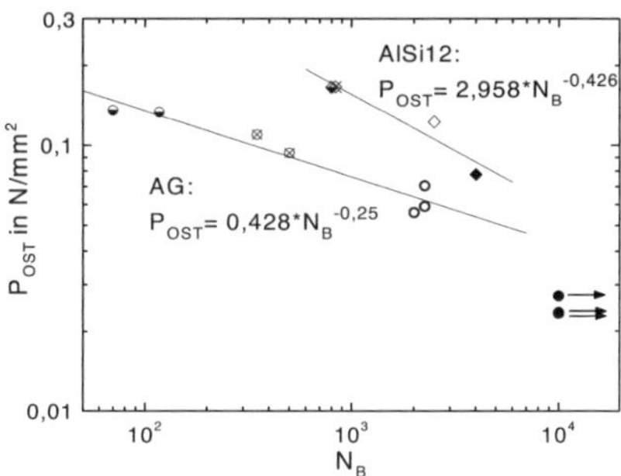

Abb. 8.67. P_{SWT} über N_B für TMF-Beanspruchung mit $T_{max} = 250\,^{\circ}C$ bis $400\,^{\circ}C$

Abb. 8.68. P_{OST} über N_B für TMF-Beanspruchung, $T_{max} = 250\,^{\circ}C$ bis $400\,^{\circ}C$

Auch in der Manson-Coffin-Darstellung erkennt man deutlich den Unterschied zwischen MMC und unverstärktem AlSi12 (Abb. 8.66). Bei geringeren Maximaltemperaturen und damit Dehnungsamplituden erreicht der MMC die Grenzlastspielzahl.

Einen Vergleich der Schädigungsparameter nach Smith-Watson-Topper P_{SWT} und Ostergren P_{OST} als Funktion von N_B für die MMC-Variante AG und die unverstärkte Matrix erlauben die Abbildungen 8.67 und 8.68. Der Smith-Watson-Topper-Parameter führt zu keiner vergleichbaren Darstellung des Lebensdauerverhaltens beider Werkstoffe, auch der Ostergren-Parameter ist dazu nicht geeignet, wie Abbildung 8.68 belegt.

8.8 Variante T1: Zyklisches Verformungsverhalten

Die TMF-Versuche gemäß Kapitel 4.6 ergaben im ersten Lastspiel Hystereseschleifen der Nennspannung σ_n über der mechanischen Totaldehnung ε_t^{me} für Maximaltemperaturen von 250 °C bis 400 °C (Abb. 8.69). Abbildung 8.70 zeigt die entsprechenden Hysteresen des zweiten Zyklus und Abbildung 8.71 nach Durchlaufen der halben Bruchlastspielzahl.

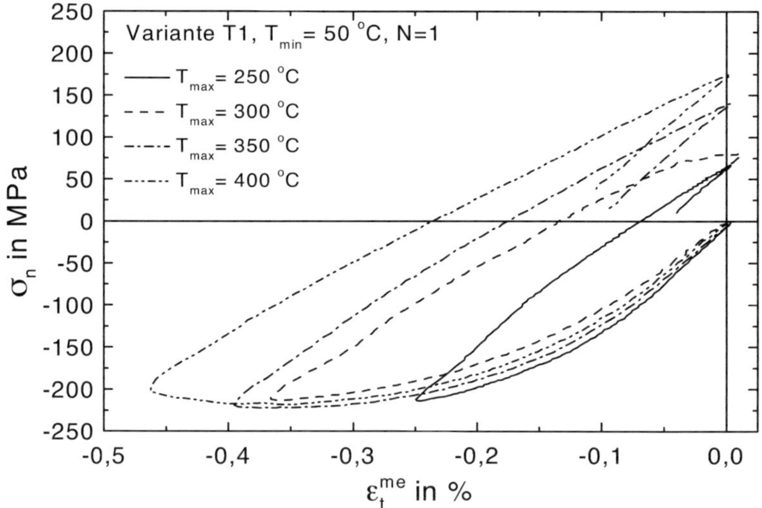

Abb. 8.69. Probenvariante T1: σ_n-ε_t^{me}-Hysteresen für TMF-Beanspruchung mit T_{max} = 250 °C bis 400 °C, N = 1

Bei allen untersuchten T_{max} verformt sich der Werkstoff bereits im ersten Lastspiel elastisch-plastisch. Ein Abflachen der Schleifen ist sowohl bei N = 1, N = 2, als auch bei $N_B/2$, mit zunehmender T_{max} nur geringfügig ausgeprägt.

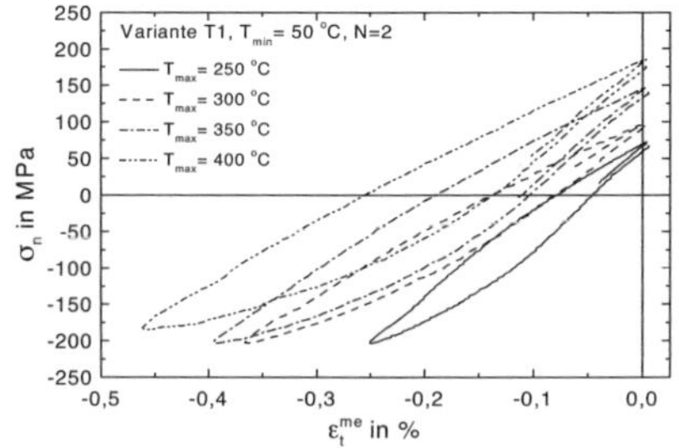

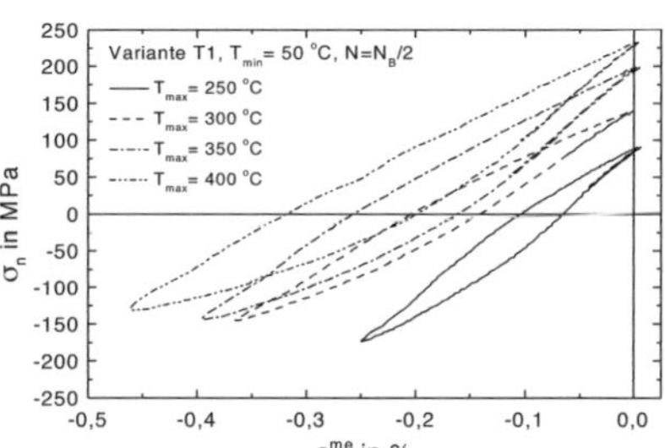

Abb. 8.70. Variante T1: σ_n-ϵ_t^{me}-Hysteresen für TMF-Beanspruchung, T_{max} = 250 °C bis 400 °C, N = 2

Abb. 8.71. Variante T1: σ_n-ϵ_t^{me}-Hysteresen für TMF-Beanspruchung, T_{max} = 250 °C bis 400 °C, N = $N_B/2$

Bei N = 2 ist für alle Temperaturen eine deutliche Verringerung der Hysteresefläche im Vergleich zu N = 1 feststellbar, da sich aufgrund der Versuchsführung im ersten Lastspiel keine geschlossene Hystereseschleife ergibt. Bei $N_B/2$ ist im Vergleich zu N = 1 ein Aufbau von Mittelspannungen bei allen T_{max} erkennbar. Die Minimalspannung wird bei N = 1 nur bei T_{max} = 400 °C vor der Maximaltemperatur erreicht, ansonsten ergibt sich die Minimalspannung stets bei Maximaltemperatur. Die Maximalspannung wird sowohl bei N = 1, als auch bei N = 2 und $N_B/2$ bei T_{min} erreicht. Auch eine betragsmäßige Zunahme der Maximalspannung mit zunehmender T_{max} bei $N_B/2$ im Vergleich zu N = 1 ist erkennbar.

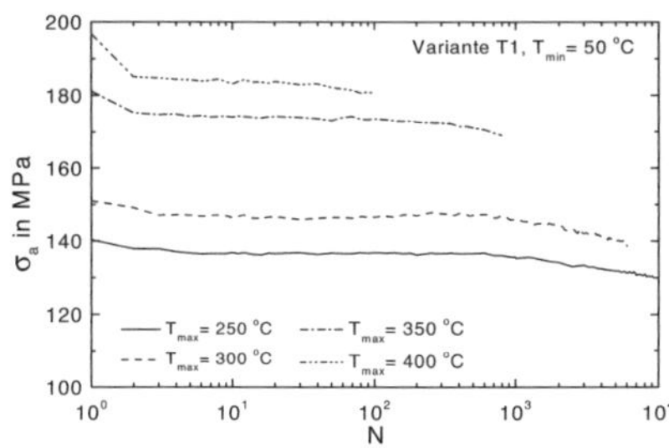

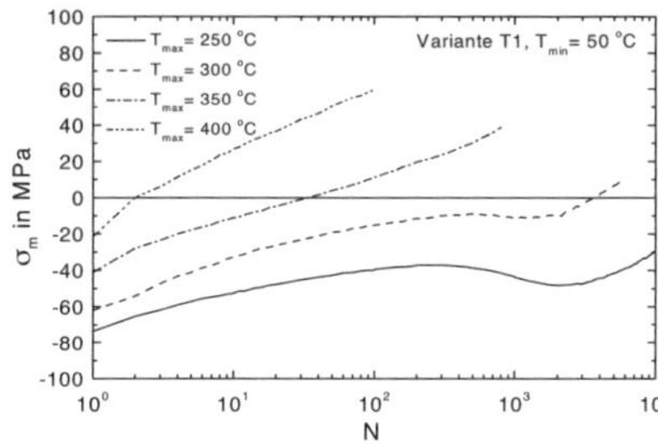

Abb. 8.72. Variante T1: σ_a über N für TMF-Beanspruchung mit T_{max} = 250 °C bis 400 °C

Abb. 8.73. Variante T1: σ_m über N für TMF-Beanspruchung mit T_{max} = 250 °C bis 400 °C

Abbildung 8.72 zeigt den Verlauf der Spannungsamplitude über den Versuchsverlauf bei unterschiedlichen Maximaltemperaturen. Die Entwicklung der zugehörigen Mittelspannungen gibt Abbildung 8.73 wieder, den Verlauf der entsprechenden plastischen Dehnungsamplituden $\epsilon_{a,p}$ zeigt Abbildung 8.74.

Wie bereits bei den anderen Varianten erwähnt, ist der teilweise recht deutliche Abfall von σ_a und $\epsilon_{a,p}$ bzw. die Zunahme von σ_m vom ersten zum zweiten Lastspiel bedingt durch die Auswerteroutine, da sich bei der gewählten Versuchsführung beim ersten Lastspiel keine geschlossene Hystereseschleife ergibt. Die Spannungsamplituden nehmen mit steigenden T_{max} zu, die höchsten Werte für σ_a werden für T_{max} = 400 °C erreicht. Die Spannungsamplituden bei T_{max} = 300 und 350 °C unterscheiden sich im Gegensatz zu den Varianten A2 und AG deutlich (8.72).

Erwartungsgemäß nehmen die plastischen Dehnungsamplituden $\epsilon_{a,p}$ mit steigenden T_{max} zu. Die Werte, die sich für T_{max} = 350 °C einstellen liegen etwa doppelt so hoch wie die Werte, die bei T_{max} = 250 °C erreicht werden.

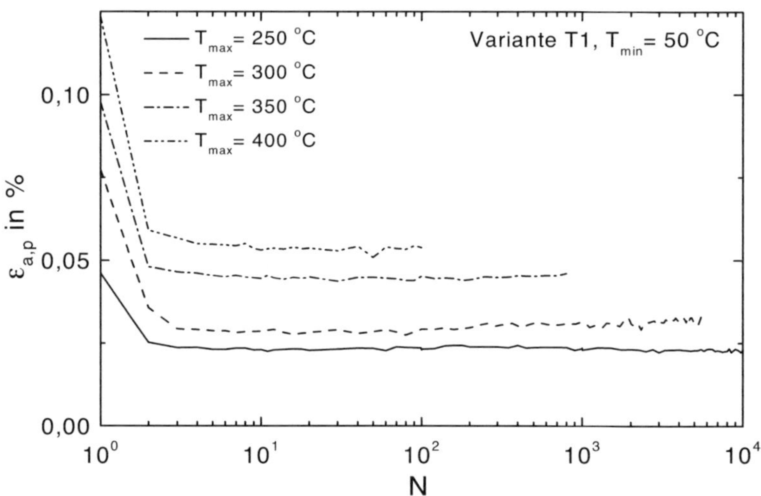

Abb. 8.74. Variante T1: $\epsilon_{a,p}$ über N für TMF-Beanspruchung, T_{max} = 250 °C bis 400 °C

Die plastische Dehnungsamplitude bleibt ab N = 2 bei allen Maximaltemperaturen nahezu konstant (Abb. 8.74), was auch bei der Varianten A2 (Abb. 8.12) und AG (Abb. 8.43) beobachtet wurde. Auch die Abnahme der Spannungsamplitude und die Zunahme von σ_m über N sind vergleichbar mit den Variante A2 (Abb. 8.10 und 8.11) und AG (Abb. 8.41 und 8.42). Es liegt somit auch bei der Variante T1 bei allen T_{max} ein zyklisch entfestigendes Werkstoffverhalten vor.

Die induzierten Mittelspannungen liegen für alle T_{max} zu Versuchsbeginn im Druckbereich, bei Versuchsende, mit Ausnahme von $T_{max} = 250\,°C$, dagegen im Zugbereich, wie Abbildung 8.73 zeigt. Die Mittelspannungen steigen bei $T_{max} = 250\,°C$ bis zum Erreichen der Grenzlastspielzahl um etwa 40 MPa an. Für $T_{max} = 400\,°C$ ist die betragsmäßige Zunahme von σ_m bis zum Probenbruch mit etwa 80 MPa am höchsten (Abb. 8.74).

In Abbildung 8.75 ist die mechanische Totaldehnungsamplitude $\epsilon_{a,t}^{me}$ über T_{max} aufgetragen. Die lineare Zunahme von $\epsilon_{a,t}^{me}$ mit steigender T_{max} kann dabei durch eine Regressionsgerade beschrieben werden. Der lineare Anstieg der plastischen Dehnungsamplitude $\epsilon_{a,p}$ über der mechanischen Totaldehnungsamplitude $\epsilon_{a,t}^{me}$ ist in Abbildung 8.76 wiedergegeben.

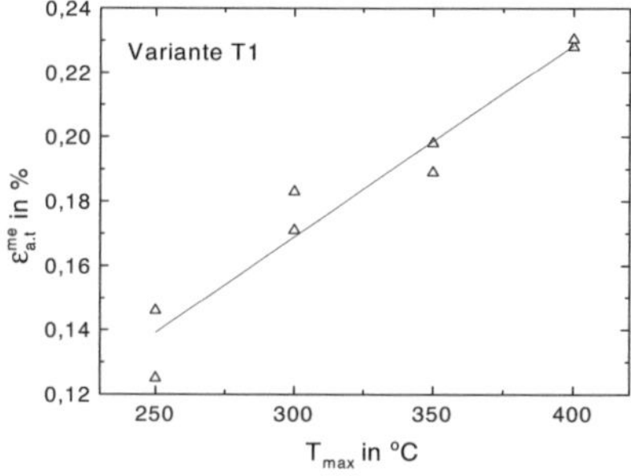

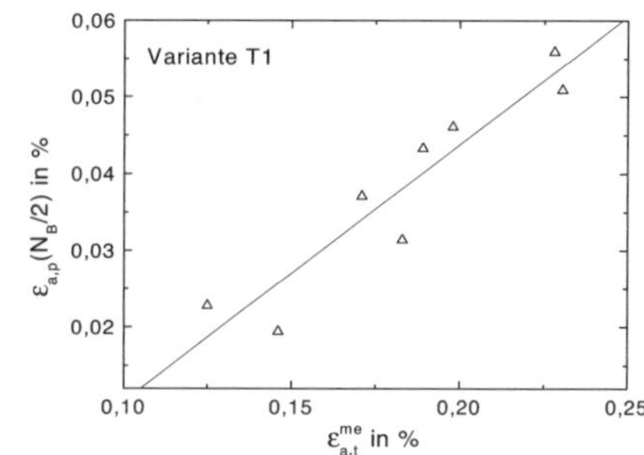

Abb. 8.75. Variante T1: $\epsilon_{a,t}^{me}$ über T_{max} für TMF-Beanspruchung mit $T_{min} = 50\,°C$

Abb. 8.76. Variante T1: $\epsilon_{a,p}$ über $\epsilon_{a,t}^{me}$ für TMF-Beanspruchung mit $T_{min} = 50\,°C$

Die Abbildungen 8.77 und 8.78 zeigen in der gewählten linearen Darstellung das zyklische Spannungs-Dehnungs-Verhalten unter TMF-Beanspruchung der Variante T1. Aufgetragen sind die sich einstellenden Spannungsamplituden σ_a und Maximalspannungen σ_{max} über der mechanischen Totaldehnungsamplitude $\epsilon_{a,t}^{me}$, jeweils bei $N_B/2$. Auch hier lassen sich lineare Zusammenhänge erkennen, die durch Ausgleichsgeraden beschrieben werden können.

Die Spannungsamplituden und Maximalspannungen bei $N_B/2$ liegen für $T_{max} = 250\,°C$, d.h. für die kleinsten mechanischen Totaldehnungsamplituden, bei 130 MPa bzw. 90 MPa. Für $T_{max} = 400\,°C$, also für $\epsilon_{a,t}^{me}$ um 0,225 %, werden bei $N_B/2$ Spannungsamplituden im Bereich von 180 MPa erreicht, die Maximalspannungen erreichen Werte um 230 MPa.

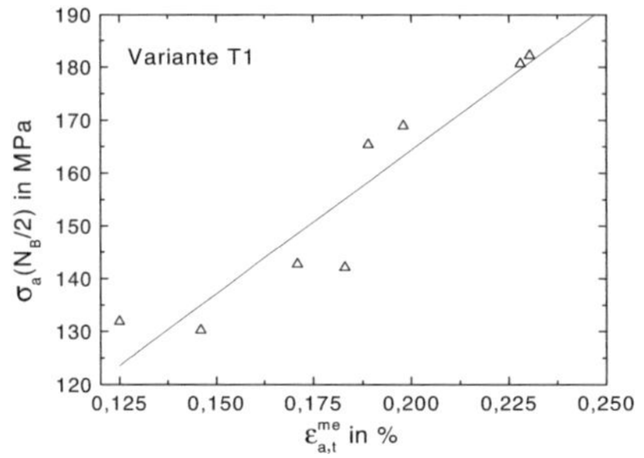 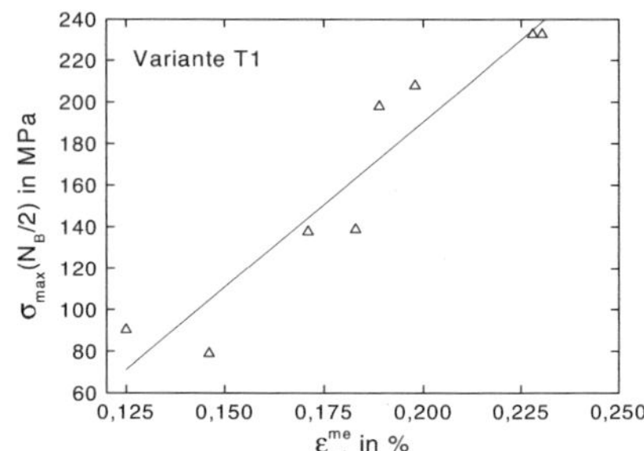

Abb. 8.77. Variante T1: σ_a über $\epsilon_{a,t}^{me}$ für TMF-Beanspruchung mit $T_{min} = 50\,^{\circ}\mathrm{C}$

Abb. 8.78. Variante T1: σ_{max} über $\epsilon_{a,t}^{me}$, TMF-Beanspruchung mit $T_{min} = 50\,^{\circ}\mathrm{C}$

8.9 Variante T1: Lebensdauerverhalten

Die Temperaturwöhlerkurve der MMC-Variante T1 ist in Abbildung 8.79 wiedergegeben.

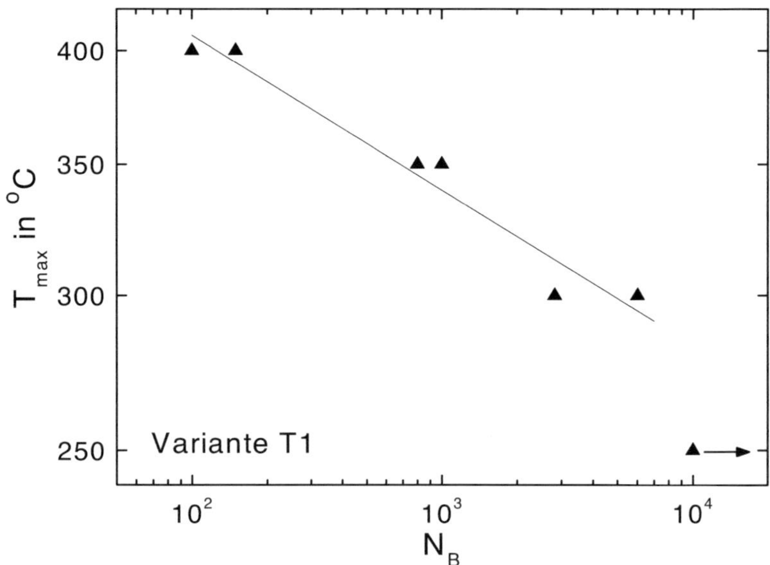

Abb. 8.79. Probenvariante T1: Temperaturwöhlerkurve für TMF-Beanspruchung mit $T_{min} = 50\,^{\circ}\mathrm{C}$ und $T_{max} = 250\,^{\circ}\mathrm{C}$ bis $400\,^{\circ}\mathrm{C}$

Ausgehend von $N_B \approx 10^2$ bei $T_{max} = 400\,^\circ C$ nimmt die Lebensdauer mit sinkender Maximaltemperatur zu. Die Grenzlastspielzahl $N_G = 10^4$ wird bei $T_{max} = 250\,^\circ C$ erreicht. Bei der gewählten doppeltlogarithmischen Darstellung lässt sich die Lage der Messpunkte durch eine Ausgleichsgerade beschreiben, wobei die Durchläufer bei $T_{max} = 250\,^\circ C$ dabei unberücksichtigt bleiben.

In Abbildung 8.80 ist die mechanische Totaldehnungsamplitude $\epsilon_{a,t}^{me}$ über der Bruchlastspielzahl N_B und in Abbildung 8.81 ist die plastische Dehnungsamplitude $\epsilon_{a,p}$ bei $N_B/2$ über N_B aufgetragen.

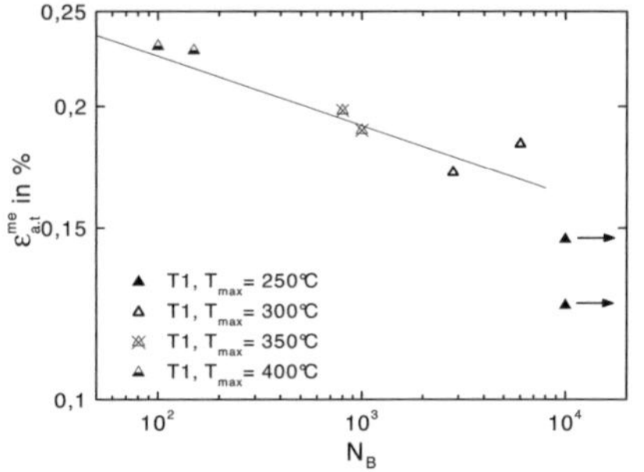

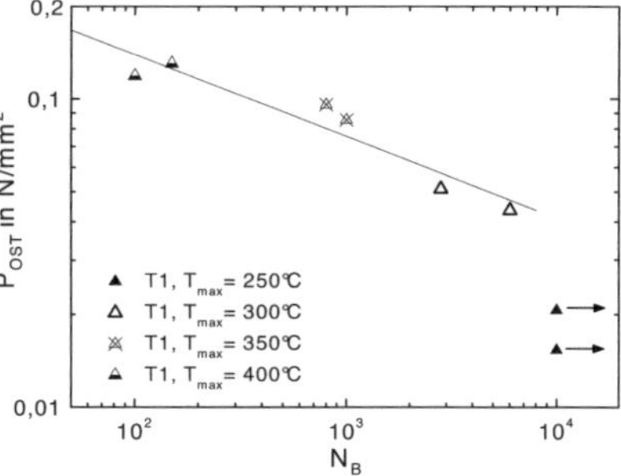

Abb. 8.80. Variante T1: $\epsilon_{a,t}^{me}$ über N_B für TMF-Beanspruchung mit $T_{max} = 250\,^\circ C$ bis $400\,^\circ C$

Abb. 8.81. Variante T1: Manson-Coffin-Darstellung für TMF-Beanspruchung mit $T_{max} = 250\,^\circ C$ bis $400\,^\circ C$

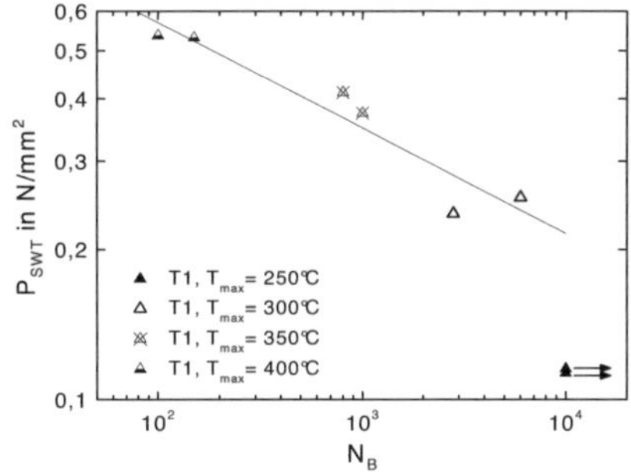

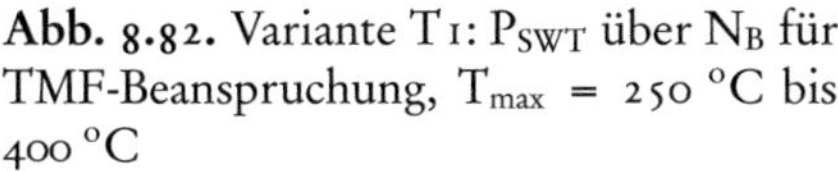

Abb. 8.82. Variante T1: P_{SWT} über N_B für TMF-Beanspruchung, $T_{max} = 250\,^\circ C$ bis $400\,^\circ C$

Abb. 8.83. Variante T1: P_{OST} über N_B für TMF-Beanspruchung, $T_{max} = 250\,^\circ C$ bis $400\,^\circ C$

Der Abfall von $\epsilon_{a,t}^{me}$ und $\epsilon_{a,p}$ über N_B lässt sich bei doppeltlogarithmischer Darstellung jeweils mit einer Regressionsgeraden beschreiben. Die Grenzlastspielzahl $N_G = 10^4$ wird bei $\epsilon_{a,t}^{me} \approx 0,15$ % und bei $\epsilon_{a,p} \approx 0,025$ % erreicht.

In den Abbildungen 8.82 und 8.83 sind die Schädigungsparameter nach Smith-Watson-Topper und Ostergren dargestellt. Sowohl die Werte für P_{SWT} als auch für P_{OST} lassen sich durch Ausgleichsgeraden beschreiben. Die Durchläufer bleiben auch hier unberücksichtigt.

8.10 Variante T1: Diskussion

8.10.1 Zyklisches Verformungsverhalten

Für die unverstärkte und verstärkte Matrixlegierung sind die bei $T_{max} = 300$ °C ermittelten σ_n- ϵ_t^{me}-Hysteresen bei $N = 1$ (Abb. 8.84) und $N = N_B/2$ (Abb. 8.85) einander gegenübergestellt. Die entsprechenden Hysteresen für $T_{max} = 350$ °C zeigen die Abbildungen 8.86 und 8.87. Die Hysteresen der unverstärkten Matrixlegierung verlaufen generell flacher und zeigen deutlich höhere plastische Dehnungsanteile als die preformverstärkte Variante. Die Verringerung der mechanischen Totaldehnung durch die Preform zeigt sich bei 350 °C besonders ausgeprägt.

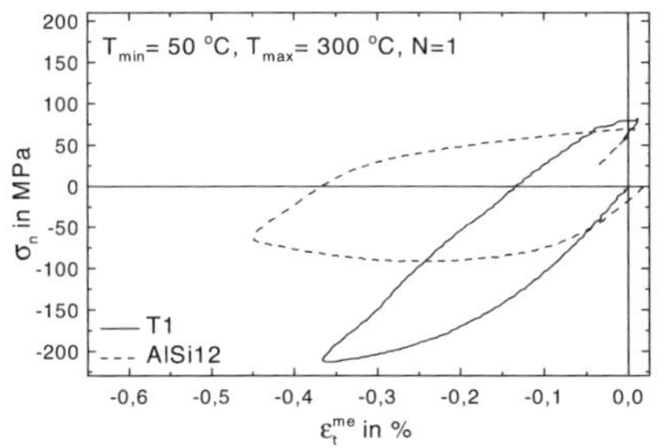

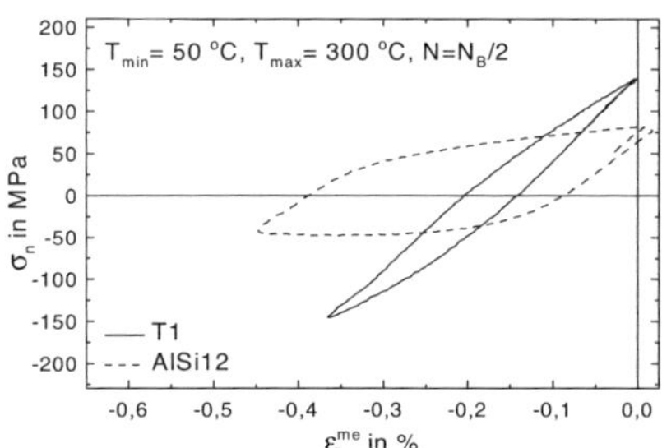

Abb. 8.84. Variante T1 und AlSi12: Hystereseschleifen für TMF-Beanspruchung mit $T_{max} = 300$ °C, $N = 1$

Abb. 8.85. Variante T1 und AlSi12: Hystereseschleifen für TMF-Beanspruchung mit $T_{max} = 300$ °C, $N = N_B/2$

Die Unterschiede in den Spannungsamplituden bei $T_{max} = 300$ °C und $T_{max} = 350$ °C sind, wie bereits gezeigt, bei der unverstärkten Matrix nicht sehr ausgeprägt. Allerdings zeigt sich für die Variante T1, dass die Spannungsamplituden bei $T_{max} = 350$ °C noch einmal etwa 25 MPa über den Werten für 300 °C liegen, wie Abbildung 8.88 belegt. Für den Verbundwerkstoff ergeben sich damit mehr als doppelt so hohe σ_a-Werte wie für den unverstärkten Matrixwerkstoff.

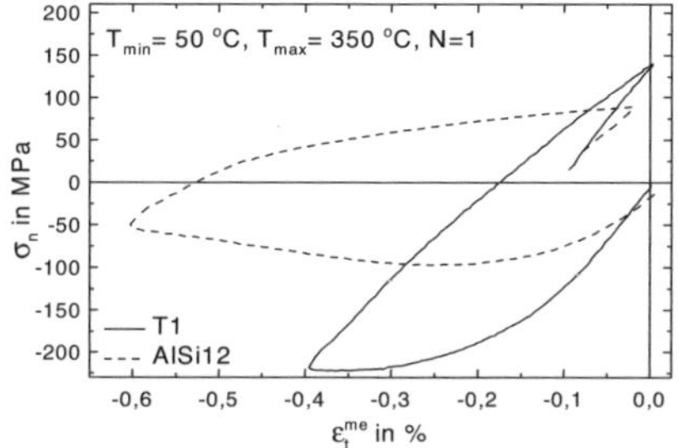

Abb. 8.86. Variante T1 und AlSi12: Hystereseschleifen für TMF-Beanspruchung mit $T_{max} = 350\,^{\circ}C$ bei N = 1

Abb. 8.87. Variante T1 und AlSi12: Hystereseschleifen für TMF-Beanspruchung mit $T_{max} = 350\,^{\circ}C$ bei N = $N_B/2$

Die Werte der plastischen Dehnungsamplituden sind auch für die Variante T1 erwartungsgemäß für die unverstärkte Matrix höher als für den MMC, wie Abbildung 8.89 belegt. Die Erhöhung von T_{max} wirkt sich dabei beim MMC nur in einer geringfügigen Zunahme der plastischen Dehnungsamplitude aus.

Ausgehend von negativen Werten ist sowohl für die Matrixlegierung als auch für die Variante T1 in Abbildung 8.90 für $T_{max} = 300\,^{\circ}C$ als auch für $T_{max} = 350\,^{\circ}C$ ein Aufbau von Zugmittelspannungen zu verzeichnen. Hierbei ergibt sich für den MMC bei $T_{max} = 300\,^{\circ}C$ betragsmäßig bis zum Probenbruch eine Zunahme um etwa 70 MPa, bei der Matrixlegierung fällt der Aufbau von Mittelspannungen mit etwa 30 MPa deutlich geringer aus.

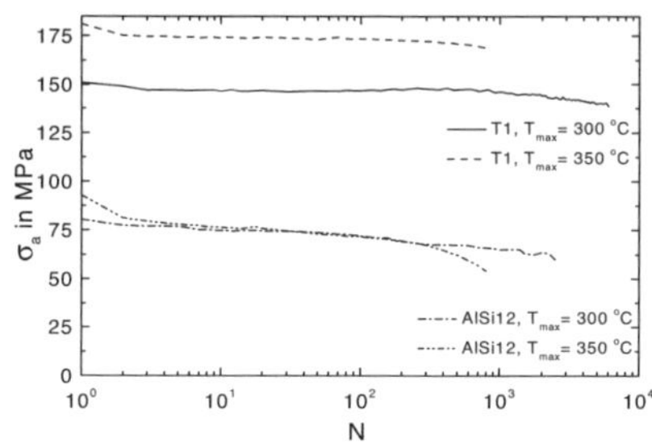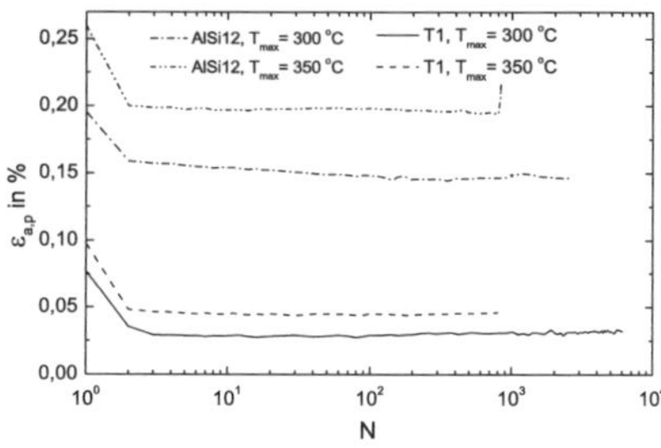

Abb. 8.88. Variante T1 im Vergleich zu AlSi12: σ_a über N

Abb. 8.89. Variante T1 im Vergleich zu AlSi12: $\epsilon_{a,p}$ über N

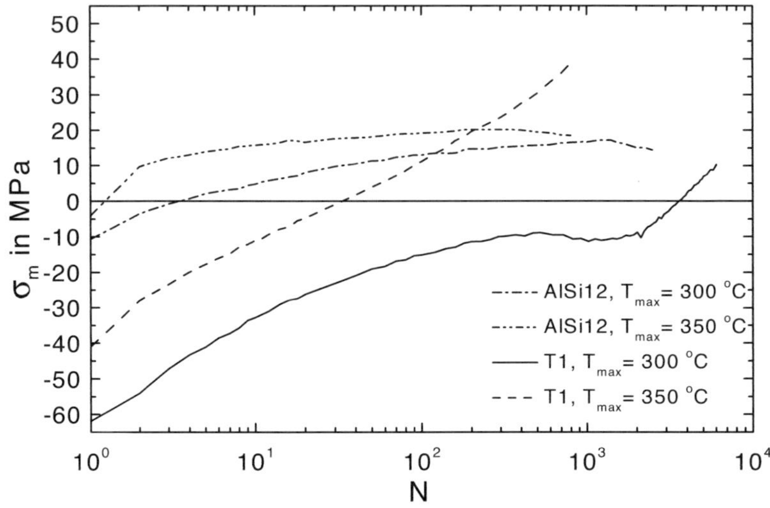

Abb. 8.90. Probenvariante T1 im Vergleich zu AlSi12: σ_m über N

Zusammenfassend wird das zyklische Verformungsverhalten unter TMF-Beanspruchung der Variante T1 im Vergleich zur unverstärkten Matrixlegierung AlSi12 in den Abbildungen 8.91 bis 8.94 dargestellt.

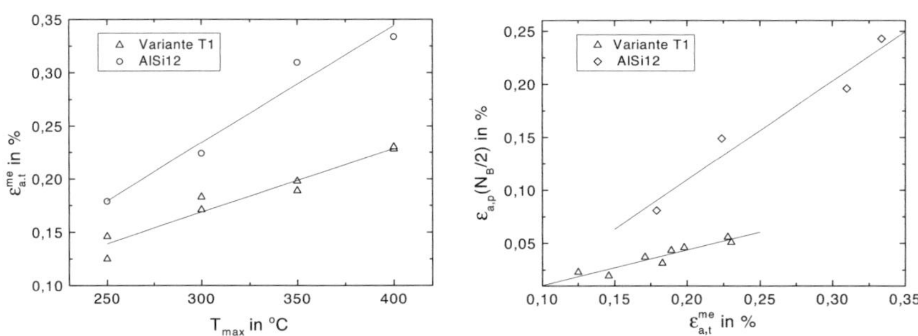

Abb. 8.91. Variante T1 und AlSi12: $\epsilon_{a,t}^{me}$ über T_{max} für TMF-Beanspruchung, T_{min} = 50 °C

Abb. 8.92. Variante T1 und AlSi12: $\epsilon_{a,p}$ über $\epsilon_{a,t}^{me}$ für TMF-Beanspruchung, T_{min} = 50 °C

Wie auch schon bei den anderen Varianten beobachtet ergeben sich für $\epsilon_{a,t}^{me}$ über T_{max} und $\epsilon_{a,p}$ über $\epsilon_{a,t}^{me}$ bei der Matrixlegierung höhere Werte als beim untersuchten MMC, da die Preform-Verstärkung die thermische Dehnung verringert. Während beim MMC die Spannungsamplituden und Maximalspannungen mit zunehmender mechanischer Totaldehnungsamplitude zunehmen, ist dies bei der Matrixlegierung nicht der Fall, weil es mit zunehmenden Dehnungsamplituden durch die steigenden Temperaturen zu einem Festigkeitsabfall der Al-Legierung kommt.

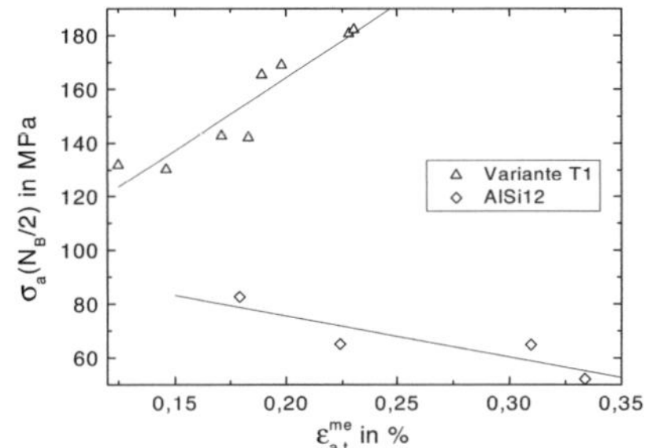

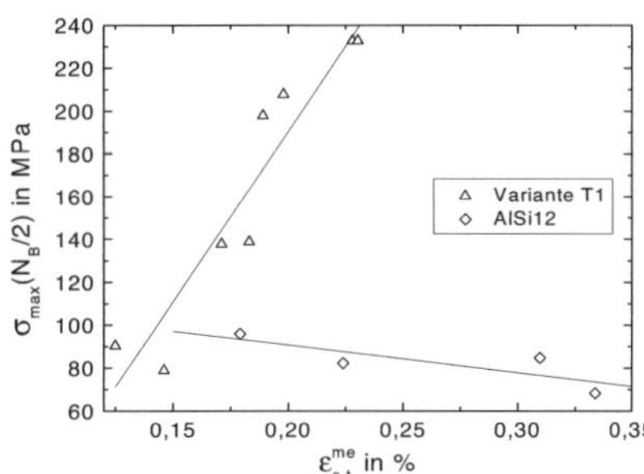

Abb. 8.93. Variante T1 und AlSi12: σ_a über $\varepsilon_{a,t}^{me}$ für TMF-Beanspruchung mit $T_{min} = 50\,°C$

Abb. 8.94. Variante T1 und AlSi12: σ_{max} über $\varepsilon_{a,t}^{me}$ für TMF-Beanspruchung mit $T_{min} = 50\,°C$

8.10.2 Lebensdauerverhalten

Temperaturwöhlerkurven der Variante T1 und der Matrixlegierung AlSi12 sind in Abbildung 8.95 aufgetragen.

Bei $T_{max} \geq 400\,°C$ ist die Lebensdauer des MMCs aufgrund der hohen σ_a bzw. σ_{max} geringer als die der Al-Legierung. Bei $T_{max} = 350\,°C$ ergeben sich ähnliche Bruchlastspielzahlen. Für $T_{max} = 250\,°C$ erreicht der MMC im Gegensatz zur Matrixlegierung die Grenzlastspielzahl. Die Ausgleichsgeraden können in der gewählten doppeltlogarithmischen Darstellung mit den in der Abbildung angegebenen Ausdrücken numerisch beschrieben werden.

Ein Vergleich der mechanischen Totaldehnungsamplituden über der Bruchlastspielzahl von Variante T1 mit unverstärktem AlSi12 kann mit Hilfe von Abbildung 8.96 gezogen werden. Beim MMC ergeben sich aufgrund der durch die keramische Verstärkung bedingten höheren Nennspannungen bei höheren Totaldehnungsamplituden geringere Lebensdauern. Auch in der Manson-Coffin-Darstellung erkennt man deutlich den Unterschied zwischen MMC und unverstärktem AlSi12 (Abb. 8.97). Bei geringeren Maximaltemperaturen und damit Dehnungsamplituden erreicht der MMC die Grenzlastspielzahl.

Einen Vergleich der Schädigungsparameter nach Smith-Watson-Topper P_{SWT} und Ostergren P_{OST} als Funktion von N_B für die MMC-Variante T1 und die unverstärkte Matrix erlauben die Abbildungen 8.98 und 8.99. Der Smith-

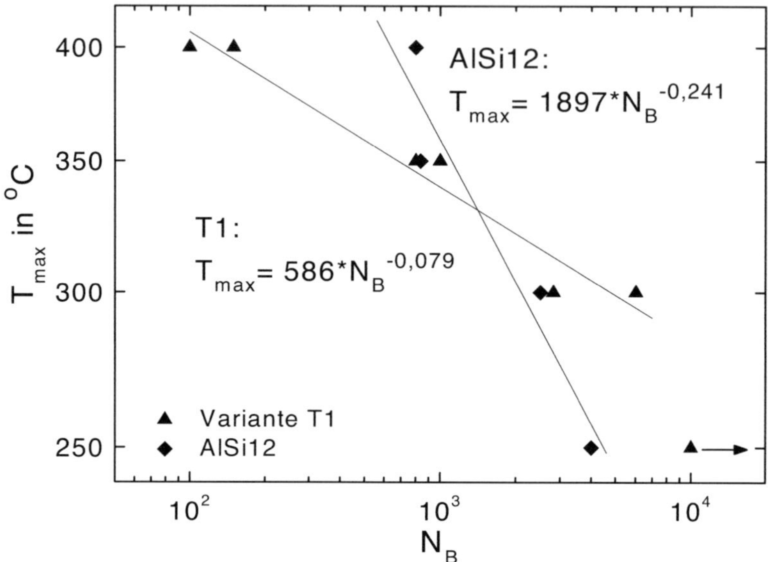

Abb. 8.95. Temperaturwöhlerkurven für TMF-Beanspruchung mit $T_{min} = 50$ °C und $T_{max} = 250$ °C bis 400 °C

Watson-Topper-Parameter führt zu keiner vergleichbaren Darstellung des Lebensdauerverhaltens beider Werkstoffe und auch der Ostergren-Parameter ist dazu nicht geeignet, wie Abbildung 8.99 belegt.

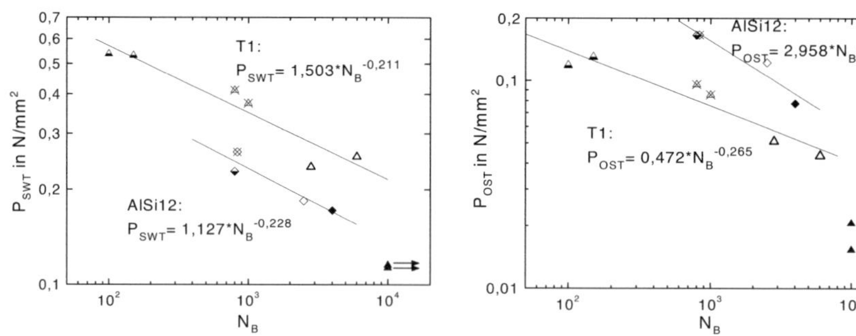

Abb. 8.98. P_{SWT} über N_B für TMF-Beanspruchung mit $T_{max} = 250$ °C bis 400 °C

Abb. 8.99. P_{OST} über N_B für TMF-Beanspruchung, $T_{max} = 250$ °C bis 400 °C

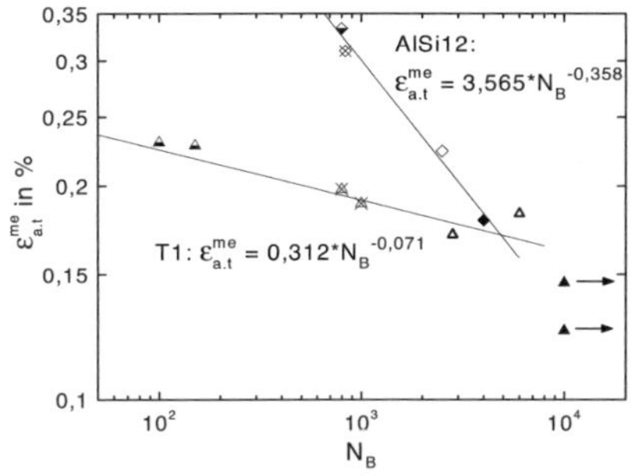

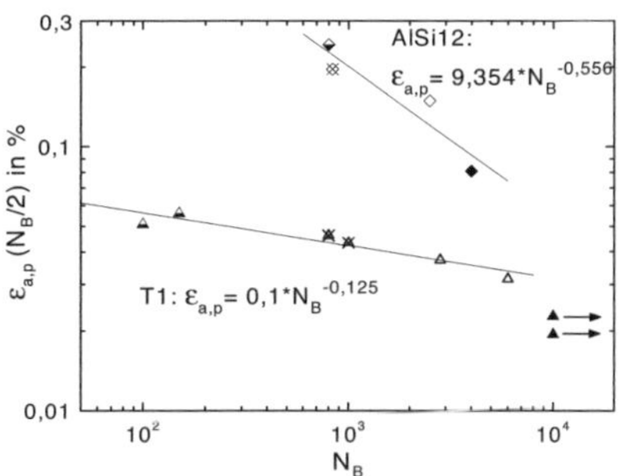

Abb. 8.96. $\varepsilon_{a,t}^{me}$ über N_B für TMF-Beanspruchung, T_{max} = 250 °C bis 400 °C

Abb. 8.97. Manson-Coffin-Darstellung für TMF-Beanspruchung, T_{max} = 250 °C bis 400 °C

8.11 Werkstoffvergleich unter TMF-Beanspruchung

Im folgenden wird ein vergleichender Überblick über das Verhalten der Matrixlegierung AlSi12 und der MMC-Varianten A2, AG und T1 (siehe Kapitel 3.1, Tabelle 3.2) unter thermisch-mechanischer Beanspruchung mit totaler Dehnungsbehinderung gegeben (siehe Kapitel 4.6). Die Minimaltemperatur betrug jeweils 50 °C, die Maximaltemperatur wurde im Bereich 250 °C $\leq$ T_{max} $\leq$ 400 °C variiert.

8.11.1 Zyklisches Verformungsverhalten

Für die exemplarisch gewählte Maximaltemperatur von 300 °C zeigt Abbildung 8.100 die im ersten Lastspiel aufgenommenen Hysteresen der Nennspannung über der mechanischen Totaldehnung für TMF-Beanspruchung. Die Abbildungen 8.101 und 8.102 zeigen die entsprechenden Darstellungen für N = 2 und N = $N_B/2$. Für alle drei MMC-Varianten ergeben sich höhere Spannungsamplituden und geringere mechanische Dehnungen im Vergleich zur unverstärkten Legierung, was darauf zurückzuführen ist, dass die Keramikverstärkung eine Verringerung der thermischen Dehnung bewirkt. In der Theorie entspricht bei TMF-Versuchen mit vollständiger Dehnungsbehinderung die mechanische Totaldehnung der thermischen Dehnung eines Werkstoffs. Da aber bei TMF-Versuchen sehr viel höhere Aufheizraten als bei Dilatometerversuchen gefahren werden, wäre zu vermuten, dass sich dadurch deutliche Unterschiede im Ausdehnungsverhalten der Proben ergeben.

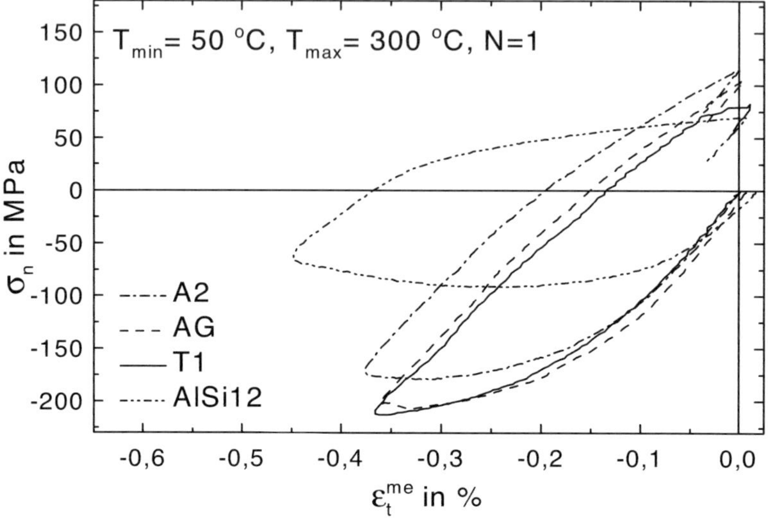

Abb. 8.100. σ_n-ϵ_t^{me}-Hysteresen für TMF-Beanspruchung mit T_{min} = 50 °C und T_{max} = 300 °C, N = 1

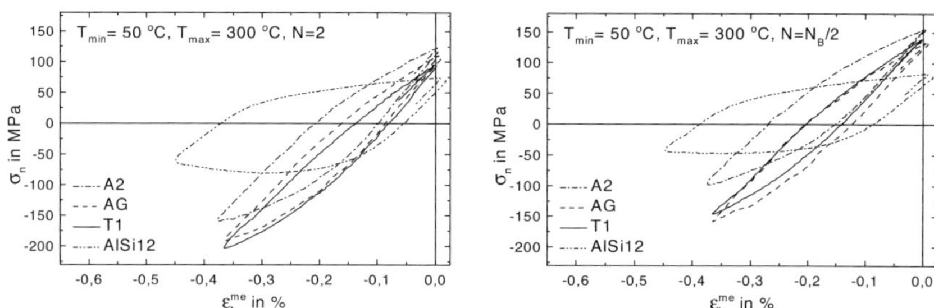

Abb. 8.101. σ_n-ϵ_t^{me}-Hysteresen für TMF-Beanspruchung mit T_{min} = 50 °C und T_{max} = 300 °C, N = 2

Abb. 8.102. σ_n-ϵ_t^{me}-Hysteresen für TMF-Beanspruchung mit T_{min} = 50 °C und T_{max} = 300 °C, N = N_B/2

Vergleicht man daher das in Dilatometerversuchen ermittelte thermische Ausdehnungsverhalten (AlSi12: Abb. 5.1, MMCs Abb. 5.5) mit den aus TMF-Versuchen ermittelten Hystereseschleifen bzw. den daraus abgeleiteten mechanischen Totaldehnungsamplituden $\epsilon_{a,t}^{me}$ (siehe Abbildungen 8.13 bzw. 8.29 für die Variante A2, Abb. 8.44 bzw. 8.60 für die Variante AG und Abb. 8.75 bzw. 8.91 für die Variante T1), so ergeben sich für die TMF-Versuche nur leicht geringere Dehnungswerte als bei vergleichsweise langsamem Aufheizen im Dilatometer. Die Ergebnisse belegen damit die Güte und Gleichmäßigkeit des Temperaturfeldes des TMF-Versuchsaufbaus.

Unterschiede im Hysteresenverlauf der von Beck (Becoob) untersuchten MMCs mit 15 Vol-% Saffilfaserverstärkung werden u.a. mit der unterschiedlichen Aushärtbarkeit der verwendeten Matrix-Werkstoffe begründet. Demgegenüber ist die verwendete Matrixlegierung AlSi12 praktisch nicht aushärtbar, wodurch eine Wärmebehandlung der untersuchten Preform-MMCs als Ursache für Unterschiede im Hysteresenverlauf auszuschließen sind. Auch ein Abflachen der Hysteresen im Verlauf eines Versuches, wie es von Beck (Becoob) beobachtet wurde, ist nicht erkennbar.

Vielmehr lässt sich in den Abbildungen 8.100 bis 8.102 eine mit der Keramikverstärkung korrelierbare Reihung der Hystereseschleifen erkennen. Mit zunehmendem Keramikanteil plastifizieren die jeweiligen Werkstoffe weniger, was auch aus Abbildung 8.104 ersichtlich ist.

Die Abbildungen 8.103 und 8.104 zeigen die Wechselverformungskurven der MMC-Verbundwerkstoffe und der Matrix für thermisch-mechanische Ermüdungsbeanspruchung mit T_{max} = 300 °C. Hierbei zeigt Abb. 8.103 die Spannungsamplitude σ_a und Abb. 8.104 die plastische Dehnungsamplitude $\epsilon_{a,p}$ als Funktion der Lastspielzahl N.

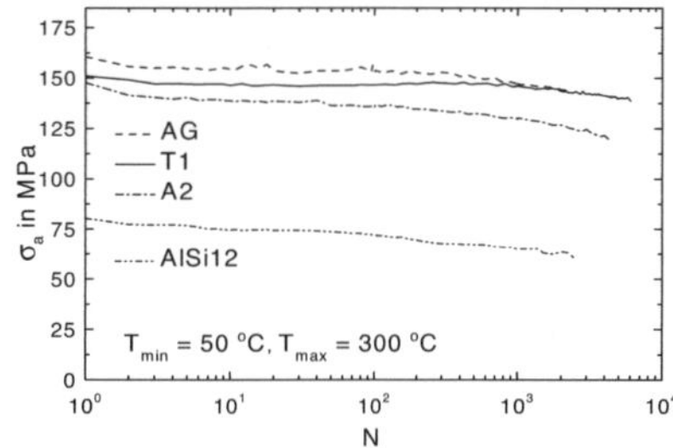

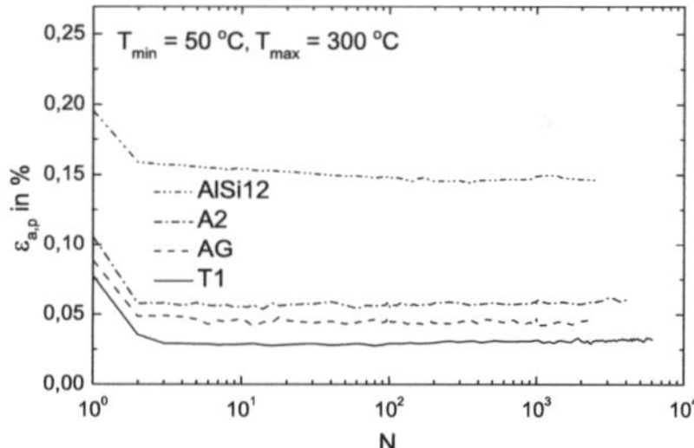

Abb. 8.103. Vergleich aller Varianten: σ_a über N für T_{max} = 300 °C

Abb. 8.104. Vergleich aller Varianten: $\epsilon_{a,p}$ über N für T_{max} = 300 °C

Die Spannungsamplituden liegen dabei im Bereich von etwa 150 ± 20 MPa, wobei die Variante A2 den vergleichsweise größten Abfall der Spannungsamplitude zeigt. Der Verlauf der σ_a-Werte der Matrixlegierung liegt bei etwa 50 % der MMC-Werte.

Aus Abbildung 8.105 ist ersichtlich, dass sowohl bei der Matrixlegierung als auch bei den Preform-MMCs ausgehend von negativen σ_m-Werten ein Aufbau von Mittelspannungen zu verzeichnen ist. Die Varianten AG und T1 zeigen ähnliche Verläufe, was mit dem ähnlichen Keramikanteil begründet werden kann. Bemerkenswert ist, dass alle von Beck (Becoob) untersuchten MMCs bei T_{max} = 300 °C Zugmittelspannungen lediglich in einem Streuband zwischen 20 und 40 MPa ausbilden.

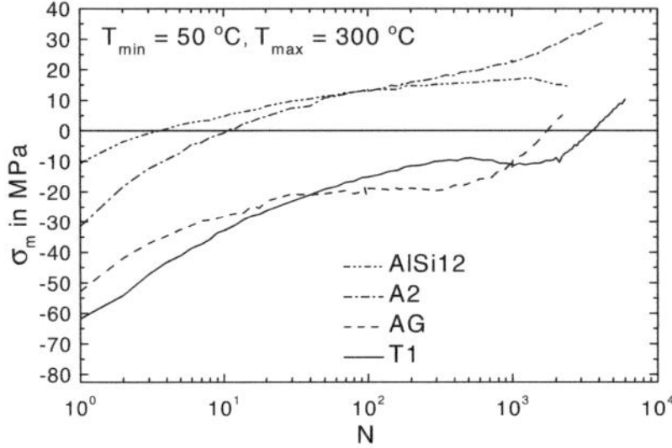

Abb. 8.105. Vergleich aller Varianten: σ_m über N für T_{max} = 300 °C

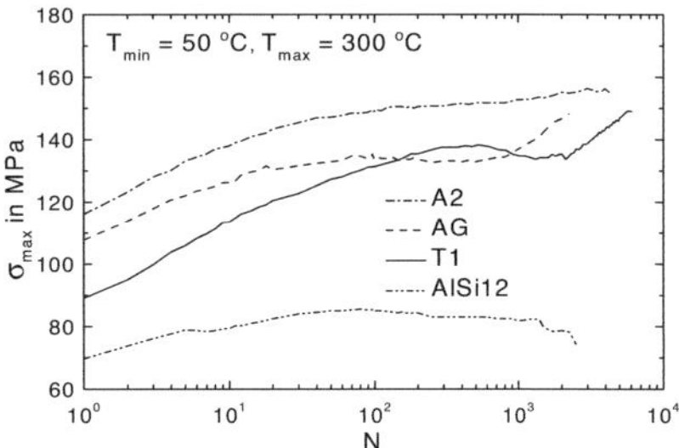

Abb. 8.106. Vergleich aller Varianten: σ_{max} über N für T_{max} = 300 °C

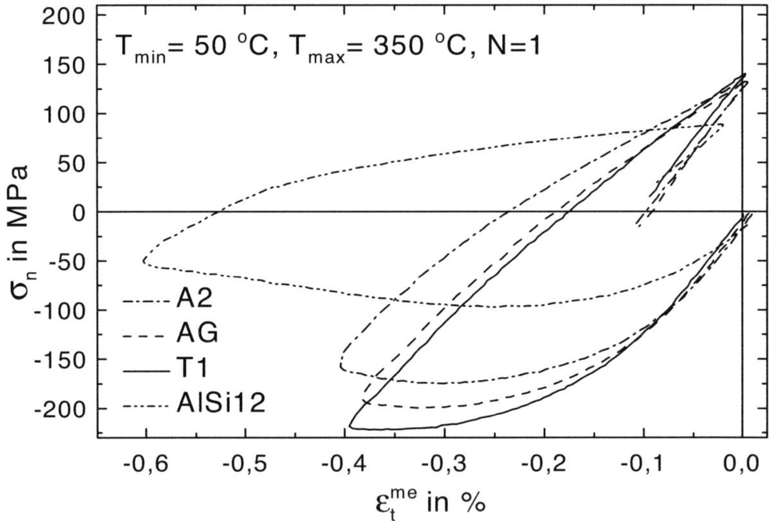

Abb. 8.107. σ_n-ε_t^{me}-Hysteresen, TMF-Beanspruchung, T_{max} = 350 °C, N = 1

Bei den Maximalspannungen sind die Unterschiede zwischen MMCs und unverstärkter Matrix ausgeprägt (Abb. 8.106). Die Matrixlegierung erreicht bei höheren Temperaturen aufgrund der verringerten Festigkeit maximal 85 MPa, wohingegen die Variante A2 Werte Nahe 160 MPa erreicht.

Die für alle Varianten im ersten Lastspiel der TMF-Versuche bestimmten Hystereseschleifen der Nennspannung σ_n über der mechanischen Totaldehnung ϵ_t^{me} für die Maximaltemperatur von 350 °C sind in Abbildung 8.107 aufgetragen.

Im Vergleich zu den Hystereseschleifen bei T_{max} = 300 °C (Abb. 8.100) wird deutlich, dass hier ϵ_t^{me} des Matrixwerkstoffs sehr viel stärker zunimmt als ϵ_t^{me} der MMC-Varianten. Dies ist auch bei N = 2 und halber Bruchlastspielzahl zu beobachten, wie die Abbildungen 8.108 und 8.109 im Vergleich mit den Abbildungen 8.101 und 8.102 belegen.

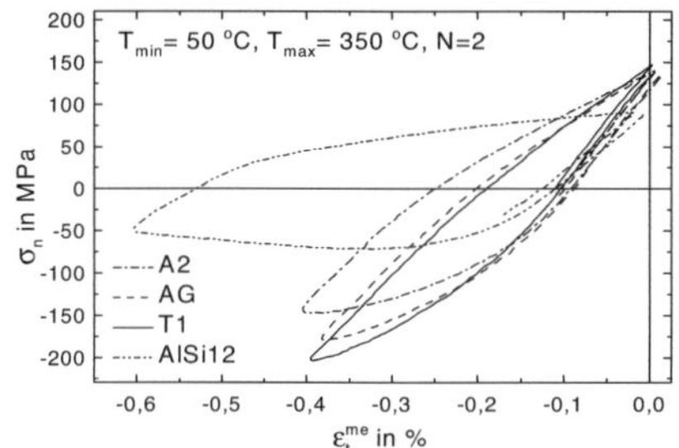

Abb. 8.108. σ_n-ϵ_t^{me}-Hysteresen, TMF-Beanspruchung mit T_{max} = 350 °C, N = 2

Abb. 8.109. σ_n-ϵ_t^{me}-Hysteresen, TMF-Beanspruchung mit T_{max} = 350 °C, N = $N_B/2$

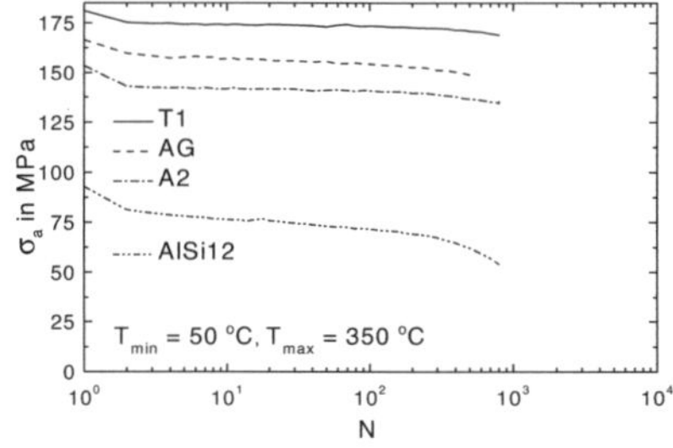

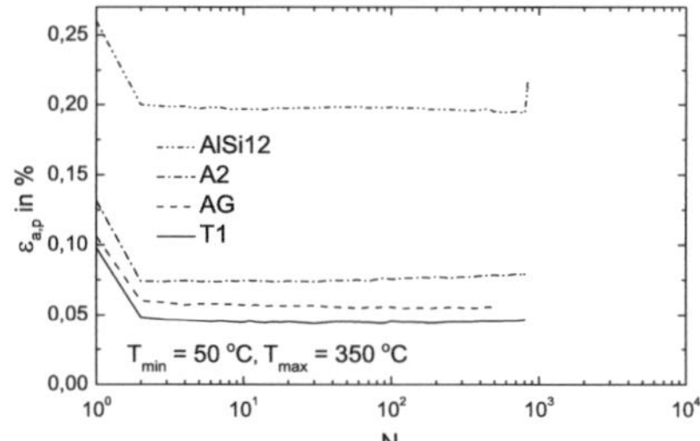

Abb. 8.110. Vergleich aller Varianten: σ_a über N für T_{max} = 350 °C

Abb. 8.111. Vergleich aller Varianten: $\epsilon_{a,p}$ über N für T_{max} = 350 °C

Vergleicht man die sich ergebenden Verläufe der Spannungsamplituden bei T_{max} = 300 und 350 °C (Abb. 8.103 und 8.110), so ergeben sich durch die höhere Maximaltemperatur für die MMCs leicht höhere Spannungsamplituden σ_a, am ausgeprägtesten für die Variante T1. Dabei bleiben die Werte über den Versuchsverlauf nahezu konstant oder fallen allenfalls geringfügig ab. Bei $T_{max} = 350\,°C$ ist für die Matrixlegierung dagegen im Vergleich zu $T_{max} = 300\,°C$ ab etwa $N = 3 \times 10^2$ ein deutlicher Abfall von σ_a bis zum Bruch der Probe zu erkennen.

Der Verlauf der plastischen Dehnungsamplituden $\epsilon_{a,p}$ bei $T_{max} = 300\,°C$ unterscheidet sich bei den MMCs nicht gravierend vom Verlauf der plastischen Dehnungsamplituden bei $T_{max} = 350\,°C$ (Abb. 8.104 und 8.111). Das geringe ΔT_{max} von $50\,°C$ im Vergleich zu $T_{max} = 300\,°C$ bewirkt nur einen geringfügigen Anstieg von $\epsilon_{a,p}$.

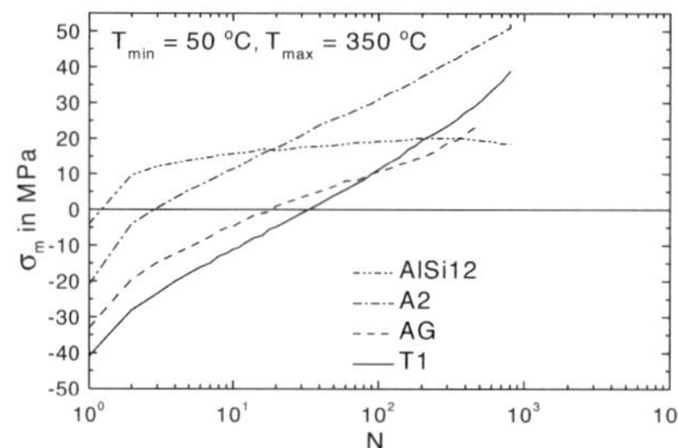
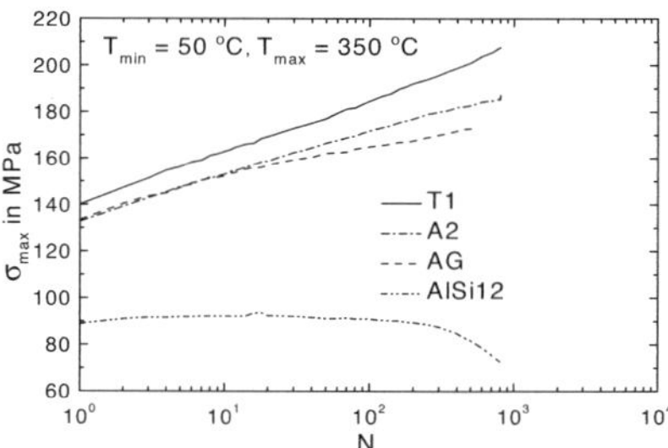

Abb. 8.112. Vergleich aller Varianten: σ_m über N für $T_{max} = 350\,°C$

Abb. 8.113. Vergleich aller Varianten: σ_{max} über N für $T_{max} = 350\,°C$

Bei $T_{max} = 350\,°C$ ließe die Betrachtung von ϵ_t^{me} (z. B. Abb. 8.109) für die Matrixlegierung deutlich höhere Werte von $\epsilon_{a,p}$ als bei $T_{max} = 300\,°C$ erwarten (z. B. Abb. 8.102). Allerdings verlaufen die Hystereseschleifen bei $350\,°C$ deutlich flacher als bei $T_{max} = 300\,°C$, was den elastischen Dehnungsanteil an der Gesamtdehnung betragsmäßig erhöht. Somit fällt der Anstieg von $\epsilon_{a,p}$ vergleichsweise moderat aus.

Die Mittelspannungen zeigen bei $T_{max} = 300$ und $350\,°C$ (Abb. 8.105 und 8.112) einen ansteigenden Verlauf, wobei sich bei $T_{max} = 350\,°C$ für den Matrixwerkstoff AlSi12 schon nach wenigen Zyklen eine Sättigung andeutet. Die Kurven der MMCs verlaufen bei $T_{max} = 350\,°C$ steiler als bei $T_{max} = 300\,°C$.

Noch deutlicher treten die Unterschiede beim Verlauf der Maximalspannungen σ_{max} hervor. Bei $T_{max} = 300\,°C$ (Abb. 8.106) zeigen die MMCs einen deutlich steileren Anstieg von σ_{max} über N als die unverstärkte Matrixlegierung. Bei $T_{max} = 350\,°C$ (Abb. 8.113) liegen die ansteigenden Kurven der MMCs dicht beieinander, der Matrixwerkstoff zeigt dagegen nach einem weitgehend kontinuierlichen Verlauf ab $N = 10^2$ einen deutlichen Abfall des Maximalspannungsverlaufs.

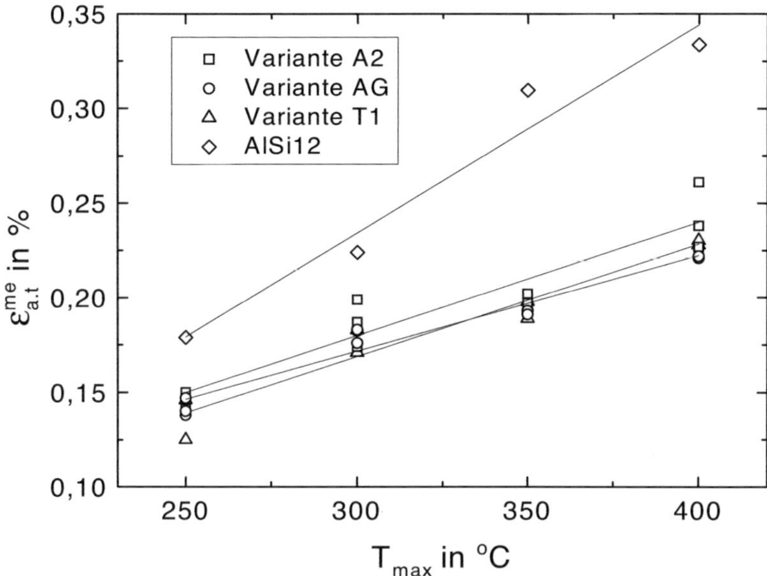

Abb. 8.114. MMCs und AlSi12: $\epsilon_{a,t}^{me}$ über T_{max} für TMF-Beanspruchung mit $T_{min} = 50\,°C$

In Abbildung 8.114 ist der Verlauf mechanischen Totaldehnungsamplitude $\epsilon_{a,t}^{me}$ über der Maximaltemperatur T_{max} für die MMC-Varianten und den Matrixwerkstoff AlSi12 dargestellt. Nach üblicher Konvention wurden die jeweiligen Werte bei $N_B/2$ ermittelt. Wie zu erwarten nehmen die mechanischen Totaldehnungsamplituden beim unverstärkten Matrixwerkstoff deutlich stärker mit steigender Maximaltemperatur zu als bei den MMCs, die in einem gemeinsamen Streuband liegen.

Aus Abbildung 8.115 ist für die MMC-Varianten und die Matrixlegierung AlSi12 der Anteil der plastischen Dehnungsamplitude $\epsilon_{a,p}$ an der mechanischen Totaldehnungsamplitude $\epsilon_{a,t}^{me}$ ersichtlich. Mit zunehmendem Keramikanteil (vergl. Tab. 3.2) verlaufen die Ausgleichsgeraden flacher, d.h. die Verstärkungsphase führt erwartungsgemäß zu einem verringerten plastischen Verformungsvermögen.

Eine vergleichbare Reihung ergibt sich für die MMCs bei der Auftragung von σ_a über $\epsilon_{a,t}^{me}$ (Abb. 8.116). Die sich bei den TMF-Versuchen ergebenden Spannungsamplituden nehmen mit zunehmender mechanischer $\epsilon_{a,t}^{me}$ und zunehmendem Keramikanteil zu. Dabei ist der Unterschied zwischen den Varianten AG und T1 aufgrund ihrer ähnlichen Keramikanteile nicht sehr ausge-

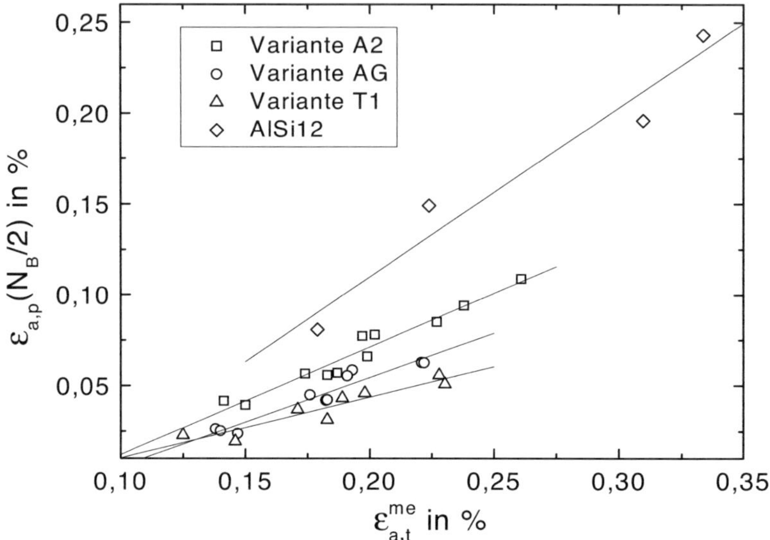

Abb. 8.115. MMCs und AlSi12: $\epsilon_{a,p}$ über $\epsilon_{a,t}^{me}$ für TMF-Beanspruchung mit T_{min} = 50 °C

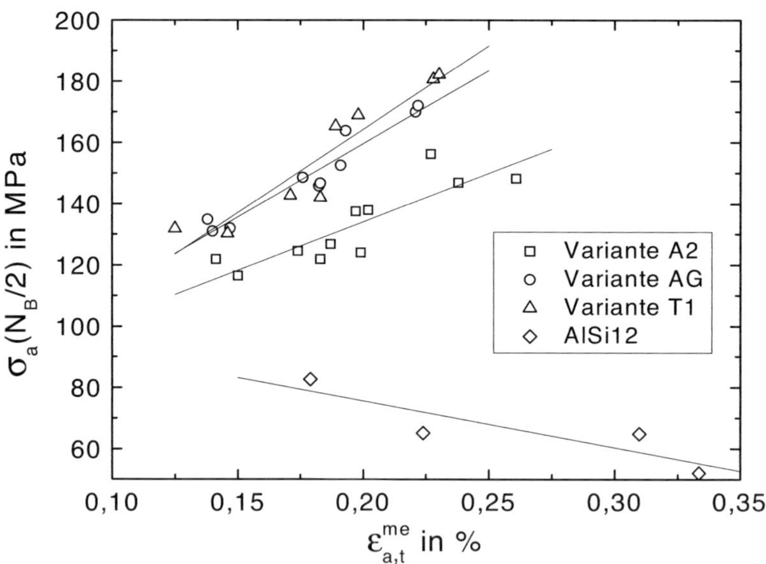

Abb. 8.116. MMCs und AlSi12: σ_a über $\epsilon_{a,t}^{me}$ für TMF-Beanspruchung mit T_{min} = 50 °C

prägt, aber erkennbar. Im Gegensatz dazu nehmen die Spannungsamplituden des Matrixwerkstoffs AlSi12 aufgrund der erweichenden Matrix bei höheren Temperaturen mit zunehmender Maximaltemperatur bzw. mit zunehmendem $\epsilon_{a,t}^{me}$ kontinuierlich ab.

Auch bei Auftragung der Maximalspannungen σ_{max} über der mechanischen Totaldehnungsamplitude $\epsilon_{a,t}^{me}$ (Abb. 8.117) ergibt sich für den Matrixwerkstoff ein kontinuierlicher Abfall der Ausgleichsgeraden.

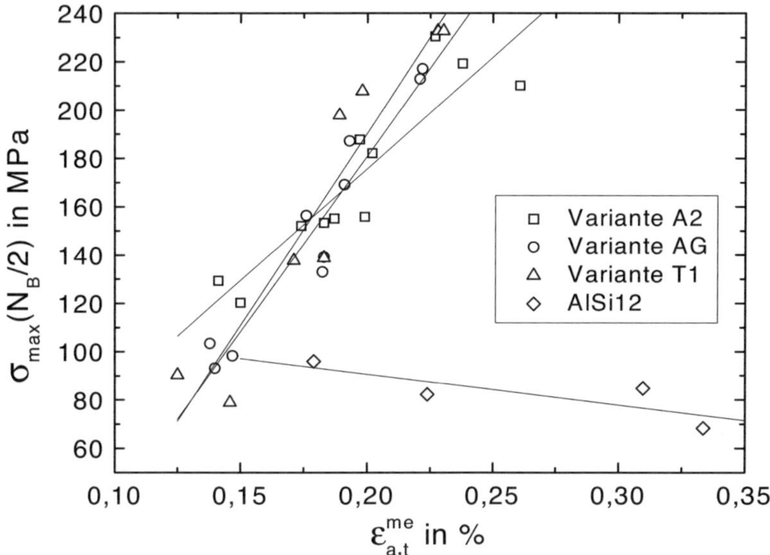

Abb. 8.117. MMCs und AlSi12: σ_{max} über $\epsilon_{a,t}^{me}$ für TMF-Beanspruchung mit $T_{min} = 50\,°C$

Für die MMCs lassen sich die Ausgleichsgeraden allerdings nicht so wie bei der Auftragung von σ_a über $\epsilon_{a,t}^{me}$ abhängig vom Keramikanteil reihen, da sie in einem gemeinsamen Streuband liegen. Es ergeben sich also für alle Keramikanteile abhängig von der Maximaltemperatur bzw. der mechanischen Totaldehnungsamplitude ähnlich hohe Maximalspannungen, was als Hinweis auf eine mögliche gemeinsamen Beschreibung des Werkstoffverhaltens gesehen werden kann.

8.11.2 Lebensdauerverhalten

Die Temperaturwöhlerkurven der Preform-MMCs, der unverstärkten Matrixlegierung AlSi12 und einer von Beck (Becoob) untersuchten faserverstärkten Matrixlegierung AlSi12CuMgNi im Zustand T6 sind in Abbildung 8.118 doppeltlogarithmisch aufgetragen.

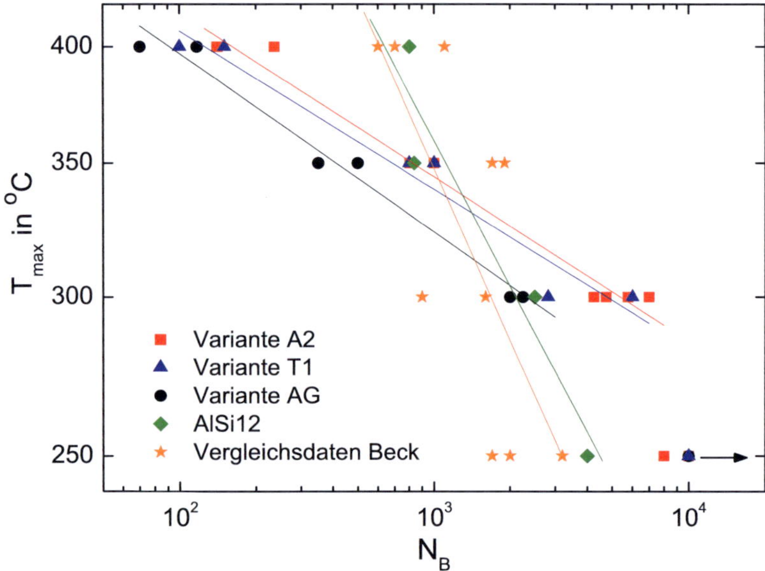

Abb. 8.118. MMCs, AlSi12 und faserverstärkte AlSi12CuMgNi nach Beck (Becoob): Temperaturwöhlerkurven für TMF-Beanspruchung mit $T_{min} = 50\,°C$ bei totaler Dehnungsbehinderung

Die Steigung der Ausgleichsgerade der nicht aushärtbaren Matrixlegierung AlSi12 ist mit der von Beck untersuchten mit 15 Vol-% Saffil®-Fasern verstärkten und ausgehärteten AlSi12CuMgNi vergleichbar, es werden aber selbst bei der vergleichsweise geringen Maximaltemperatur von 250 °C – im Gegensatz zu den Preform-MMCs – keine Durchläufer beobachtet. Die Ausgleichsgeraden der Preform-MMCs verlaufen deutlich flacher als die übrigen Ausgeichsgeraden. Bis zu Maximaltemperaturen von 300 - 350 °C, also in einem Bereich von N = 10^3 bis N = 2×10^3, ergeben sich für die Preform-MMCs höhere Bruchlastspielzahlen als für die Vergleichswerkstoffe.

Bei den Preform-MMCs ergeben sich für die Variante AG die geringsten und für die Variante A2 die höchsten Lebensdauern. Hierbei ist eine Abhängig-

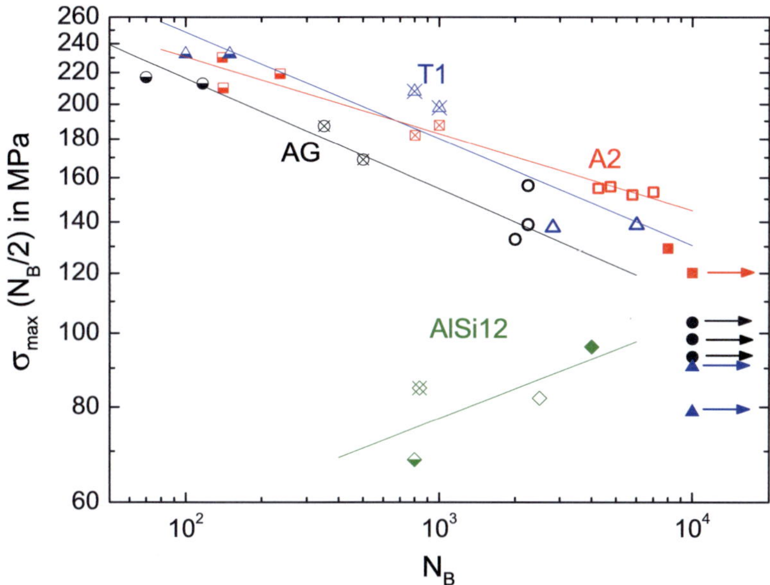

Abb. 8.119. MMCs und AlSi12: σ_{max} über N_B für TMF-Beanspruchung mit T_{min} = 50 °C bei totaler Dehnungsbehinderung

keit vom Keramikanteil (vgl. Tabelle 3.2) nicht zu erkennen. In Abbildung 8.119 sind die Bruchlastspielzahlen der Preform-MMCs und der unverstärkten Matrixlegierung in Abhängigkeit von der Maximalspannung σ_{max} aufgetragen. Bei den MMCs nimmt die Lebensdauer mit zunehmender Maximalspannung erwartungsgemäß ab, bei der unverstärkten Matrixlegierung nimmt mit zunehmender Maximalspannung die Lebensdauer dagegen scheinbar zu.

Hierbei ist zu beachten, dass sich bei der Matrixlegierung AlSi12 aufgrund der bei höheren Temperaturen abnehmenden Festigkeit des Werkstoffs (vergl. Abb. 6.1 und Tab. 6.1) Maximaltemperatur und Maximalspannung umgekehrt proportional zueinander verhalten. So stellt sich die höchste Maximalspannung von knapp 100 MPa bei der relativ niedrigen Maximaltemperatur von 250 °C ein, bei T_{max} = 400 °C ergibt sich σ_{max} zu knapp 70 MPa und mit N_B = 8 x 10² auch die geringste Bruchlastspielzahl. Bis zu einer Maximalspannung von 120 MPa ergeben sich für alle MMCs Durchläufer, dagegen zeigt die unverstärkte Matrixlegierung bei allen σ_{max} Bruchlastspielzahlen von maximal 4 x 10³ und bleibt damit deutlich unter der vorgegebenen Grenzlastspielzahl von 10⁴.

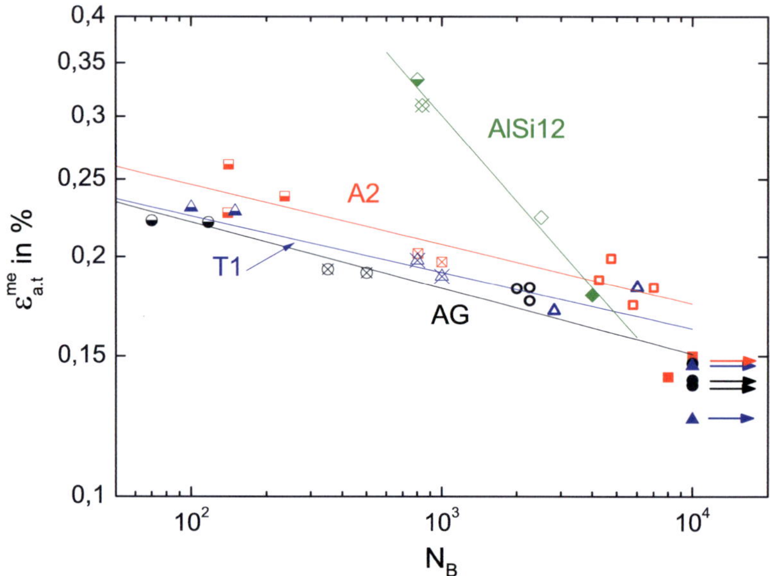

Abb. 8.120. MMCs und AlSi12: $\varepsilon_{a,t}^{me}$ über N_B für TMF-Beanspruchung mit T_{min} = 50 °C bei totaler Dehnungsbehinderung

Den Einfluss der mechanischen Totaldehnungsamplitude auf das Lebensdauerverhalten der Preform-MMCs und der unverstärkten Matrix veranschaulicht Abbildung 8.120. Für alle MMCs verlaufen die Ausgleichsgeraden im Vergleich zur Matrixlegierung deutlich flacher. Unterhalb von $\varepsilon_{a,t}^{me}$ = 0,175 % ergeben sich für die MMCs im Vergleich zum unverstärkten Matrixwerkstoff höhere Lebensdauern.

Vergleicht man die MMC-Varianten untereinander, so zeigt die Variante A2 bei vergleichbaren $\varepsilon_{a,t}^{me}$ die höchsten Lebensdauern, gefolgt von der Variante T1. Die Variante AG zeigt in Bezug auf die mechanische Totaldehnungsamplitude die geringsten Lebensdauern.

Die plastischen Dehnungsamplituden $\varepsilon_{a,p}$ sind in Abbildung 8.121 über der Bruchlastspielzahl N_B aufgetragen. Für die Variante A2 ergeben sich bei vergleichbaren plastischen Dehnungsamplituden deutlich höhere Bruchlastspielzahlen als bei den MMC-Varianten AG und T1, wobei im Gegensatz zu der Auftragung von $\varepsilon_{a,t}^{me}$ über N_B (Abb. 8.120) die Variante T1 die geringsten Bruchlastspielzahlen zeigt. Die höheren Bruchlastspielzahlen der Variante A2 sind auf den mit 30 Vol-% geringeren Verstärkungsanteil und damit das ausgeprägtere plastische Dehnungsvermögen der Variante A2 zurückzufüh-

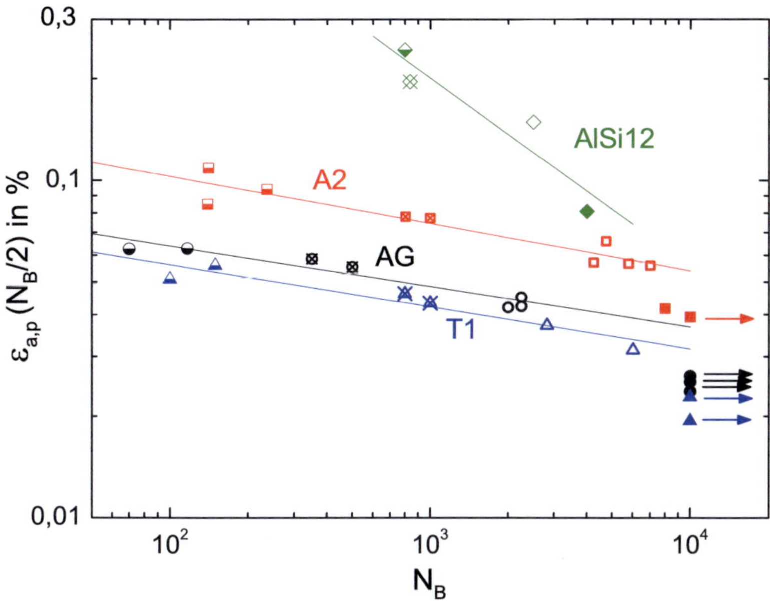

Abb. 8.121. MMCs und AlSi12: $\epsilon_{a,p}$ über N$_B$ für TMF-Beanspruchung mit T$_{min}$ = 50 °C bei totaler Dehnungsbehinderung

ren ist. Bis zu $\epsilon_{a,p}$ = 0,04 % erreichen alle MMC-Varianten die Grenzlastspielzahl, wohingegen die unverstärkte AlSi12-Matrix selbst bei der geringsten plastischen Dehnungsamplitude – also T$_{max}$ = 250 °C – keine Durchläufer zeigt.

Für eine vergleichende Darstellung des Lebensdauerverhaltens haben sich Schädigungsparameter etabliert, die auf einer Kombination von maximalen Spannungen und Dehnungen beruhen (siehe Kapitel 2.1.4) und auch von Beck (Becoob) zum Vergleich der Ergebnisse genutzt wurden. Ein Vergleich mit diesen Daten bietet sich daher an.

In Abbildung 8.122 sind für alle MMC-Varianten, für die Vergleichsdaten der von Beck (Becoob) untersuchten Saffil®-faserverstärkten Matrixlegierung AlSi12CuMgNi im Zustand T6 und die Matrixlegierung AlSi12 die Schädigungsparameter P$_{SWT}$ über N$_B$ aufgetragen. Die Werte für AlSi12 liegen unter allen Werten der untersuchten Preform MMCs, die Vergleichsdaten nach Beck zeigen die höchsten Werte, allerdings zeigen die von Beck untersuchten MMCs im betrachteten Temperaturbereich von 250 °C bis 400 °C keine Durchläufer. Die Ausgleichsgeraden aller dargestellten Werkstoffe haben in etwa die gleichen Steigungen, eine einheitliche Beschreibung der MMC-Lebensdauern ist mit dem totaldehnungsbasierten Schädigungsparameter nach Smith-Watson-Topper daher nur eingeschränkt möglich.

In Abbildung 8.123 sind die Werte des Schädigungsparameters P_{OST} nach Ostergren über N_B aufgetragen. Ein Vergleich mit der faserverstärkten Matrixlegierung AlSi12CuMgNi von Beck (Becoob) ist damit nicht möglich, da diese Daten eine zu steile Ausgleichsgerade bedingen. Auch die Steigung der Ausgleichsgeraden der Matrixlegierung ist höher als die Steigungen der Ausgleichsgeraden, die sich für die Varianten AG, A2 und T1 ergeben. Eine einheitliche Beschreibung der MMC-Varianten mit dem Schädigungsparameter nach Ostergren scheint auch hier nicht möglich. Es fällt aber auf, dass die Ausgleichsgeraden der Varianten AG und T1 recht gut übereinstimmen. Dies führt zu dem Schluss, dass der ähnliche Keramikanteil der Varianten (AG 37 Vol-%, T1 39 Vol-%) von entscheidender Bedeutung ist. Die Variante A2 zeigt mit 30 Vol-% Keramikverstärkung bei vergleichbaren P_{OST}-Werten höhere Lebensdauern.

Im direkten Vergleich der Schädigungsparameter eignet sich unter Berücksichtigung des Verstärkungsanteils somit die Verknüpfung von Maximalspannung und plastischer Dehnungsamplitude gut zur Beschreibung des Lebensdauerverhaltens der MMCs. Der plastischen Dehnungsamplitude (Abbildung 8.121) kommt hierbei besondere Bedeutung zu, da diese in die Lebensdauerbeschreibungen nach P_{OST} eingeht. Die Maximalspannungen (Abb. 8.119) beschreiben für sich allein das Lebensdauerverhalten nur unzureichend.

Von entscheidender Bedeutung für die Bewertung der Schädigungsparameter ist die Bestimmung von σ_{max}. Die Konvention, wonach σ_{max} bei $N_B/2$ bestimmt wird (vgl. Abb. 8.119), ist durchaus gerechtfertigt. Wie die Abbildungen 8.106 und 8.113 belegen, ist die Entwicklung der σ_{max} bei T_{max} = 300 °C und T_{max} = 350 °C so gut wie abgeschlossen. Dies gilt sowohl für die MMCs, bei denen σ_{max} bei $N_B/2$ den Maximalwert nahezu erreicht hat, als auch für die unverstärkte Matrixlegierung AlSi12, für die bei $N_B/2$ noch kein signifikanter Abfall von σ_{max} beobachtet wird. Die Ermittlung von σ_{max} nach der Konvention bei $N_B/2$ ist daher durchaus legitim und sinnvoll.

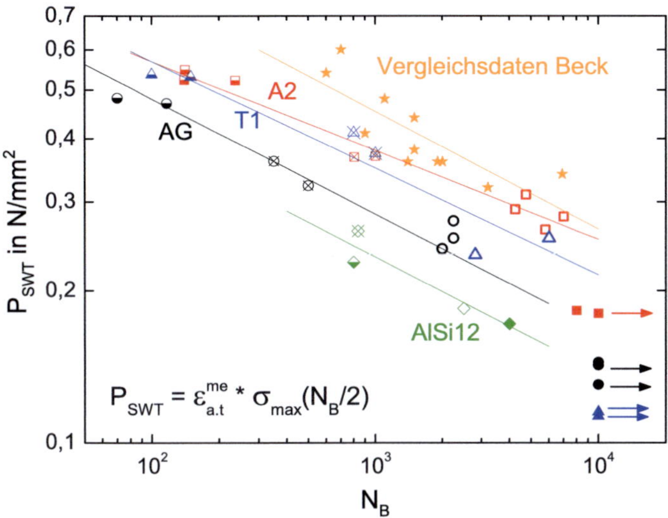

Abb. 8.122. MMCs, AlSi12 und faserverstärkte AlSi12CuMgNi nach Beck (Becoob): P_{SWT} über N_B für TMF-Beanspruchung mit T_{min} = 50 °C bei totaler Dehnungsbehinderung

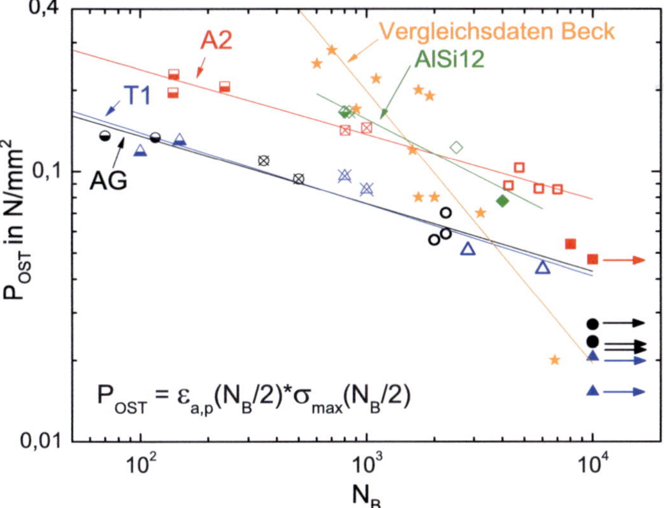

Abb. 8.123. MMCs, AlSi12 und faserverstärkte AlSi12CuMgNi nach Beck (Becoob): P_{OST} über N_B für TMF-Beanspruchung mit T_{min} = 50 °C bei totaler Dehnungsbehinderung

9 Vergleich zwischen thermisch-mechanischer und isothermer Ermüdung

9.1 Wechselverformungsverhalten

Ein Vergleich zwischen isothermer und thermisch-mechanischer Ermüdung
ist in sofern schwierig, da für einen Vergleich die bei TMF-Versuchen durch
das Temperaturintervall und die Randbedingungen induzierten Dehnungen
den isothermen Dehnungswerten betragsmäßig entsprechen müssen.

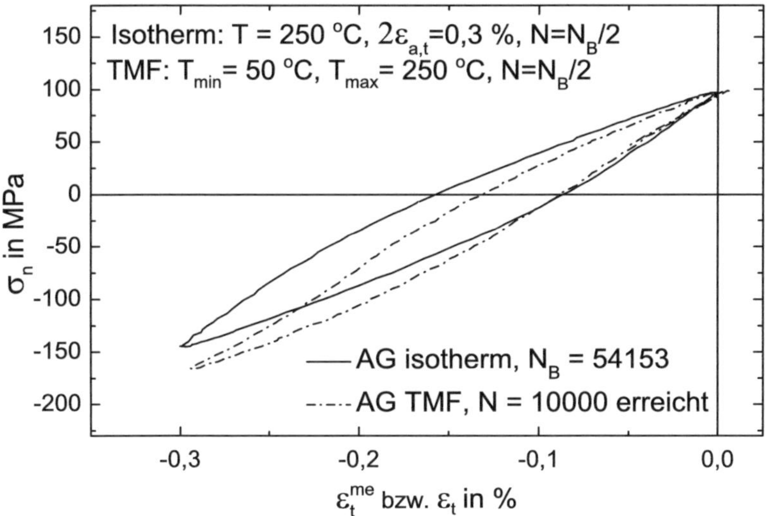

Abb. 9.1. σ_n-ε_t-Hysterese und σ_n-ε_t^{me}-Hysterese für isotherme und TMF-Beanspruchung mit T$_{max}$ = 250 °C, N = N$_B$/2

Dies trifft beispielhaft für eine TMF-Hystereseschleife der Variante AG mit T_{max} = 250 °C bei N = $N_B/2$ und eine isotherme Hystereseschleife der selben Probenvariante für $\varepsilon_{a,t}$ = 0,15 % und 250 °C bei $N_B/2$ zu, wie Abbildung 9.1 zeigt. Die vorgegebenen 10000 TMF-Zyklen wurden erreicht, isotherm ergab sich eine Bruchlastspielzahl von 54153 Lastspielen. Beide Hystereseschleifen zeigen ähnliche Verläufe und sind deutlich erkennbar in den Bereich der Druckspannungen verschoben.

Auch beim Verlauf der Spannungsamplituden zeigt sich bei isothermer und TMF-Beanspruchung ein ähnliches Verhalten, wie Abbildung 9.2 belegt. Mit zunehmender Lastspielzahl sinkt σ_a sowohl bei isothermer, als auch bei TMF-Beanspruchung um etwa 10 MPa, wobei die Werte bei TMF-Versuchsführung durchweg um etwa 10 MPa über den Spannungsamplituden bei isothermer Beanspruchung liegen.

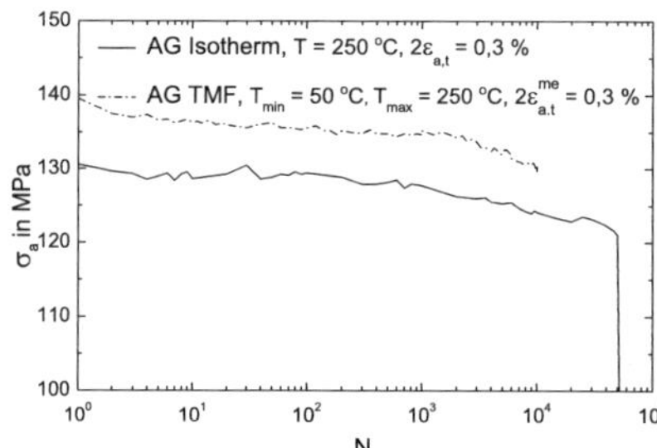

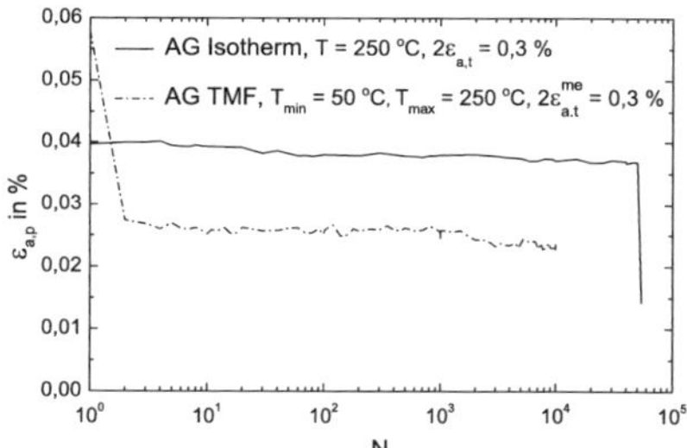

Abb. 9.2. Variante AG, isotherme und TMF-Beanspruchung: σ_a über N für T_{max} = 250 °C

Abb. 9.3. Variante AG, isotherme und TMF-Beanspruchung: $\epsilon_{a,p}$ über N für T_{max} = 250 °C

Wie Abbildung 9.3 zeigt, nehmen auch die plastischen Dehnungsamplituden mit zunehmender Lastspielzahl ab, wenn auch weniger ausgeprägt als der Verlauf der Spannungsamplituden. Hier liegen die plastischen Dehnungsamplituden, die sich bei isothermer Versuchsführung ergeben, betragsmäßig über denen der Versuche bei TMF-Beanspruchung. Der anfängliche starke Abfall von $\epsilon_{a,p}$ bei TMF-Beanspruchung ergibt sich durch die beim ersten Lastspiel noch nicht geschlossene Hystereseschleife.

Stark unterscheiden sich dagegen die Verläufe der Mittelspannungen über der Lastspielzahl, wie Abbildung 9.4 belegt. Unter isothermer Beanspruchung ergeben sich anfangs praktisch keine Mittelspannungen, nach knapp 100 Lastspielen ergeben sich leichte Druckmittelspannungen, die ab N = 10^4 bis zum Probenbruch Werte um -25 MPa erreichen. Dagegen ergeben sich unter TMF-Beanspruchung bei Versuchsbeginn Mittelspannungen von knapp

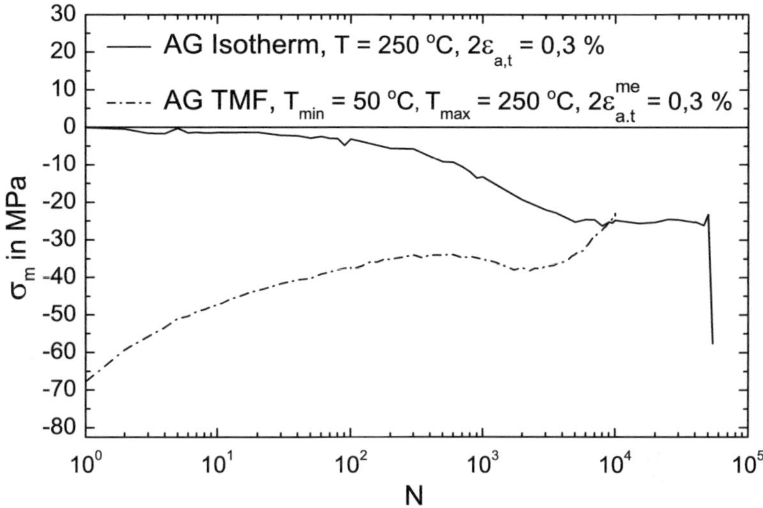

Abb. 9.4. Variante AG, isotherme und TMF-Beanspruchung: σ_m über N für T_{max} = 250 °C

-70 MPa, die im Versuchsverlauf – abgesehen von einem Bereich um N = 2 x 10^3 – kontinuierlich zunehmen und bei Versuchsende Werte um -25 MPa erreichen.

Im Vergleich zu diesen Ergebnissen ist bei isothermer Beanspruchung für den unverstärkten Matrixwerkstoff AlSi12 unter isothermer Beanspruchung bei Raumtemperatur allenfalls ein geringer Aufbau von Mittelspannungen feststellbar (vergl. Abb. 7.4) Unter TMF-Beanspruchung zeigt unverstärktes AlSi12 für T_{max} = 250 °C und 300 °C ausgehend von Druckmittelspannungen von maximal 20 MPa einen Aufbau von Zugmittelspannungen bis etwa 20 MPa. Mit zunehmenden Maximaltemperaturen ergeben sich fast ausschließlich Zugmittelspannungen (vergl. Abb. 8.5).

Flaig (Fla95) konnte bei isothermen Versuchen an unausgehärteten GK-Al-Si6Cu4-Proben keinen Aufbau von Mittelspannungen feststellen, was mit den Ergebnissen der Matrixlegierung (Abb. 7.4) durchaus im Einklang steht. Bei TMF-Versuchen konnte von Flaig dagegen ein Aufbau von Zugmittelspannungen nachgewiesen werden, was auch konform mit den in Abbildung 8.5 aufgetragenen Werten der AlSi12-Matrixlegierung ist. Mit einem Aufbau von Mittelspannungen im Bereich von betragsmäßig maximal 40 MPa sind die Ergebnisse in etwa vergleichbar. Sowohl bei isothermer wie auch bei TMF-Beanspruchung sind demnach die unterschiedlichen Siliziumanteile der von Flaig untersuchten Aluminiumlegierungen von untergeordneter Bedeutung für das Wechselverformungsverhalten.

Beck (Becoob) konnte für mit 15 Vol-% Saffil®verstärktem AlSi6Cu4 im lösungsgeglühten Zustand bei isothermer Totaldehnungsbeanspruchung zwischen 0,1 und 0,4 % bei 300 °C einen geringen Aufbau von Druckmittelspannungen nachweisen. Lediglich bei $\epsilon_{a,t}$ = 0,3 % steigt die Druckmittelspannung ab N = 500 bis zum Probenbruch bei etwa 10^4 Lastspielen kontinuierlich bis auf etwa -40 MPa an. Der Aufbau von Druckmittelspannungen im Verbundwerkstoff, welcher in der unverstärkten Werkstoffvariante nicht zu beobachten ist, wird auf fortschreitende Faserschädigung im gesamten Probenvolumen zurückgeführt. Die Voraussetzungen hierfür sind wohl bei mittleren Totaldehnungsamplituden gegeben, so dass sich daher nur bei $\epsilon_{a,t}$ = 0,3 % deutliche Druckmittelspannungen aufbauen. Bei höheren $\epsilon_{a,t}$ verhindern die vergleichsweise kurzen Lebensdauern den Aufbau signifikanter Druckmittelspannungen vor Eintreten des Probenbruchs.

Unter TMF-Beanspruchung bauen sich bei T_{max} = 200 °C bei den von Beck untersuchten verstärkten AlSi6Cu4-Proben ab etwa 10^3 Lastspielen bis zur Grenzlastspielzahl 10^4 geringe Zugmittelspannungen bis maximal 10 MPa auf, d. h. der Verlauf der Spannungs-Dehnungs-Hysteresen ist weitgehend symmetrisch.

Mit zunehmender Maximaltemperatur ergeben sich Zugmittelspannungen bis 40 MPa bei T_{max} = 350 °C. Dies ist darauf zurückzuführen, dass das Druckspannungsmaximum bei Temperaturen nahe T_{max} erreicht wird, während die maximale Zugspannung bei T_{min} auftritt. Da die Festigkeit der Matrix mit der Temperatur abnimmt (vergl. Abb. 6.1 und Tab. 6.1), ergeben sich beim Aufheizen auf T_{max}, also im Druckspannungsbereich, größere plastische Verformungen als während des Abkühlens auf T_{min}, wodurch die Spannungs-Dehnungs-Hystereseschleifen mit zunehmender Zyklenzahl sukzessive in den Zugspannungsbereich verschoben werden. Dies trifft sowohl für die unverstärkte, als auch für die verstärkte Matrix unter TMF-Beanspruchung zu.

9.2 Lebensdauerverhalten

Ein Vergleich von aus isothermen Versuchen gewonnenen Daten zum Lebensdauerverhalten, beispielsweise einer Dehnungswöhlerkurve (Abb. 7.30), mit solchen aus TMF-Versuchen, beispielsweise den TMF-Totaldehnungswöhlerkurven (Abb. 8.120), ist insofern schwierig, als den TMF-Daten eine isotherme Vergleichstemperatur zugeordnet werden müsste. Um dies zu illu-

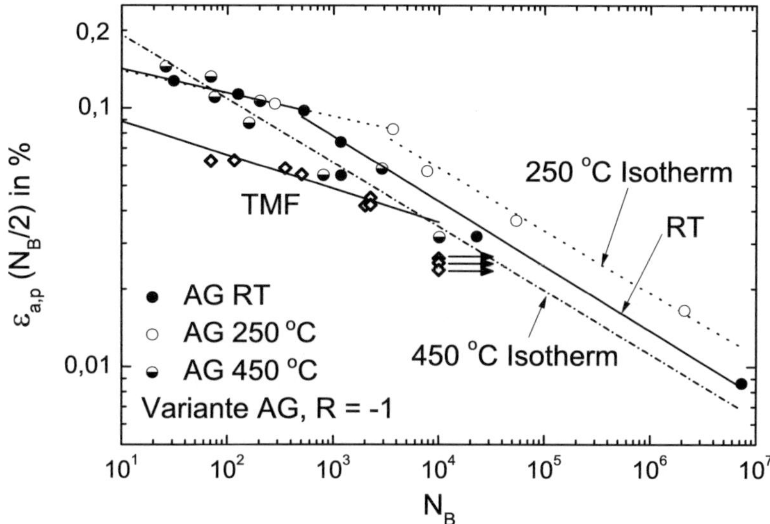

Abb. 9.5. Variante AG, Vergleich zwischen isothermer und TMF-Beanspruchung: $\epsilon_{a,p}$ über N$_B$

striern sind in Abbildung 9.5 für die Probenvariante AG sowohl isotherme, als auch TMF-Daten aufgetragen. Bei vergleichbaren plastischen Dehnungsamplituden ergeben sich bei isothermer Beanspruchung generell höhere Bruchlastspielzahlen als bei TMF-Versuchsführung.

Ein Vergleich von isothermer und thermisch-mechanischer Wechselverformung ergab bei Flaig (Fla95), dass bei GK-AlSi10Mg wa die isothermen Totaldehnungswöhlerkurven gegenüber der thermisch-mechanischen Totaldehnungswöhlerkurve zu umso größeren Lebensdauern verschoben sind, je kleiner die Temperatur bei den isothermen Versuchen ist. Ein Vergleich der Manson-Coffin-Geraden der isothermen Dehnwechselversuche mit der entsprechenden der thermisch-mechanischen Versuche ergibt keine Temperatur, bei der die gleichen Verhältnisse wie bei den thermsich-mechanischen Versuchen vorliegen. Selbst unter Zugrundelegung identischer Verformungsgeschwindigkeiten gibt es bei GK-AlSi10Mg wa keine isotherme Vergleichstemperatur, bei der sich unter Variation von Beanspruchungsamplitude und Mittelbeanspruchung der gesamte Lebensdauerbereich bei thermisch-mechanischer Beanspruchung abdecken lässt.

Auch Beck (Beco0b) vergleicht die thermisch-mechanische mit der isothermen Ermüdung von mit 15 % Saffil verstärktem AlSi12CuMgNi und kommt zu dem Schluss, dass mit zunehmender Totaldehnungsamplitude die Lebensdauer bei isothermer Beanspruchung wesentlich stärker abnimmt als bei thermisch-mechanischer Beanspruchung. Hierdurch ergeben sich bei isothermer Ermüdung für $\epsilon_{a,t} \leq 0{,}28$ % größere, für $\epsilon_{a,t} > 0{,}28$ % kleinere Bruchlastspielzahlen als bei TMF-Beanspruchung.

In der folgenden Abbildung 9.6 sind die isotherm ermittelten Daten des Schädigungsparameters nach Smith-Watson-Topper aus Abbildung 7.50 mit den TMF-Daten nach Abbildung 8.51 kombiniert.

Die gestrichelt dargestellte Ausgleichsgerade der TMF-Daten liegt zwischen den Ausgleichsgeraden der isothermen Versuche für 250 °C und 400 °C. Während die Auftragung der plastischen Dehnungsamplituden (Abb. 9.5) zu unterschiedlichen Steigungen der isothermen und TMF-Daten führt, besitzen demgegenüber in der Auftragung der Schädigungsparameter nach Smith-Watson-Topper alle Ausgleichsgeraden eine ähnliche Steigung. Hierbei ist allerdings zu berücksichtigen, dass bei der Ermittlung der TMF-Ausgleichsgeraden die Durchläufer bei $T_{max} = 250$ °C außer acht gelassen wurden.

In Abbildung 9.7 sind die isotherm ermittelten Daten des Schädigungsparameters nach Ostergren aus Abbildung 7.51 mit den TMF-Daten nach Abbildung 8.52 gemeinsam aufgetragen. Eine einheitliche Darstellung der Versuchsergebnisse ist auch mit P_{OST} nicht möglich, wobei die Daten in einem engeren Streuband liegen als die nach P_{SWT} ermittelten (Abb. 9.6).

Selbst wenn es möglich wäre, eine Versuchstemperatur zu identifizieren, bei der sich für isotherme und TMF-Versuchsführung vergleichbare Bruchlastspielzahlen ergeben würden, würde dies nur für den Fall der totalen Dehnungsbehinderung gelten. TMF-Versuche mit geringerer oder höherer Dehnungsbehinderung müssen gesondert betrachtet werden. Weiterhin ist zu beachten, dass für einen Vergleich mit aus der Literatur bekannten TMF-Untersuchungen die gleiche Dehnungsbehinderung vorliegen muss.

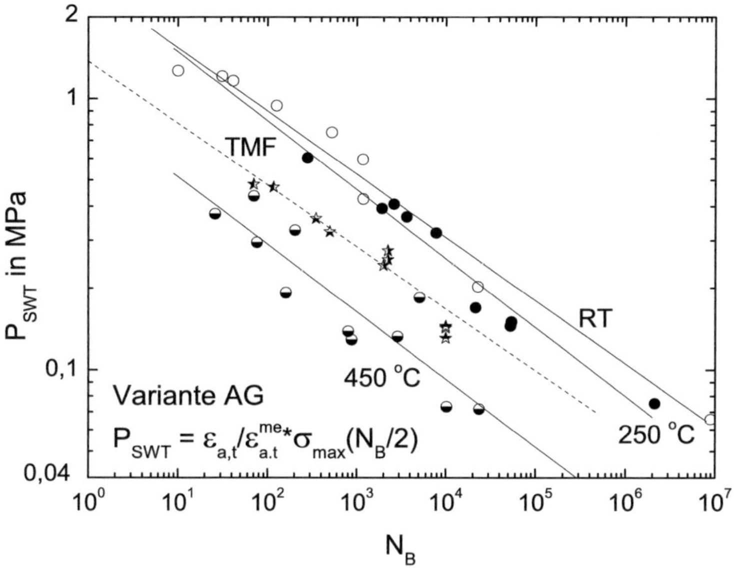

Abb. 9.6. Variante AG, Vergleich zwischen isothermer und TMF-Beanspruchung: P_{SWT} über N_B

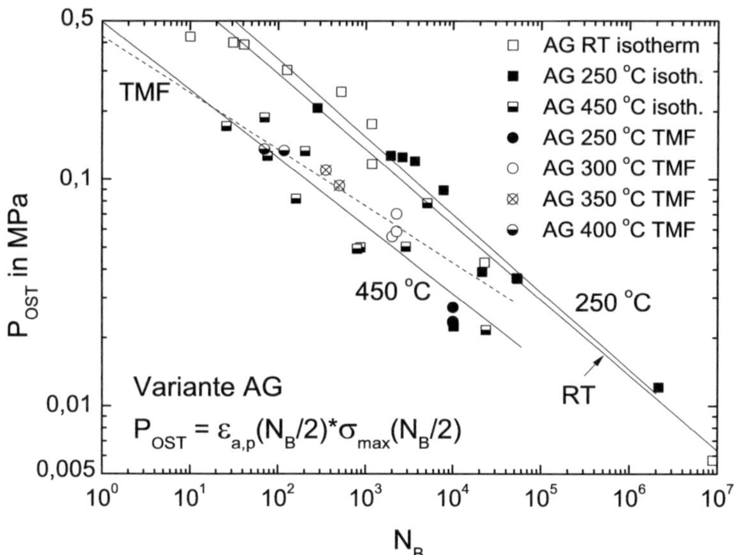

Abb. 9.7. Variante AG, Vergleich zwischen isothermer und TMF-Beanspruchung: P_{OST} über N_B

10 Betrachtungen zum Schädigungsverhalten

Bei Ermüdungsversuchen ergeben sich teilweise Bruchlastspielzahlen im Bereich von $N = 10^7$, weshalb in der Regel zur Schonung von Speicher-Ressourcen mittels einer Speichertermintabelle nur die Daten ausgewählter Zyklen gespeichert werden. Bei Vorgabe von vergleichsweise hohen Beanspruchungsamplituden liegen die zu erwartende Bruchlastspielzahlen jedoch weit unterhalb der Grenzlastspielzahlen, was eine Aufzeichnung der Messdaten aller Lastspiele erlaubt. Aus den gewonnenen Hystereseschleifen lassen sich die in Abbildung 2.7 beschriebenen Kennwerte ermitteln. Trägt man ausgewählte Kennwerte über der Lastspielzahl auf, so kann dies Hinweise auf die Entwicklung der Schädigung der untersuchten Werkstoffe geben.

Mit dem Ziel der Detektion einer Schädigungsentwicklung erfolgt daher an dieser Stelle ein detaillierterer Blick auf das Wechselverformungsverhalten, da ausgewählte Versuche mit einer höheren Aufzeichnungsrate gefahren wurden und teilweise zyklengenaue ermittelte Mess- und Kennwerte vorliegen. Betrachtet werden nachfolgend das Wechselverformungsverhalten, die Nachgiebigkeiten im Versuchsverlauf, metallographische Befunde und bruchmechanische Kennwerte unter Berücksichtigung von Ergebnissen der Schallemissionsanalyse. Anschließend werden Vorstellungen vom Schädigungs- und Versagensablauf diskutiert.

10.1 Schädigungsverhalten isotherm

Wechselverformungsverhalten

Für den **Matrixwerkstoff AlSi12** wurde bei einer Vorgabe von $\epsilon_{a,t} = 0{,}3$ % zyklengenau der Verlauf der Spannungsamplitude σ_a und der plastischen Dehnungsamplitude $\epsilon_{a,p}$ über der Zyklenzahl N registriert. Wie aus Abbildung 10.1 ersichtlich ist nimmt im Versuchsverlauf – nach einem kurzen Einschwingvorgang während der ersten Lastspiele – σ_a praktisch linear zu, $\epsilon_{a,p}$ dagegen kontinuierlich ab. Die Abnahme der plastischen Dehnungsamplitude und die Zunahme der Spannungsamplitude belegt für AlSi12 bei Raumtemperatur ein durchweg **wechselverfestigendes Werkstoffverhalten**, wie bereits in Kapitel 7.2.1 dargestellt.

Im Vergleich dazu ist in Abbildung 10.2 der Verlauf von σ_m über N aufgetragen. Die Mittelspannung bleibt über den Versuchsverlauf auf niedrigem Niveau praktisch konstant.

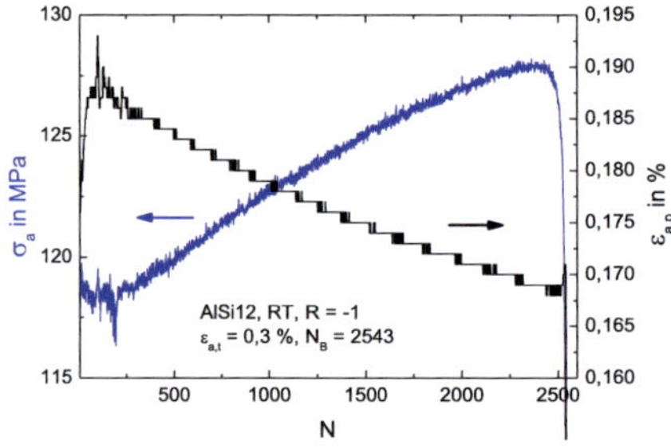
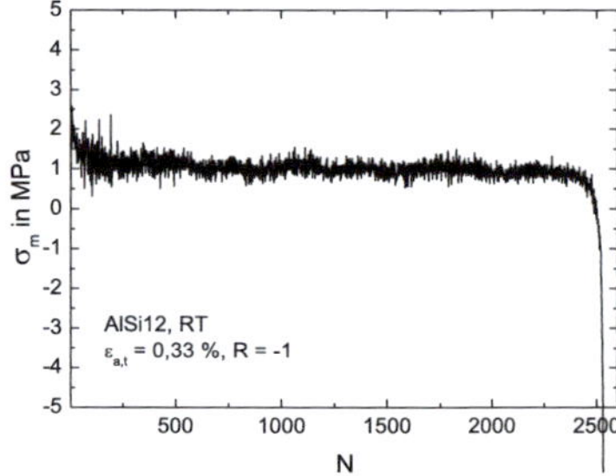

Abb. 10.1. AlSi12: Verlauf von σ_a und $\epsilon_{a,p}$ unter Wechselbeanspruchung

Abb. 10.2. AlSi12: Verlauf von σ_m über N unter Wechselbeanspruchung

Erkennbar ist in Abb. 10.1 für den Verlauf der Spannungsamplitude σ_a und in Abb. 10.2 für den Verlauf von σ_m gegen Versuchsende ein Abfall der Messwerte, was auf eine sich entwickelnde makroskopische Schädigung schließen lässt. Hierfür zeigt die plastische Dehnungsamplitude $\epsilon_{a,p}$ dagegen im Versuchsverlauf keine Anzeichen.

In Abbildung 10.6 ist der **Abfall von σ_m etwa 100 Zyklen vor Probenbruch** deutlich erkennbar.

In den Abbildungen 10.3 und 10.4 wird für die **Preform-MMCs** exemplarisch an der **Probenvariante A2** der Verlauf von σ_a, $\epsilon_{a,p}$ und σ_m über N dargestellt. Die Erfassung der Messdaten erfolgte zyklengenau, die Auftragung der Ergebnisse erfolgte in Anlehnung an die in den Abbildungen 10.1 und 10.2 dargestellten Ergebnisse der Matrixlegierung.

Aus Abbildung 10.3 geht hervor, dass sich für die MMC-Variante A2 im Vergleich zur Matrixlegierung ein vollkommen unterschiedlicher Verlauf von σ_a und $\epsilon_{a,p}$ ergibt. Während σ_a beim unverstärkten Matrixwerkstoff mit der Zyklenzahl ansteigt (Abb. 10.1), sinkt die Spannungsamplitude beim Preform-MMC nach einem Einschwingvorgang kontinuierlich. Die plastische Dehnungsamplitude sinkt bei der unverstärkten Matrix im Verlauf des Versuchs kontinuierlich, wohingegen $\epsilon_{a,p}$ beim Preform-MMC innerhalb weniger Zyklen nahezu sein Maximum erreicht. Mit zunehmender Zyklenzahl nimmt

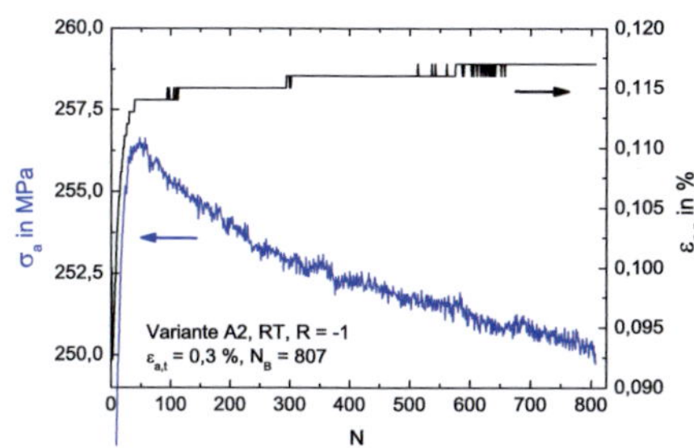
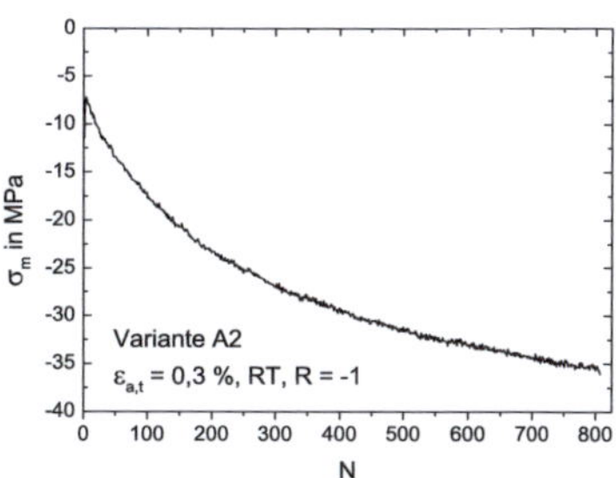

Abb. 10.3. Variante A2: Verlauf von σ_a und $\epsilon_{a,p}$ unter Wechselbeanspruchung

Abb. 10.4. Variante A2: Verlauf von σ_m über N unter Wechselbeanspruchung

$\epsilon_{a,p}$ beim MMC nur noch geringfügig zu. Aus der nach einem Einschwingvorgang beobachteten Abnahme der Spannungsamplitude σ_a und der geringen Zunahme der plastischen Dehnungsamplitude $\epsilon_{a,p}$ geht hervor, dass die MMC-Probenvariante A2 bei RT und totaldehnungsgeregelter Versuchsführung mit $\epsilon_{a,t}$ = 0,3 % ein **wechselentfestigendes Werkstoffverhalten** aufweist (vgl. Kapitel 7.2.3).

Während im Versuchsverlauf die Mittelspannung bei der Matrixlegierung auf niedrigem Niveau praktisch konstant bleibt (Abb. 10.2), ergeben sich beim Preform-MMC mit zunehmender Zyklenzahl kontinuierlich Druckmittelspannungen, wie Abbildung 10.4 belegt. Allerdings ergeben sich selbst 50 Zyklen vor Probenbruch keine Anzeichen für eine makroskopische Schädigung, da, wie aus Abbildung 10.8 ersichtlich ist, die Mittelspannung bis kurz vor Probenversagen einen konstanten Verlauf zeigt.

Nachgiebigkeiten

Eine sich entwickelnde Schädigung, z. B. durch lokale Risse, führt zu einer Abnahme der Probensteifigkeit unter Zugbeanspruchung. Die in Abbildung 2.7 definierten **Nachgiebigkeiten** (engl. Compliance) sind daher besonders geeignet, durch das Auftragen über der Lastspielzahl eine **Detektion des Beginns der Schädigung und einer Schädigungsentwicklung** durch eine Zunahme des **Verhältnisses** C_D/C_Z zu ermöglichen.

In Abbildung 10.5 sind σ_m und C_D/C_Z über N für die **Matrixlegierung** AlSi12 aufgetragen, Abbildung 10.6 zeigt als Ausschnitt hiervon die letzten 200 Zyklen vor Probenbruch.

Der Abfall der Mittelspannung und im besonderen die **Zunahme des Verhältnisses** C_D/C_Z der Nachgiebigkeiten lässt bei der Matrixlegierung eine

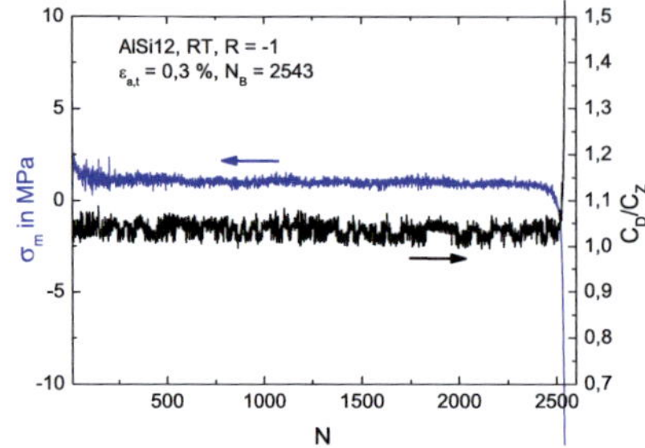
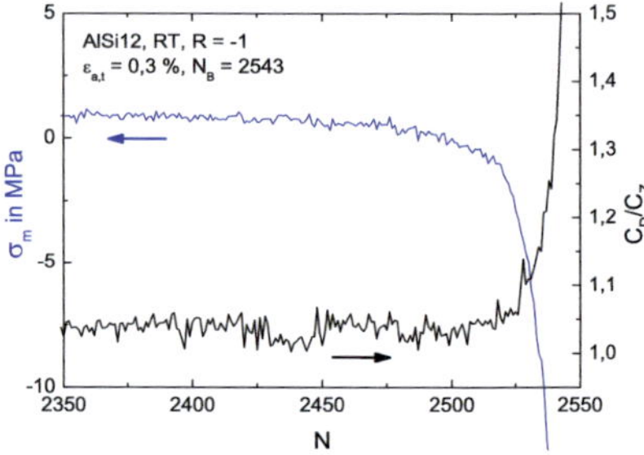

Abb. 10.5. AlSi12: Verlauf von σ_m und C_D/C_Z unter Wechselbeanspruchung

Abb. 10.6. AlSi12: Verlauf von σ_m und C_D/C_Z über N unter Wechselbeanspruchung (Ausschnitt)

beginnende makroskopische Rissbildung etwa 100 Zyklen vor Probenbruch erkennen.

In Abbildung 10.7 sind σ_m und C_D/C_Z über N für die **Probenvariante A2** aufgetragen, Abbildung 10.8 zeigt als Ausschnitt hiervon die letzten Zyklen vor Probenbruch.

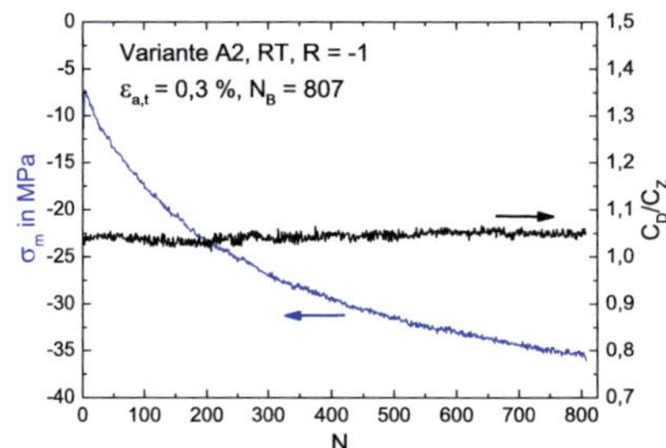
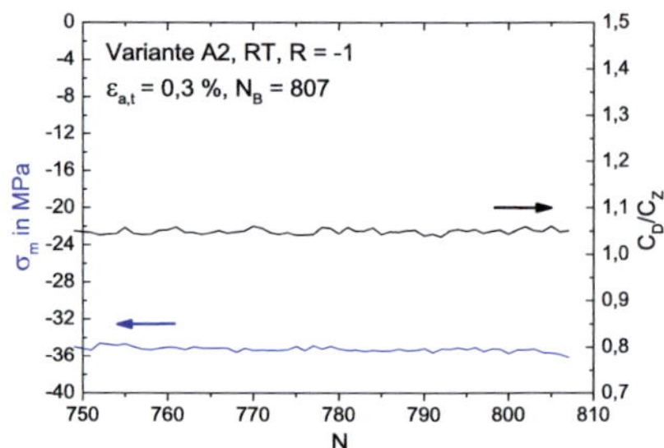

Abb. 10.7. Variante A2: Verlauf von σ_m und C_D/C_Z unter Wechselbeanspruchung

Abb. 10.8. Variante A2: Verlauf von σ_m und C_D/C_Z über N unter Wechselbeanspruchung (Ausschnitt)

Der Mittelspannungsverlauf und der **Verlauf von C_D/C_Z** der MMC-Variante A2 lassen – im Gegensatz zur Matrixlegierung (Abb. 10.6) – **keine signifikante Änderung vor dem Probenbruch** erkennen.

Dies steht im Gegensatz zu den Ergebnissen von Hartmann, der Untersuchungen zum Schädigungsverhalten von partikel- und kurzfaserverstärkten Verbundwerkstoffen anhand von **Steifigkeitsmessungen während der zyklischen Verformung** durchgeführt hat (Har02a; Har02b; Har03; Har04).

Dabei wurde der Bereich der elastischen Entlastung nach der Lastumkehr (E_T im Zug und E_C im Druck, vgl. C_Z und C_D in Abbildung 2.7) als Funktion der Zyklenzahl für verschiedene Gesamtdehnungsamplituden für die MMCs mit AA6061-T6 Matrix ausgewertet. Die Änderung der Werte von E_T bzw. E_C wurde auf den E-Modul der Probe im Ausgangszustand (E_o) normiert, wodurch sich für die Schädigung charakteristische Werte D_T und D_C als Funktion der Zyklenzahl ergeben. Beobachtet wurde dabei eine Abnahme der Probensteifigkeit über N und damit eine Zunahme der Schädigungswerte, und zwar mit zunehmender Totaldehnungsamplitude umso ausgeprägter. Am **Ende der Versuche steigen die D_T-Kurven steil an**, was auf das **Wachstum des Ermüdungsrisses** zurückgeführt wird. Nach Hartmann ist die detektierte Schädigung im Druckbereich naturgemäß aufgrund von Rissschließeffekten nicht sehr ausgeprägt. Es ergibt sich zudem kein signifikanter Unterschied im Kurvenverlauf für den partikelverstärkten und den kurzfaserverstärkten Verbundwerkstoff bei der Betrachtung des Schädigungsparameters D_T.

Ein Vergleich der Beobachtungen von Hartmann an partikel- und kurzfaserverstärkten MMCs mit den vorliegenden Ergebnissen an Preform-MMCs lässt den Schluss zu, dass nicht nur der Anteil der Verstärkung, sondern auch deren Anordnung im MMC (vgl. Abbildungen 2.9 und 2.10) einen Einfluss auf das Schädigungsverhalten haben.

Metallographische Befunde

Bei metallischen Werkstoffen ist für die Rissbildung an einer glatten Oberfläche im allgemeinen ein lokales Ereignis in der Mikrostruktur im oberflächennahen Bereich verantwortlich. Die Risse verlaufen in der Regel zunächst schubspannungskontrolliert unter $45°$ zur Beanspruchungsrichtung, ab einem hinreichenden Risswachstum dann normalspannungskontrolliert (Mac77; Mac90; Mun71; Rico9). Ausgangspunkt der lokalen Materialtrennung können zudem Lunker und Einschlüsse oder auch mikroskopische Bearbeitungsmerkmale sein. Die Abbildungen 10.9 und 10.10 bestätigen dies für den Matrixwerkstoff AlSi12.

Die von Flaig (Fla95) untersuchte Al-Legierung GK-AlSi12CuMgNi zeigt bei einer Versuchstemperatur von 20 °C nach Abschluss der Verfestigung bei N = 100 keinerlei lichtmikroskopisch erkennbare Schädigung des Gefüges in Form von Anrissen. Lediglich im Bereich der Probenoberfläche sind einige gebrochene Teilchen zu finden, die vermutlich von der Bearbeitung bei der Probenherstellung herrühren. Auch die Schliffbilder nach N = 1000 und 10000 zeigen keine signifikante Schädigung des Gefüges.

Bei einer erhöhten Versuchstemperatur von 250 °C und totaldehnungskontrollierter Wechselbeanspruchung mit $\varepsilon_{a,t} = 0{,}175$ % sind bei GK-AlSi12Cu-

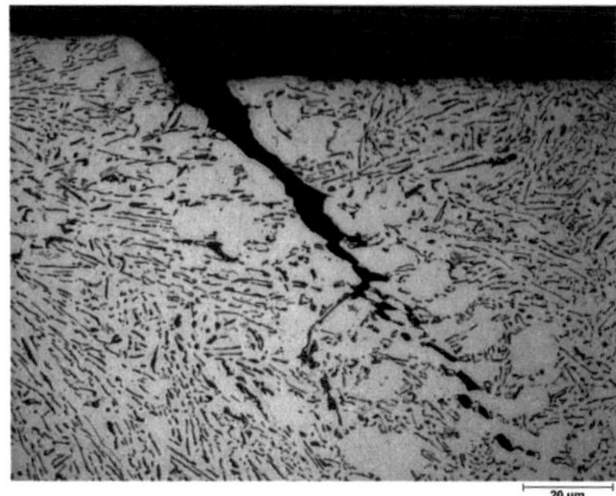

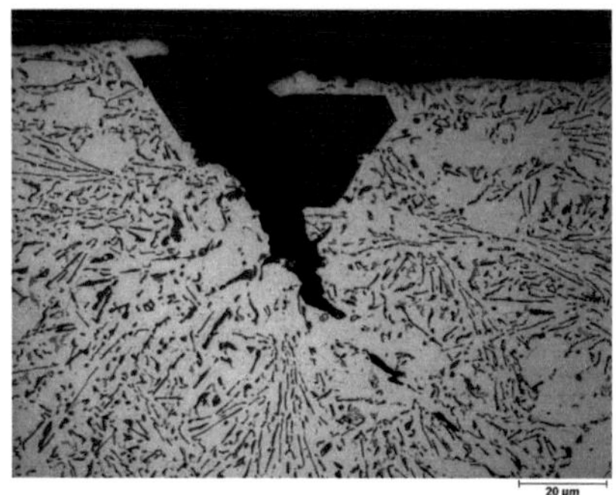

Abb. 10.9. Oberflächennaher Mikroriss einer AlSi12-Probe

Abb. 10.10. Bruch einer oberflächennahen Siliziumausscheidung mit Mikroriss bei einer AlSi12-Probe

MgNi an der Oberfläche bzw. im Probeninneren nach 100, 1000 und 10000 Lastspielen keine Anrisse nachweisbar. Nach Probenbruch beobachtet man im Bereich der Bruchfläche in der Regel nur sehr wenige Sekundärrisse, die überwiegend die α-Matrix durchwandern, aber auch Si-Kristalle durchschneiden (Fla95).

Die Abbildungen 10.11 und 10.12 zeigen Längsschliffe einer MMC-Probe der Variante A2 in 500facher und 2800facher Vergrößerung, wobei in Abb. 10.11 im unteren Bildteil die Probenoberfläche erkennbar ist. Der Anriss erfolgt oberflächennah und breitet sich entlang der Grenze zwischen Al_2O_3-Keramik (dunkle Bereiche) und Matrix (helle Bereiche) aus. In Abbildung 10.12 ist zu erkennen, dass der Riss in einen Bereich mit höherem Matrixanteil hineinläuft und dort gestoppt wurde.

Die Abbildungen 10.13 und 10.14 zeigen eine MMC-Probe der Variante AG im Längsschliff. Die hellen Bereiche sind Al_2O_3, die dunklen Bereiche sind AlSi12-Matrix.

Neben dem zum Versagen führenden Riss (in Abb. 10.13 am rechten Bildrand) ist ein Sekundärriss deutlich zu erkennen, der von Bereichen mit höherem Matrixanteil begrenzt wird.

Auch die **Gefüge der MMCs** zeigten bei lichtmikroskopischen Untersuchungen **nur wenige Sekundärrisse**, obwohl der vergleichsweise hohe Keramikanteil der Preform-MMCs zahlreiche Brüche der Keramik-Preform bei isothermer zyklischer Beanspruchung vermuten ließ.

Ein Zusammenhang zwischen den in Kapitel 3.3 beschriebenen Oberflächen-Kenngrößen und dem Lebensdauerverhalten der MMCs ist nicht erkennbar

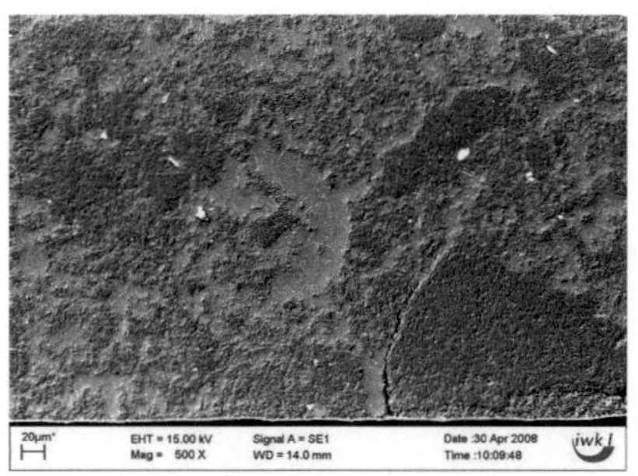

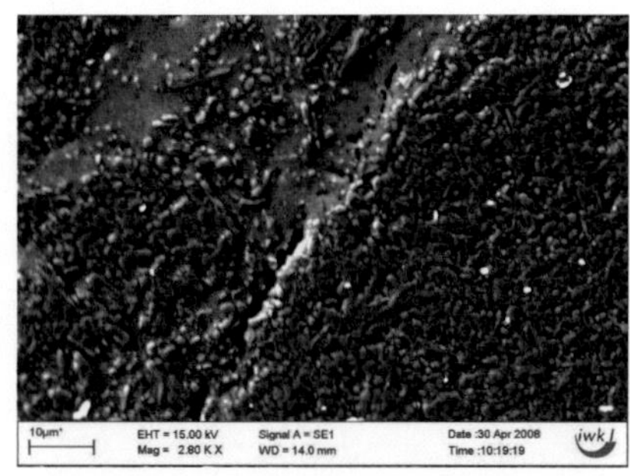

Abb. 10.11. Oberflächennaher Riss einer MMC-Probe der Variante A2

Abb. 10.12. Oberflächennaher Riss einer MMC-Probe der Variante A2 (Ausschnitt)

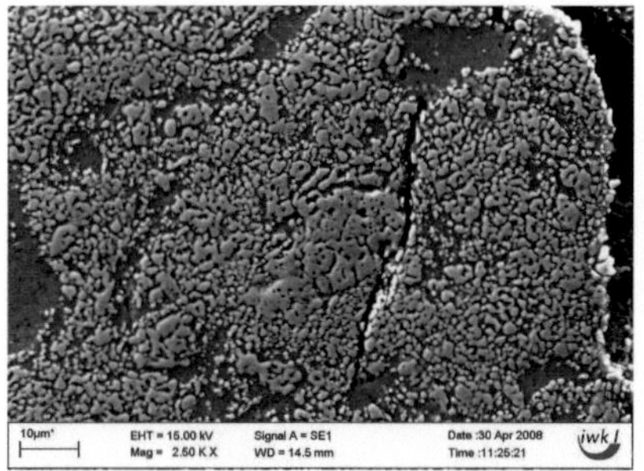

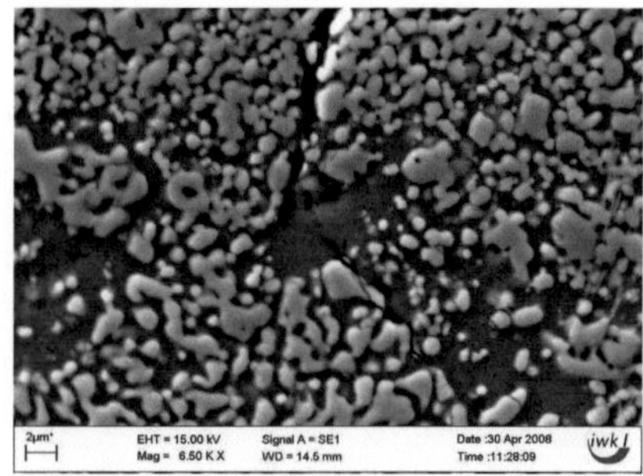

Abb. 10.13. Sekundärrisse an einer MMC-Probe der Variante AG

Abb. 10.14. Sekundärrisse an einer MMC-Probe der Variante AG (Ausschnitt)

(vgl. Kapitel 7.2.10). Zudem konnte eine bevorzugte Rissbildung in Oberflächennähe nicht nachgewiesen werden.

Bruchmechanik

Für die untersuchten MMCs wurden mit der SEVNB-Methode (Küb02) die Risszähigkeiten K_{IC} bestimmt (Neu05; Huc06). Zwischen der kritischen Risslängen a_c und der Spannung σ im Moment des Bruches besteht die Beziehung (Mun89; Mun99)

$$a_c = \left[\frac{K_{IC}}{\sigma \cdot Y} \right]^2 \tag{10.1}$$

Y ist eine Funktion der auf eine charakteristische Bauteilgröße bezogenen Risslänge und $\sigma = \sigma_0$ ist die charakteristische Festigkeit, die aus 4-Punkt-Biegeversuchen bei Raumtemperatur nach Weibull ermittelt wurde. Im vorliegenden Fall kann als Näherung Y = 1,3 für halbkreisförmige Oberflächenrisse angenommen werden, da die Risslänge klein gegenüber dem Probendurchmesser ist (Fet08).

Die Risszähigkeit von AlSi12 ist zu hoch, um die Bedingung für den halbkreisförmigen Oberflächenrisse zu erfüllen, so dass keine kritische Risslänge abgeschätzt werden konnte.

In Ergänzung zu Tabelle 3.2 werden nachfolgend in Tabelle 10.1 die K_{IC}-Werte und die kritischen Risslängen a_c der MMC-Varianten angegeben. Die kritischen Risslängen beziehen sich auf Rundproben von 5 mm Durchmesser, wie sie aus Abb. 3.2 bekannt sind.

Tab. 10.1. Bruchmechanische Kennwerte der untersuchten Werkstoffvarianten. Die K_{IC}-Werte von AlSi12 basieren auf den Literaturangaben von (Hec83), (Kle07) und (Ric09). Hinweis: $1\,\text{MPa}\sqrt{m} = \sqrt{1000}\,\text{Nmm}^{-3/2} = 31{,}62\,\text{Nmm}^{-3/2}$.

Variante	**T1**	**A2**	**AG**	**AlSi12**
Preform	TiO_2	Al_2O_3	Al_2O_3 + Glasfritte	–
Keramikanteil	39 Vol-%	30 Vol-%	37 Vol-%	0 Vol-%
K_{IC}	$7{,}4\,\text{MPa}\sqrt{m}$	$9{,}9\,\text{MPa}\sqrt{m}$	$8{,}9\,\text{MPa}\sqrt{m}$	20-45 $\text{MPa}\sqrt{m}$
a_c	0,224 mm	0,312 mm	0,225 mm	–

Es ist anzunehmen, dass die in den Abbildungen 10.11 und 10.13 gezeigten Risse die kritische Risslänge a_c für die jeweilige Variante nicht erreicht und daher nicht zum Versagen der Probe geführt haben.

Das Ermüdungsrisswachstum findet im Allgemeinen weit unterhalb der statischen bruchmechanischen Werkstoffkennwerte, wie z. B. K_C und K_{IC} statt (Ric09). Bei Ermüdungsrissausbreitung müssen zyklische Werkstoffwiderstände betrachtet werden, also beispielsweise $R_{es,zykl}$ statt R_{es}, die aus der zyklischen Spannungs-Dehnungskurve durch Extrapolation $\epsilon_{a,p} \rightarrow 0$ bestimmt werden (Lan05).

Die in Tabelle 10.1 angegebenen kritischen Risslängen a_c basieren auf den in quasistatischen Bruchversuchen ermittelten charakteristischen Festigkeiten (vgl. Tab. 3.2). Daher dürfen die in Tabelle 10.1 aufgeführten kritischen

Risslängen nicht ohne Weiteres mit den bei zyklischen Versuchen zu erwartenden kritischen Risslängen gleichgesetzt werden.

Bei zyklischen Versuchen sind die auftretenden Maximalspannungen heranzuziehen. Es ergeben sich bei den zyklischen Versuchen somit andere kritische Risslängen, die vom Niveau der induzierten Maximalspannungen abhängig sind.

Aus den Abbildungen 7.7, 7.14, 7.19, 7.38 ist ersichtlich, dass die Werte der zyklischen Spannungs-Dehnungskurven über den Werten der quasistatischen Spannungs-Dehnungs-Kurven liegen.

Bei der Betrachtung der Maximalspannungen ist allerdings fraglich, ob allein die Maximalwerte von σ_a der zyklischen Spannungs-Dehnungskurve heranzuziehen sind, da dadurch die Mittelspannungen σ_m unberücksichtigt bleiben. Da bei der unverstärken Matrixlegierung allenfalls ein geringer Aufbau von Mittelspannungen beobachtet wird, fallen bei AlSi12 σ_a und σ_{max} zusammen.

Abhängig von den Beanspruchungsamplituden ergeben sich bei den MMCs zum Teil ausgeprägte Mittelspannungen (vgl. Abb. 7.11, 7.18), die mit zunehmender Lastspielzahl eine Reduktion von σ_{max} bedingen. Bei hohen Beanspruchungsamplituden kann allerdings ein Versagen der Probe eintreten, bevor es zum Aufbau von Mittelspannungen kommt (Abb. 7.35). Demzufolge sind die kritischen Risslängen bei den MMCs auch von der Beanspruchungsamplitude abhängig.

Die bei isothermer zyklischer Beanspruchung beobachteten Maximalspannungen sind aus Abbildung 7.43 bekannt. Alle darin aufgeführten Maximalspannungen liegen deutlich unterhalb der charakteristischen Festigkeiten. Auch die Maximalwerte der zyklischen Spannungs-Dehnungskurven (vergleiche Abb. 7.7, 7.14, 7.19, 7.38) erreichen nicht die Werte der charakteristischen Festigkeiten (vgl. Tab. 3.2). Setzt man diese Spannungen in Formel 10.1 ein, so ergeben sich größere kritische Risslängen als die in Tabelle 10.1 aufgeführten kritischen Risslängen der MMCs. Die aus Tabelle 10.1 bekannten a_c-Werte stellen daher eine Basis für die Abschätzung der geringsten zu erwartenden kritischen Risslängen bei zyklischer Beanspruchung dar.

Schallemissionsanalyse

Spannungskontrollierte Wechselverformungsversuche wurden von Dümmig (Düm09) bei Raumtemperatur an der MMC-Variante T1 durchgeführt. Besondere Aufmerksamkeit wurde dabei der möglichen **zeitlichen und örtlichen Detektion von Schädigungsereignissen mittels Schallemissionsanalyse** geschenkt.

Die Vorstellung, dass lokal begrenzte Schädigungsereignisse zahlreiche Stege der schwammartig ausgebildeten Keramikpreform aufbrechen, konnte mit der Schallemissionsanalyse nicht bestätigt werden. Es konnten über den gesamten Versuchsverlauf **keine Schallemissionsereignisse detektiert** werden, die Rückschlüsse hierauf zulassen. In den Preform-MMCs kommt es demnach bis kurz vor Probenbruch entweder zu keiner Schädigung oder einer Schädigung, bei der keine Schallemissionen auftreten. Es besteht zwar die Möglichkeit, dass die Schallemissionen zu gering sind oder durch die Durchdringungsstruktur der MMCs so stark gedämpft sind, dass sie im Grundrauschen des Messsignals untergehen. Dagegen spricht aber der von Hartmann und Biermann (Har02a; Har02b; Har03; Bie02) beschriebene erfolgreiche Einsatz der Schallemissionsanalyse bei den von ihm untersuchten MMCs.

Dümmig stellt zudem fest, dass sich die **Auswertung der Hystereseschleifen** im Vergleich mit den **Ergebnissen der Schallemissionsanalyse** als **empfindlicher** erwiesen hat.

Schädigungs- und Versagensverlauf bei isothermer Beanspruchung

Bei den spannungskontrollierten Schwingungsversuchen mit $\sigma_a = 150$ MPa konnte Dümmig (Düm09) ein sogenanntes **zyklisches Kriechen** feststellen, wobei ein Versagen der untersuchten T1-Proben bei den zyklischen Beanspruchungsversuchen immer bei einer maximalen **plastischen Mitteldehnung von 0,2 %** auftrat. Ergänzende Untersuchungen zeigten, dass der Maximalwert der plastischen Mitteldehnung $\epsilon_{m,p}$ bei Probenbruch von der Beanspruchungsamplitude abhängt. Zunehmende Beanspruchungsamplituden führen zu geringeren Werten der maximalen plastischen Mitteldehnung. Daher scheint ein **Versagen der MMC-Proben bei spannungsgeregelter Versuchsführung bei Erreichen der jeweiligen Grenzdehnung, d.h. der maximalen plastischen Mitteldehnung,** zu erfolgen.

Mittels In-situ Zugversuchen im REM, die wie in Kapitel 4.4 beschriebenen von Dümmig durchgeführt wurden, zeigte sich, dass eine Rissausbreitungsbetrachtung mit diesem Verfahren praktisch nicht möglich ist. Die Risszähigkeit der MMC-Werkstoffe ist vergleichsweise gering, wodurch sich eine sehr hohe Rissausbreitungsgeschwindigkeit ergibt. Es zeigte sich zudem, dass Risse an der Oberfläche nicht versagensrelevant sein müssen. Ein Rissausgang kann im **gesamten Probenvolumen** liegen, wobei es im Rasterelektronenmikroskop allenfalls möglich ist, Ausgangsrisse an der Oberfläche zu detektieren.

Teutsch (Teu09) hat für die **isotherme Schädigung ein Modell** vorgeschlagen, bei dem die Stege als rein elastisch federnd angesehen werden und der

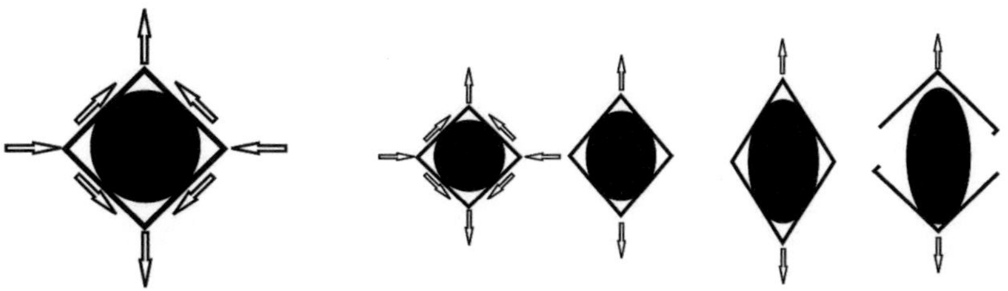

Abb. 10.15. Schematisch-er Kraftverlauf (Teu08) **Abb. 10.16.** Modellvorstellung zum Ausgang der Schädigung von Preform-MMCs (Teu08)

Al-Legierung eine Dämpfungsfunktion zugeschrieben wird. Den Verlauf der Kräfte an den schematische dargestellten Keramikstegen einer mit AlSi12 gefüllten MMC-Pore deuten in Abbildung 10.15 die Pfeile an, Abbildung 10.16 illustriert, wie es an den Keramikstegen zum Bruch kommt. Die eingezeichneten Balken stellen die Stege aus Keramik dar, die einen gewissen Grad an elastischer Biegeverformung zulassen. Kreisförmig abstrahiert dargestellt ist die in die Poren durch den Infiltrationsprozess eingebettete Al-Legierung. Diese verformt sich unter Wechselbeanspruchung elastisch-plastisch und sorgt für das plastische Verformungsverhalten des Verbundwerkstoffs. Bei Erreichen eines lokalen Verformungsmaximums versagt die Keramik-Preform. Lokal hohe Konzentrationen der Al-Legierung können im günstigsten Fall Rissstoppeigenschaften haben (vgl. Abb. 10.13), jedoch führen lokale Spannungsüberhöhungen zum Versagen größerer Bereiche der Keramik-Preform und damit zum Versagen des Werkstoffs.

Dies ist in Übereinstimmung mit dem von Beyer (Bey02) an aluminothermisch umgesetzten Verbundwerkstoffen beobachteten Sprödbruchverhalten (siehe Kapitel 2.2.2).

Die Betrachtungen des Wechselverformungsverhaltens, der Nachgiebigkeiten, der metallographischen Befunde, der bruchmechanischen Kennwerte und der Ergebnisse der Schallemissionsanalyse lassen den Schluss zu, dass sich die **Schädigung unter isothermer Beanspruchung** auf folgende Weise entwickelt:

Sobald lokal in der Al-Matrix eine **kritische Spannung** überschritten oder eine **Grenzdehnung** erreicht wurde, kommt es durch Bruch eines Keramiksteges zu einem **mikroskopischen Anriss**, der sich aufgrund der geringen Risszähigkeit der MMCs sehr schnell zu einem **makroskopischen Riss** entwickelt, welcher **innerhalb weniger Lastwechsel zum Versagen der Probe führt**. Bei den isothermen Versuchen wurde mit zunehmender Lastspielzahl in der Regel eine Abnahme von σ_{max} beobachtet, was das Erreichen von kritischen lokalen Spannungen als Ursache für die Entstehung mikroskopischer Anrisse scheinbar wenig wahrscheinlich macht.

Bei der Betrachtung von σ_m und σ_{max} sind allerdings die **Eigenspannungen nur indirekt detektierbar**. Die isotherme Schädigung scheint durchaus von den Eigenspannungen beeinflusst zu sein. Da – wie bereits in Kapitel 7.2.9 beschrieben – angenommen werden kann, dass aufgrund des unterschiedlichen thermischen Ausdehnungsverhaltens die AlSi12-Matrix der MMCs beim Abkühlen unter zunehmender **Zugspannung** steht, tritt unter Zugbeanspruchung vergleichsweise früh eine **Plastifizierung der Al-Matrix** ein. Insbesondere in kleinen Poren der MMC-Preform steht der Matrix wenig Volumen zum Abbau von Spannungen durch Plastifizieren zur Verfügung. Die auftretenden Spannungen können daher in diesen lokal eng begrenzten Bereichen früher als in anderen Regionen des MMCs zu einem **Versagen der Al-Matrix** führen, die wiederum die **MMC-Preform schädigen und so in wenigen Beanspruchungszyklen zum Versagen des Werkstoffs führen.**

Aus der Literatur bekannte Untersuchungen an anders gearteten MMCs kommen durchaus zu abweichenden Erklärungen für die Rissentstehung- und Ausbreitung an MMCs.

Ermüdungsversuche an MMCs aus einer mit 22 Vol-% Al_2O_3-Partikeln verstärkten Aluminiumlegierung 6061 im Zustand T6 (Versuchsbedingungen: Raumtemperatur, f = 40 Hz, R = 0,1) ergaben **Anrisse sowohl an der Oberfläche, als auch im Inneren der Proben** – bevorzugt bei niedrigen Lastniveaus.

Als Ausgang für die Schädigung werden vor allem Partikelagglomerate und nichtmetallische Einschlüsse angesehen, wobei die Rissinitiierung zunächst nur lokal begrenzt auftritt, was **Spannungsüberhöhungen und damit lokale Plastifizierungen** zur Folge hat. Ein **Steifigkeitsverlust** ist aufgrund der **lokalen Begrenzung der Schädigung** über den Großteil der Gesamtlebensdauer bei HCF-Versuchen **nicht erfassbar.**

Bei 90 bis 95 % der Gesamtlebensdauer ergibt sich bei spannungskontrollierter Versuchsführung eine deutliche Zunahme der Dehnungsamplitude, was auf eine **Wechselentfestigung oder beginnende Schädigung** schließen lässt (Ber99). Die spannungskontrollierter Versuchsführung ist zwar nicht direkt mit den Ergebnissen der dehnungsgeregelten Versuchsführung vergleichbar, aber die Zunahme der Dehnungsamplitude kurz vor Probenbruch bei den partikelverstärkten MMCs ist eine deutliche Parallele zum Abfall von σ_a und σ_m der unverstärkten Matrixlegierung vor Probenbruch. Nach (Ber99) ist der Ausgang der lokalen Schädigung nicht die Matrix, sondern der Bruch von Partikelagglomeraten und nichtmetallischen Einschlüssen. Die partikelverstärkten MMCs ähneln demnach in ihrem Ermüdungsverhalten und der Anrissbildung eher dem Matrixwerkstoff.

Beck (Becoob) stellt fest, dass für die mit 15 Vol-% Saffil®faserverstärkte Al-Si10Mg-Legierung bei T = 150 °C keine Rissausbreitungsphase wie für T = 300 °C beobachtet wurde, da bei T = 150 °C Spannungskonzentrationen an der Rissspitze weniger gut durch plastische Verformung der α-MK-Matrix abgebaut werden als bei T = 300 °C und somit der Probenbruch durch instabile Rissausbreitung schon bei Vorliegen sehr kurzer Anrisse und bei einer wesentlich geringeren Anzahl von Faserbrüchen innerhalb des Probenvolumens einsetzt. Nach der Argumentation von Beck scheinen bei den von ihm untersuchten MMCs Faserbrüche das Versagensverhalten zu bestimmen.

Die Ergebnisse lassen den Schluss zu, dass es zur **Beurteilung des Schädigungsverhaltens von MMCs** neben den Eigenschaften der Matrixlegierung nicht nur auf die **Art und Menge der Verstärkungsphase** ankommt, sondern dass das **Gefüge der Verstärkungsphase** (vgl. Abb. 2.9 und 2.10) einen großen Einfluss auf das Schädigungsverhalten besitzt.

10.2 Schädigungsverhalten TMF

Wechselverformungsverhalten

Wie bereits in den Kapiteln 8.1, 8.2, 8.5 und 8.8 festgestellt, zeigen sowohl die Matrixlegierung AlSi12, als auch alle MMC-Probenvarianten ein **entfestigendes Werkstoffverhalten** unter OP-TMF-Beanspruchung. Dies ist in Übereinstimmung mit den Resultaten von Beck (Becoob; Becooc), Flaig (Fla95), Qian (Qia03) und Kang (Kan08) (vgl. Kapitel 2.2.2).

Neben der Feststellung des entfestigenden Werkstoffverhaltens ist für eine Analyse der Schädigungsentwicklung unter TMF-Beanspruchung eine genauere Betrachtung der Hystereseschleifen sinnvoll.

So zeigt Abbildung 10.17 die Entwicklung der Hystereseschleifen im Verlauf eines TMF-Versuchs für die Matrixlegierung AlSi12 und Abbildung 10.18 für die MMC-Variante AG. Die Maximaltemperatur bei AlSi12 ist 350 °C, bei der Variante AG sind die Hysteresen für T_{max} = 400 °C dargestellt. Die zugehörigen Verläufe der plastischen Dehnungsamplitude $\epsilon_{a,p}$ über N zeigen Abbildung 10.19 und Abbildung 10.20.

Während bei der Matrixlegierung AlSi12 bei isothermer Versuchsführung eine kontinuierliche Abnahme von $\epsilon_{a,p}$ zu beobachten ist (Abb. 10.1), aber eine Schädigung anhand des Verlaufs von $\epsilon_{a,p}$ nicht detektiert werden kann,

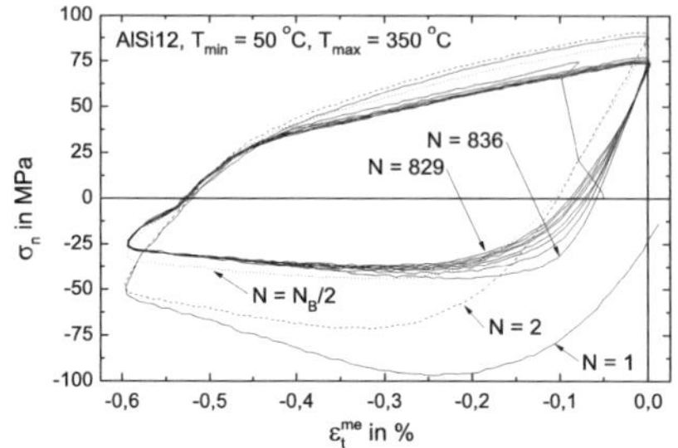

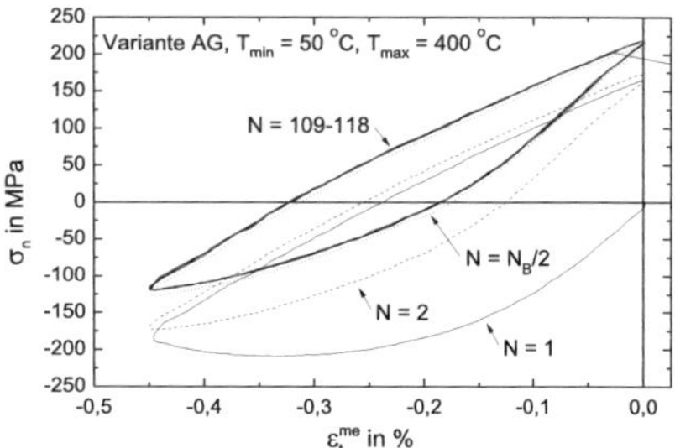

Abb. 10.17. Schädigungsentwicklung der Matrixlegierung AlSi12 unter TMF-Beanspruchung

Abb. 10.18. Schädigungsentwicklung der MMC-Variante AG unter TMF-Beanspruchung

zeigt der gleiche Werkstoff unter TMF-Beanspruchung ein gänzlich anderes Werkstoffverhalten (Abb. 10.19). Deutlich zu erkennen ist bei der Matrix-legierung nach einem Bereich relativer Konstanz die Zunahme von $\epsilon_{a,p}$ ab etwa Lastspiel 750 bis zum Versagen der Probe im Lastspiel 836, was eben-so in Abb. 10.17 als eine schrittweise Aufweitung der Hysterese erkennbar ist. Dass für die plastische Dehnungsamplitude der Al-Matrix in Abbildung 8.6 kurz vor dem Versagen der Proben kein Anstieg registriert wurde, ver-wundert nicht, da die Detektion des Probenbruchs und damit des Abschalt-kriteriums aufgrund der totaldehnungsgeregelten Versuchsführung bei TMF-Versuchen selten gelingt. Eine zyklengenaue Aufzeichnung der Lastspiele wie bei ausgewählten isothermen Versuchen war mit der zur Verfügung stehen-den TMF-Regelung nicht möglich. Somit wurden bei nicht detektiertem Pro-benbruch in der Regel nur die vorab festgelegten Zyklen nach Vorgabe der Speichertermintabelle aufgezeichnet. Bei den in diesem Kapitel diskutierten TMF-Versuchen konnten dagegen die letzten Zyklen vor Probenbruch aufge-zeichnet werden.

Bei der MMC-Variante AG ist bei TMF-Beanspruchung kein Anstieg von $\epsilon_{a,p}$ gegen Versuchsende erkennbar (Abb. 10.20), was auch in Abb. 10.18 die über-einander liegenden Hystereseschleifen der Lastwechsel 109 bis zum Versagen der Probe in Lastwechsel 118 illustrieren.

Ein Vergleich mit dem Verhalten der Preform MMCs bei isothermer Ver-suchsführung ergibt, dass nach erreichen eines $\epsilon_{a,p}$-Plateaus auch dort keine Anzeichen für eine sich ankündigende Schädigung gefunden wurden (Varian-te A2 in Abb. 10.3).

Die Entwicklung der Hystereseschleifen im Verlauf eines TMF-Versuchs der MMC-Variante A2 zeigt Abbildung 10.21, Abbildung 10.22 zeigt die Ent-

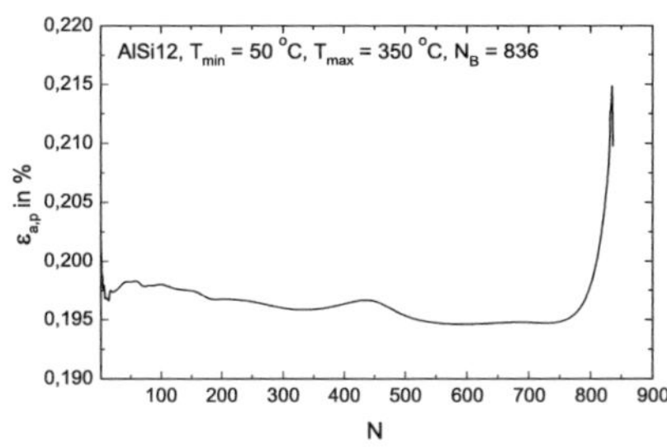
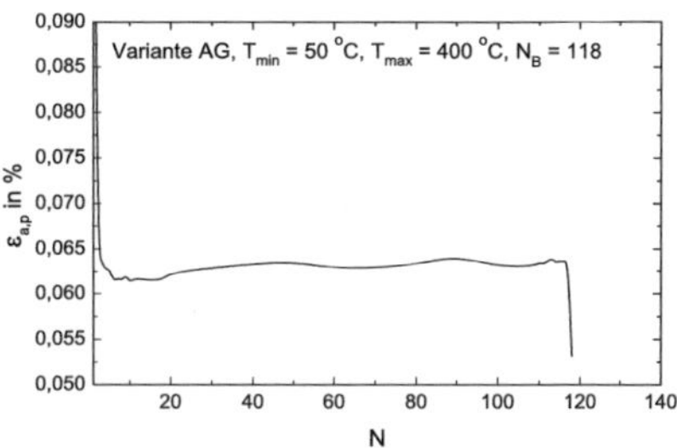

Abb. 10.19. $\epsilon_{a,p}$ über N für die Matrixlegierung AlSi12 unter TMF-Beanspruchung

Abb. 10.20. $\epsilon_{a,p}$ über N für der MMC-Variante AG unter TMF-Beanspruchung

wicklung der Hystereseschleifen für die MMC-Variante T1. T_{max} liegt hier bei 350 °C bzw. 400 °C. Auch hier ist – im Gegensatz zum unverstärkten Matrixwerkstoff (Abb. 10.17) – keine Gestaltänderung der Hystereseschleifen in den letzten Zyklen vor dem Probenbruch feststellbar.

Bei allen untersuchten Proben tritt der Bruch kurz vor erreichen der maximalen Zugspannung des vorletzten Zyklus auf. Beim Matrixwerkstoff liegt dieser Wert bei knapp 75 MPa (Abb. 10.17), bei der Variante AG im Bereich von 200 MPa (Abb. 10.18), bei der Variante A2 (Abb. 10.21) bei etwa 170 MPa und bei der Variante T1 bei etwa 225 MPa (Abb. 10.22).

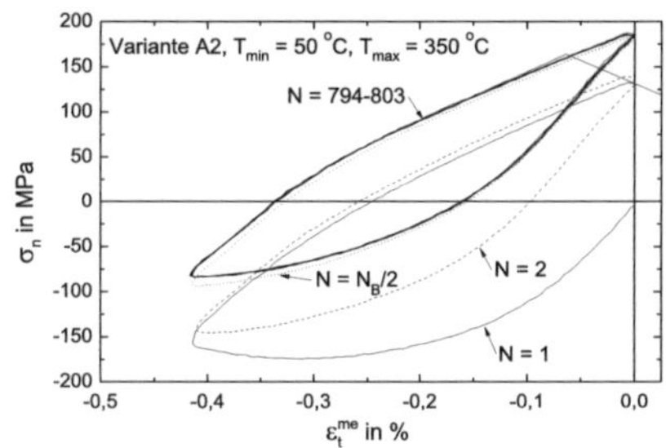
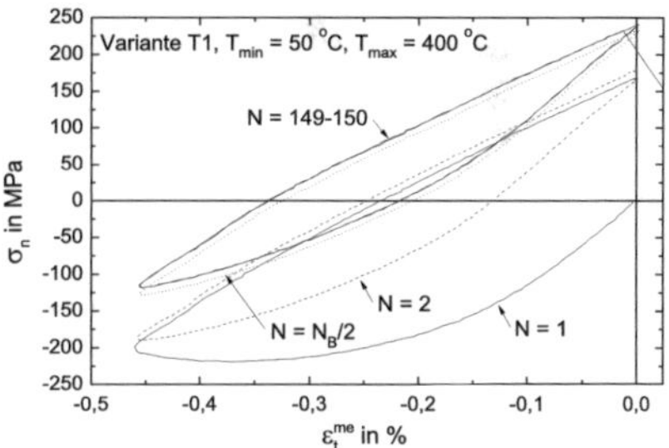

Abb. 10.21. Schädigungsentwicklung der MMC-Variante A2 unter TMF-Beanspruchung

Abb. 10.22. Schädigungsentwicklung der MMC-Variante T1 unter TMF-Beanspruchung

Zu beachten sind dabei die unterschiedlichen Maximaltemperaturen, die zu entsprechenden ϵ_t^{me} bzw. $\epsilon_{a,t}^{me}$ führen und deren Einfluss auf σ_{max} der Abbildung 8.117 entnommen werden kann. Obwohl die Werte in Abb. 8.117 bei $N = N_B/2$ aufgenommen wurden, sind sie doch mit den Werten von σ_{max} gegen Ende des Versuchs vergleichbar, da sich die Maximalspannung zwischen $N = N_B/2$ und den restlichen Lastspielen nur noch geringfügig ändert. Wie die Bilder der Hystereseschleifen zeigen, gilt dies für alle MMCs und ebenfalls für die Matrixlegierung.

Mit 350 °C haben die Al-Matrix in Abbildung 10.17 und die in Abbildung 10.21 gezeigte MMC-Probenvariante A2 die gleiche Maximaltemperatur. Es ist deutlich erkennbar, dass die Aufweitung der Hystereseschleifen und somit $\epsilon_{a,p}$ beim MMC geringer ausfällt. Bei vergleichbarer Bruchlastspielzahl ergeben sich für den Preform-MMC aber deutlich höhere σ_{max}-Werte.

Betrachtet man hierzu ergänzend die Abbildungen 8.106 und 8.113, also den Verlauf der Maximalspannungen bei T_{max} = 300 °C und 350 °C, so lassen sich weitere Unterschiede feststellen: Während σ_{max} bei AlSi12 gegen Ende einbricht, steigt die Maximalspannung bei den MMCs bis zum Probenversagen an.

Schädigungs- und Versagensverlauf bei TMF-Beanspruchung

Während bei den isothermen Versuchen im besonderen die Betrachtung der Nachgiebigkeiten Rückschlüsse auf eine beginnende Schädigung zulässt, kann bei TMF-Beanspruchung den Verlauf von $\epsilon_{a,p}$ als Indikator für eine Schädigung dienen.

Die Ergebnisse der TMF-Versuche deuten darauf hin, dass sowohl beim **Matrixwerkstoff AlSi12** als auch bei den untersuchten **Preform-MMCs** die zum Versagen führende Spannung stark von der Maximaltemperatur abhängig ist. Als **relevanter Parameter für das Versagen der MMCs** unter TMF-Beanspruchung kann die **Maximalspannung σ_{max}** angesehen werden. Dies wird durch folgende Überlegungen nahegelegt:

- Im Verlauf eines TMF-Versuchs werden bei den MMCs die Hysteresen zunehmend in Richtung höherer σ_n-Werte verschoben (Abb. 10.18, 10.21 und 10.22).

- Für alle drei Keramikanteile wurden, abhängig von der Maximaltemperatur bzw. der mechanischen Totaldehnungsamplitude, ähnlich hohe Maximalspannungen (Abb. 8.117) und ähnliche Lebensdauern bei vergleichbaren Maximalspannungen (Abb. 8.119) ermittelt.

- Die Schädigungsparameter P_{SWT} und P_{OST} führen das Lebensdauerverhalten der MMCs in einem gemeinsamen Streuband mit parallelem Verlauf der Ausgleichsgeraden zusammen (Abb. 9.6 und 9.7). Daraus lässt sich schließen, dass neben der vorgegebenen Totaldehnungsamplitude vor allem die Maximalspannung lebensdauerbestimmend ist.

Die Gründe für den Aufbau von Mittelspannungen und damit auch für die Zunahme von σ_{max} bei TMF-Versuchen wurde bereits in Kapitel 9.1 erläutert.

Sobald σ_{max} im Verlauf der zyklischen Beanspruchung eine **kritische Spannung** überschreitet, kommt es in einem örtlich begrenzten Bereich der Probe zu einer Schädigung des Keramikgerüstes und damit zu einem **mikroskopischen Anriss**, der sich aufgrund der geringen Risszähigkeit der MMCs sehr schnell zu einem **makroskopischen Riss** entwickelt, welcher **innerhalb weniger Lastwechsel zum Versagen der Probe führt**. Die Duktilität der AlSi12-Matrix reicht nicht aus, den makroskopischen Riss zu stoppen.

Im Gegensatz zu den isothermen Versuchen spielen Eigenspannungen bei der Schädigungsentwicklung unter TMF-Beanspruchung nur insoweit eine Rolle, dass die Eigenspannungen – abhängig von der Maximaltemperatur – bei jedem TMF-Zyklus während des Abkühlens aufbauen und sich beim Aufheizen auf T_{max} wiederum abbauen.

11 Zusammenfassung

In der vorliegenden Arbeit wurde das Ermüdungsverhalten von Metall-Keramik-Verbundwerkstoffen mit Durchdringungsgefüge untersucht. Ein Schwerpunkt war die Charakterisierung des Wechselverformungs- und Lebensdauerverhaltens von Preform-MMCs unter isothermer und thermisch-mechanischer Beanspruchung, unter anderem als Basis für Modellierungsansätze.

Ergänzend wurden quasistatische Versuche, Versuche zum thermischen Ausdehnungsverhalten und Entlastungsversuche mit dem Ziel der Detektion und Identifikation von Schädigungsereignissen durchgeführt.

Das thermische Ausdehnungsverhalten von Al/Al_2O_3-Verbundwerkstoffen mit Durchdringungsgefüge ist mit keiner der aus der Literatur bekannten theoretischen Vorhersagen gut zu beschreiben. Es konnte gezeigt werden, dass sich unter Berücksichtigung der Temperaturabhängigkeit der elastischen Konstanten das Ausdehnungsverhalten der MMCs mit dem vorgestellten einfachen Ansatz in guter Übereinstimmung mit den Messungen numerisch beschreiben lässt.

Die quasistatischen Zugversuche haben ergeben, dass sich durch die Verstärkung des Matrixwerkstoffs AlSi12 mit den Keramik-Preforms eine erhebliche Steigerung des E-Moduls und der Festigkeit erzielen lässt, was aber erwartungsgemäß mit einer Verringerung der Bruchdehnung einhergeht. Unter den MMCs zeigt die Variante AG die höchsten Werte für Festigkeit und E-Modul, für die Variante T1 ergeben sich im Vergleich zu den beiden anderen MMC-Varianten jeweils geringere Werte.

Bei spannungskontrollierten isothermen Versuchen ist bei den MMCs im Vergleich zur Matrixlegierung eine deutlich höhere Wechselfestigkeit zu verzeichnen. Das Lebensdauerverhalten lässt sich mit der von Basquin vorgeschlagenen doppeltlogarithmischen Darstellung der Ergebnisse durch Ausgleichsgeraden gut beschreiben. Dies gilt auch für Spannungswöhlerkurven bei erhöhter Temperatur. Die Wechselfestigkeit der Variante AG bei einer Temperatur von 450 °C entspricht dabei dem Niveau der Wechselfestigkeit der unverstärkten Matrixlegierung bei Raumtemperatur.

Bei den dehnungsgeregelten isothermen Versuchen tritt die Verstärkungswirkung der Keramikpreforms recht deutlich zutage. Mit zunehmender Totaldehnungsamplitude plastifiziert die unverstärkte Matrix ausgeprägter als die MMC-Varianten. Dabei ergeben sich für alle MMC-Varianten bei vergleichbaren Totaldehnungsamplituden deutlich höhere Spannungsamplituden als für die Matrixlegierung. Mit steigendem Volumenanteil der keramischen Verstärkungsphase nehmen bei den MMCs die aus den vorgegebenen Dehnungsamplituden resultierenden Spannungsamplituden zu.

Für die verstärkten Werkstoffe ergeben sich bei identischer Beanspruchungsamplitude erwartungsgemäß geringere plastische Dehnungsamplituden im Vergleich zum Matrixwerkstoff. Bemerkenswert sind die Unterschiede bei Betrachtung der Mittelspannungen: Während die AlSi12-Legierung allenfalls einen minimalen Aufbau von Mittelspannungen erkennen lässt, ist bei den untersuchten MMCs ein deutlicher Aufbau von Druckmittelspannungen erkennbar.

Im Zusammenhang mit der sich ausbildenden Zug-Druck-Asymmetrie von MMCs wurde von Beck (Becoob) eine kontinuierliche Schädigung der Saffil®-Fasern sowie der sie umgebenden Matrix postuliert. Bei den untersuchten Preform-MMCs wurde daher ein ähnliches Schädigungsverhalten angenommen, d. h. es wurde ein lokalisiertes Brechen von Keramikstegen der Preforms erwartet, das u. a. zu einem Steifigkeitsabfall führt. Allerdings wurde ein Steifigkeitsabfall bei den Entlastungsversuchen nicht beobachtet und eine Rissbildung durch Preformschädigung und Mikrorisse konnte durch Licht- und Rasterelektronenmikroskopie nur lokal begrenzt nachgewiesen werden. Der aus der Zug-Druck-Asymmetrie resultierende Aufbau von Mittelspannungen bei isothermer Beanspruchung der MMCs lässt sich dadurch erklären, dass die unter Zug-Eigenspannungen stehende Metallmatrix in Zugrichtung früher die Fließgrenze erreicht als bei einem eigenspannungsfreien Zustand. Somit ergibt sich bei Wechselbeanspruchung aufgrund des Spannungs-Differenz-Effektes ein ratschenartiger Effekt, der zu einem Aufbau von Mittelspannungen führt.

Die Bruchlastspielzahlen der MMCs bei isothermen dehnungsgeregelten Versuchen streuen trotz des relativ hohen Keramikanteils nicht mehr als die der reinen Matrixlegierung, wodurch sich eine statistische Auswertung nach Weibull – wie sie für Untersuchungen an Keramiken üblich ist – erübrigt. Eine Auftragung der Ergebnisse nach Manson-Coffin und Basquin ermöglicht eine numerische Beschreibung des Lebensdauerverhaltens. Für die Matrixlegierung AlSi12 wurde bei Raumtemperatur ein wechselverfestigendes Werkstoffverhalten beobachtet, wohingegen die MMCs ein wechselentfestigendes Werkstoffverhalten zeigen. Ein Einfluss der Oberflächenbeschaffenheit auf die Lebensdauer der MMCs konnte nicht nachgewiesen werden.

Bei den isothermen Versuchen ist sowohl durch die Darstellung der Ergebnisse nach Manson-Coffin und Basquin, als auch durch die Auftragung der Schädigungsparameter nach Smith-Watson-Topper und Ostergren keine einheitliche Darstellung der Ergebnisse für alle Temperaturen möglich, was in Übereinstimmung mit den Untersuchungen von Beck (Becoob) ist.

Unter TMF-Beanspruchung ergeben sich für alle drei MMC-Varianten höhere Spannungsamplituden und geringere plastische Dehnungen im Vergleich zur unverstärkten Legierung, was darauf zurückzuführen ist, dass die Keramikpreform eine Verringerung der thermischen Dehnung der Matrix bewirkt.

Sowohl bei der Matrixlegierung als auch bei den Preform-MMCs ist bei TMF-Beanspruchung ein Aufbau von Mittelspannungen zu verzeichnen. Die Varianten AG und T1 zeigen ähnliche Verläufe, was mit dem ähnlichen Keramikanteil begründet werden kann. Bei den Maximalspannungen sind die Unterschiede zwischen MMCs und unverstärkter Matrix recht ausgeprägt. Die Matrixlegierung erreicht bei höheren Temperaturen aufgrund der verringerten Festigkeit im Versuchsverlauf nur vergleichsweise geringe Maximalspannungen, wohingegen bei den Preform-MMCs ein kontinuierlicher Anstieg der Maximalspannungen zu verzeichnen ist.

Da die Dehnungsbehinderung der Al-Matrix durch die Preform zu hohen Maximalspannungen führt, ergeben sich im Vergleich mit der unverstärkten Matrix für die MMCs bei hohen Maximaltemperaturen geringere TMF-Lebensdauern. Dagegen sind die Lebensdauern der MMCs bei $T_{max} = 300\,°C$ höher als die der unverstärkten Matrix und der Vergleichsdaten aus der Literatur. Bei $250\,°C$ erreichen die untersuchten Preform-MMCs – im Gegensatz zur Matrix und den Vergleichsdaten – die Grenzlastspielzahl.

Eine einheitliche Beschreibung der MMC-Varianten mit dem Schädigungsparameter nach Ostergren scheint auch hier nicht möglich. Es fällt aber auf, dass die Ausgleichsgeraden der Varianten AG und T1 recht gut übereinstimmen. Dies führt zu dem Schluss, dass der ähnliche Keramikanteil der Varianten (AG 37 Vol-%, T1 39 Vol-%) von entscheidender Bedeutung ist. Die Variante A2 zeigt mit 30 Vol-% Keramikverstärkung bei vergleichbaren P_{OST}-Werten höhere Lebensdauern.

Im direkten Vergleich der Schädigungsparameter P_{SWT} und P_{OST} eignet sich unter Berücksichtigung des Verstärkungsanteils die Verknüpfung von Maximalspannung und plastischer Dehnungsamplitude, also P_{OST}, gut zur Beschreibung des Lebensdauerverhaltens der MMCs. Mit den Maximalspannungen allein lässt sich das Lebensdauerverhalten nur unzureichend beschreiben.

Ein Vergleich der isotherm ermittelten Daten des Schädigungsparameters nach Ostergren mit den TMF-Daten ergibt, dass eine einheitliche Darstellung der Versuchsergebnisse auch mit P_{OST} nicht möglich ist, wobei die Daten in einem engeren Streuband liegen als die nach P_{SWT} ermittelten.

TMF-Versuche mit geringerer oder höherer Dehnungsbehinderung müssten darüber hinaus gesondert betrachtet werden, da die Höhe der Dehnungsbehinderung großen Einfluss auf die Lebensdauer hat.

Das Schädigungsverhalten der Matrixlegierung AlSi12 bei isothermen Wechselversuchen lässt sich recht gut durch die Betrachtung der Nachgiebigkeiten im Zug- und Druckbereich bestimmen. Im Gegensatz dazu lassen sich bei den MMCs bis zum Probenbruch keine Änderungen der Nachgiebigkeiten erkennen. Dies ist in Übereinstimmung mit den Ergebnissen der Entlastungsversuche, bei denen die Abnahme der gemessenen Entlastungsmoduln mit zunehmendem Lastniveau in der Messtoleranz liegt und daher keine Schädigungsentwicklung bis zum Versagen der Proben nachgewiesen werden kann.

Das Schädigungsverhalten der Matrixlegierung AlSi12 bei TMF-Versuchen lässt sich durch Betrachtung der plastischen Dehnungsamplituden bestimmen, die einige Lastspiele vor dem Probenbruch zunehmen. Bei den MMCs wurde dies nicht festgestellt.

Die Betrachtung der Ergebnisse der isothermen und der TMF-Versuche zeigt, dass sich das Lebensdauerverhalten der MMCs recht gut numerisch beschrieben lässt. Die Entwicklung der Schädigung der MMCs kann sowohl bei isothermer als auch bei TMF-Beanspruchung dem Erreichen von kritischen Maximalspannungen in der AlSi12-Matrix zugeschrieben werden.

Im Zusammenhang mit den Eingangs in Kapitel 2 betrachteten Betriebstemperaturen von Kolben ist im Vergleich zu den unverstärkten Kolbenwerkstoffen bei Einsatz der untersuchten Preform-MMCs eine wesentlich gesteigerte Lebensdauer bei TMF-Beanspruchung bei gleichzeitig höherer Warmfestigkeit zu erwarten.

Abbildungsverzeichnis

2.1 Temperaturverteilung in einem Kolben (Angaben in °C) (Alc83) 3
2.2 Phasendiagramm Aluminium-Silizium 4
2.3 Gefüge eutektische Al-Si-Legierung, Kokillenguss 5
2.4 Gefüge eutektische Al-Si-Legierung, Druckguss 5
2.5 Einfluss der Temperatur auf den E-Modul von Al-Legierungen (Alc83) 6
2.6 Einfluss der Temperatur auf die Zugfestigkeit von Al-Legierungen (Alc83) 6
2.7 Hystereseschleife bei elastisch-plastischer Wechselbeanspruchung 8
2.8 Wechselfestigkeit Al-Gusslegierungen 10
2.9 Schicht- und Teilchenverbundwerkstoff (Rau77) 14
2.10 Durchdringungs- und Faserverbundwerkstoff (Rau77) 14

3.1 Herstellung der Preform-MMCs 29
3.2 Probengeometrie MMC-Varianten 32
3.3 Adapter für die TMF-Versuche 33
3.4 Adapter in der Versuchseinrichtung 33
3.5 Zugprobe für In-Situ-Zugversuche 34
3.6 Probengeometrie Zugversuche Matrixlegierung 34
3.7 Dilatometerprobe AlSi12 34
3.8 Oberflächenkontur AlSi12-Rundprobe 36
3.9 Mikrogeometrie AlSi12-Rundprobe mit herausgerechnetem Zylinderprofil 36
3.10 Oberflächenkontur T1-Rundprobe 37
3.11 Mikrogeometrie T1-Rundprobe mit herausgerechnetem Zylinderprofil 37
3.12 Oberflächenkontur AG-Rundprobe 38
3.13 Mikrogeometrie AG-Rundprobe mit herausgerechnetem Zylinderprofil 38
3.14 Oberflächenkontur A2-Rundprobe 39
3.15 Mikrogeometrie A2-Rundprobe mit herausgerechnetem Zylinderprofil 39

4.1	Versuchsführung Entlastungsversuche	44
4.2	Versuchsführung TMF Out-of-Phase	47
4.3	σ_n-T und σ_n-ϵ_t^{me} Hysteresen bei TMF-Beanspruchung	48

5.1	Ausdehnungsverhalten von AlSi12 und Preforms bis 500 °C	49
5.2	Ausdehnungsverhalten des A2-MMCs bis 500 °C	50
5.3	Ausdehnungsverhalten des AG-MMCs bis 500 °C	51
5.4	Ausdehnungsverhalten des T1-MMCs bis 500 °C	51
5.5	Ausdehnungsverhalten aller MMC-Varianten bis 500 °C	51
5.6	Ausdehnungskoeffizienten der drei MMC-Varianten bis 500 °C	53
5.7	Ausdehnungskoeffizienten der drei MMC-Varianten bis 500 °C	54
5.8	Ausdehnungskoeffizienten α im Vergleich zu theoretischen Vorhersagen (Ski98b)	55
5.9	Preform A2, Hysterese im 5. Temperaturzyklus	56
5.10	MMC-Variante A2, Hysterese	56
5.11	Einfluss der Temperatur auf den E-Modul von Al-Legierungen (Alc83)	58
5.12	Al_2O_3: E-Modul in Abhängigkeit von Porosität und Temperatur	58
5.13	Vergleich zwischen Messkurve und Polynom von Variante A2 und T1	59
5.14	Faktor C_{Matrix} in Abhängigkeit des Keramikanteils	62
5.15	Ausdehnungsverhalten A2-MMC im Vergleich zu A2-Preform und AlSi12	62
5.16	Ausdehnungsverhalten AG-MMC im Vergleich zu AG-Preform und AlSi12	63
5.17	Ausdehnungsverhalten T1-MMC im Vergleich zu T1-Preform und AlSi12	63

6.1	Zugversuche AlSi12: σ_n-ϵ_t-Kurven	65
6.2	Zugversuche MMCs: σ_n-ϵ_t-Kurven bei RT	66
6.3	MMCs und AlSi12: Vergleich der σ_n-ϵ_t-Kurven	67
6.4	MMC-Variante A2: Mischungsregel unter Berücksichtigung von C	68
6.5	MMC-Variante AG: Mischungsregel unter Berücksichtigung von C	69
6.6	MMC-Variante T1: Mischungsregel unter Berücksichtigung von C	69
6.7	A2, Entlastungsversuch: σ_n über ϵ_t	71
6.8	AG, Entlastungsversuch: σ_n über ϵ_t	71
6.9	T1, Entlastungsversuch: σ_n über ϵ_t	72
6.10	Überblick Ergebnisse Entlastungsversuche	72

7.1 Spannungswöhlerkurven aller MMCs und der Matrixlegierung AlSi12 75

7.2 Spannungswöhlerkurven der Variante AG bei RT, 250 °C und 450 °C 75

7.3 AlSi12: σ_n-ϵ_t-Hysteresen bei RT für $N = N_B/2$ 77

7.4 AlSi12: σ_m über N bei RT 77

7.5 AlSi12: σ_a über N bei RT 77

7.6 AlSi12: $\epsilon_{a,p}$ über N bei RT 77

7.7 AlSi12: σ-ϵ-Diagramm bei RT, monoton und zyklisch 78

7.8 AlSi12: $\epsilon_{a,t}$, $\epsilon_{a,el}$ und $\epsilon_{a,p}$ über N_B bei RT 79

7.9 Matrixwerkstoff AlSi12: P_{SWT} über N_B bei RT 80

7.10 Variante A2: σ_n-ϵ_t-Hysteresen bei RT für $N = N_B/2$ 81

7.11 Variante A2: σ_m über N bei RT 81

7.12 Variante A2: σ_a über N bei RT 81

7.13 Variante A2: $\epsilon_{a,p}$ über N bei RT 81

7.14 Variante A2: σ-ϵ-Diagramm bei RT, monoton und zyklisch . . . 82

7.15 Variante A2: $\epsilon_{a,t}$, $\epsilon_{a,el}$ und $\epsilon_{a,p}$ über N_B bei RT 82

7.16 Variante A2 und AlSi12: P_{SWT} über N_B bei RT 83

7.17 Variante AG: σ_n-ϵ_t-Hysteresen bei RT für $N = N_B/2$ 84

7.18 Variante AG: σ_m über N bei RT 84

7.19 Variante AG: σ-ϵ-Diagramm bei RT, monoton und zyklisch . . 85

7.20 Variante AG: σ_a über N bei RT 85

7.21 Variante AG: $\epsilon_{a,p}$ über N bei RT 85

7.22 Variante AG: σ_n-ϵ_t-Hysteresen bei 250 °C für $N = N_B/2$ 86

7.23 Variante AG: σ_n-ϵ_t-Hysteresen bei 450 °C für $N = N_B/2$ 86

7.24 Variante AG: σ_m über N bei 250 °C 86

7.25 Variante AG: σ_m über N bei 450 °C 86

7.26 Variante AG: σ_a über N bei 250 °C 87

7.27 Variante AG: $\epsilon_{a,p}$ über N bei 250 °C 87

7.28 Variante AG: σ_a über N bei 450 °C 87

7.29 Variante AG: $\epsilon_{a,p}$ über N bei 450 °C 87

7.30 Variante AG: $\epsilon_{a,t}$, $\epsilon_{a,el}$ und $\epsilon_{a,p}$ über N_B bei RT 88

7.31 Variante AG: $\epsilon_{a,t}$, $\epsilon_{a,el}$ und $\epsilon_{a,p}$ über N_B bei 250 °C 89

7.32 Variante AG: $\epsilon_{a,t}$, $\epsilon_{a,el}$ und $\epsilon_{a,p}$ über N_B bei 450 °C 89

7.33 Variante AG und AlSi12: P_{SWT} über N_B bei RT 90

7.34 Variante T1: σ_n-ϵ_t-Hysteresen bei RT für $N = N_B/2$ 90

7.35 Variante T1: σ_m über N bei RT 90

7.36 Variante T1: σ_a über N bei RT 91

7.37 Variante T1: $\epsilon_{a,p}$ über N bei RT 91

7.38 Variante T1: σ-ϵ-Diagramm bei RT, monoton und zyklisch . . . 91

7.39 Variante T1: $\epsilon_{a,t}$, $\epsilon_{a,el}$ und $\epsilon_{a,p}$ über N_B bei RT 92

7.40 Variante T1 und AlSi12: P_{SWT} über N_B bei RT 93

7.41 Wechselverformungskurven MMCs mit AA6061-Matrix bei Raumtemperatur (Haro2b; Haro3). 99

7.42 AlSi12, Varianten A2, AG und T1: $\epsilon_{a,t}$ über N_B bei RT 102

7.43 AlSi12, Varianten A2, AG und T1: σ_{max} über N_B bei RT 104

7.44 AlSi12, Varianten A2, AG und T1: $\epsilon_{a,p}$ über N_B bei RT 105

7.45 AlSi12, Varianten A2, AG und T1: $\epsilon_{a,el}$ über N_B bei RT 106

7.46 Variante AG: $\epsilon_{a,p}$ über N_B bei RT, 250 °C und 450 °C 107

7.47 Variante AG: $\epsilon_{a,el}$ über N_B bei RT, 250 °C und 450 °C 107

7.48 Alle Varianten und AlSi12: P_{SWT} über N_B bei RT 108

7.49 Alle Varianten und AlSi12: P_{OST} über N_B bei RT 109

7.50 Variante AG: P_{SWT} über N_B bei RT, 250 °C und 450 °C 110

7.51 Variante AG: P_{OST} über N_B bei RT, 250 °C und 450 °C 111

7.52 Variante AG: P_{SWT} (unter Berücksichtigung von E) über N_B bei RT, 250 °C und 450 °C 112

7.53 Variante AG: P_{OST} (unter Berücksichtigung von E) über N_B bei RT, 250 °C und 450 °C 113

8.1 AlSi12, TMF-Beanspruchung: σ_n-ϵ_t^{me}-Hysteresen für N = 1 . . 115

8.2 AlSi12, TMF-Beanspruchung: σ_n-ϵ_t^{me}-Hysteresen für N = 2 . . 116

8.3 AlSi12, TMF-Beanspruchung: σ_n-ϵ_t^{me}-Hysteresen für N = $N_B/2$ 116

8.4 AlSi12, TMF-Beanspruchung: σ_a über N 117

8.5 AlSi12, TMF-Beanspruchung: σ_m über N 117

8.6 AlSi12, TMF-Beanspruchung: $\epsilon_{a,p}$ über N 117

8.7 A2, TMF-Beanspruchung: σ_n-ϵ_t^{me}-Hysteresen für N = 1 118

8.8 A2, TMF-Beanspruchung: σ_n-ϵ_t^{me}-Hysteresen für N = 2 119

8.9 A2, TMF-Beanspruchung: σ_n-ϵ_t^{me}-Hysteresen für N = $N_B/2$ . . 119

8.10 A2, TMF-Beanspruchung: σ_a über N 119

8.11 A2, TMF-Beanspruchung: σ_m über N 119

8.12 A2, TMF-Beanspruchung: $\epsilon_{a,p}$ über N 120

8.13 A2, TMF-Beanspruchung: $\epsilon_{a,t}^{me}$ über T_{max} 121

8.14 A2, TMF-Beanspruchung: $\epsilon_{a,p}$ über $\epsilon_{a,t}^{me}$ 121

8.15 A2, TMF-Beanspruchung: σ_a über $\epsilon_{a,t}^{me}$ 121

8.16 A2, TMF-Beanspruchung: σ_{max} über $\epsilon_{a,t}^{me}$ 121

8.17 A2, TMF-Beanspruchung: T_{max} über N_B 122

8.18 A2, TMF-Beanspruchung: $\epsilon_{a,t}^{me}$ über N_B 123

8.19 A2, TMF-Beanspruchung: $\epsilon_{a,p}$ über N_B 123

8.20 A2, TMF-Beanspruchung: P_{SWT} über N_B 123

8.21 A2, TMF-Beanspruchung: P_{OST} über N_B 123

8.22 A2 und AlSi12, TMF-Beanspruchung: Hysteresen mit T_{max} = 300 °C, $N = 1$ 124

8.23 A2 und AlSi12, TMF-Beanspruchung: Hysteresen mit T_{max} = 300 °C, $N = N_B/2$ 124

8.24 A2 und AlSi12, TMF-Beanspruchung: Hysteresen mit T_{max} = 350 °C, $N = 1$ 124

8.25 A2 und AlSi12, TMF-Beanspruchung: Hysteresen mit T_{max} = 350 °C, $N = N_B/2$ 124

8.26 A2 und AlSi12, TMF-Beanspruchung: σ_a über N 125

8.27 A2 und AlSi12, TMF-Beanspruchung: $\epsilon_{a,p}$ über N 125

8.28 A2 und AlSi12, TMF-Beanspruchung: σ_m über N 125

8.29 A2 und AlSi12, TMF-Beanspruchung: $\epsilon_{a,t}^{me}$ über T_{max} 126

8.30 A2 und AlSi12, TMF-Beanspruchung: $\epsilon_{a,p}$ über $\epsilon_{a,t}^{me}$ 126

8.31 A2 und AlSi12, TMF-Beanspruchung: σ_a über $\epsilon_{a,t}^{me}$ 127

8.32 A2 und AlSi12, TMF-Beanspruchung: σ_{max} über $\epsilon_{a,t}^{me}$ 127

8.33 A2 und AlSi12, TMF-Beanspruchung: T_{max} über N_B 127

8.34 A2 und AlSi12, TMF-Beanspruchung: $\epsilon_{a,t}^{me}$ über N_B 128

8.35 A2 und AlSi12, TMF-Beanspruchung: $\epsilon_{a,p}$ über N_B 128

8.36 A2 und AlSi12, TMF-Beanspruchung: P_{SWT} über N_B 128

8.37 A2 und AlSi12, TMF-Beanspruchung: P_{OST} über N_B 128

8.38 AG, TMF-Beanspruchung: σ_n-ϵ_t^{me}-Hysteresen für $N = 1$ 129

8.39 AG, TMF-Beanspruchung: σ_n-ϵ_t^{me}-Hysteresen für $N = 2$ 130

8.40 AG, TMF-Beanspruchung: σ_n-ϵ_t^{me}-Hysteresen für $N = N_B/2$ . . 130

8.41 AG, TMF-Beanspruchung: σ_a über N 130

8.42 AG, TMF-Beanspruchung: σ_m über N 130

8.43 AG, TMF-Beanspruchung: $\epsilon_{a,p}$ über N 131

8.44 AG, TMF-Beanspruchung: $\epsilon_{a,t}^{me}$ über T_{max} 132

8.45 AG, TMF-Beanspruchung: $\epsilon_{a,p}$ über $\epsilon_{a,t}^{me}$ 132

8.46 AG, TMF-Beanspruchung: σ_a über $\epsilon_{a,t}^{me}$ 132

8.47 AG, TMF-Beanspruchung: σ_{max} über $\epsilon_{a,t}^{me}$ 132

8.48 AG, TMF-Beanspruchung: T_{max} über N_B 133

8.49 AG, TMF-Beanspruchung: $\epsilon_{a,t}^{me}$ über N_B 134

8.50 AG, TMF-Beanspruchung: $\epsilon_{a,p}$ über N_B 134

8.51 AG, TMF-Beanspruchung: P_{SWT} über N_B 134

8.52 AG, TMF-Beanspruchung: P_{OST} über N_B 134

8.53 AG und AlSi12, TMF-Beanspruchung: Hysteresen mit T_{max} = 300 °C, $N = 1$ 135

8.54 AG und AlSi12, TMF-Beanspruchung: Hysteresen mit T_{max} = 300 °C, $N = N_B/2$ 135

8.55 AG und AlSi12, TMF-Beanspruchung: Hysteresen mit T_{max} = 350 °C, N = 1 135

8.56 AG und AlSi12, TMF-Beanspruchung: Hysteresen mit T_{max} = 350 °C, N = $N_B/2$ 135

8.57 AG und AlSi12, TMF-Beanspruchung: σ_a über N 136

8.58 AG und AlSi12, TMF-Beanspruchung: $\epsilon_{a,p}$ über N 136

8.59 AG und AlSi12, TMF-Beanspruchung: σ_m über N 137

8.60 AG und AlSi12, TMF-Beanspruchung: $\epsilon_{a,t}^{me}$ über T_{max} 137

8.61 AG und AlSi12, TMF-Beanspruchung: $\epsilon_{a,p}$ über $\epsilon_{a,t}^{me}$ 137

8.62 AG und AlSi12, TMF-Beanspruchung: σ_a über $\epsilon_{a,t}^{me}$ 138

8.63 AG und AlSi12, TMF-Beanspruchung: σ_{max} über $\epsilon_{a,t}^{me}$ 138

8.64 AG und AlSi12, TMF-Beanspruchung: T_{max} über N_B 138

8.65 AG und AlSi12, TMF-Beanspruchung: $\epsilon_{a,t}^{me}$ über N_B 139

8.66 AG und AlSi12, TMF-Beanspruchung: $\epsilon_{a,p}$ über N_B 139

8.67 AG und AlSi12, TMF-Beanspruchung: P_{SWT} über N_B 139

8.68 AG und AlSi12, TMF-Beanspruchung: P_{OST} über N_B 139

8.69 TMF Variante T1: σ_n-ϵ_t^{me}-Hysteresen für N = 1 140

8.70 TMF Variante T1: σ_n-ϵ_t^{me}-Hysteresen für N = 2 141

8.71 TMF Variante T1: σ_n-ϵ_t^{me}-Hysteresen für N = $N_B/2$ 141

8.72 TMF Variante T1: σ_a über N 141

8.73 TMF Variante T1: σ_m über N 141

8.74 TMF Variante T1: $\epsilon_{a,p}$ über N 142

8.75 T1, TMF-Beanspruchung: $\epsilon_{a,t}^{me}$ über T_{max} 143

8.76 T1, TMF-Beanspruchung: $\epsilon_{a,p}$ über $\epsilon_{a,t}^{me}$ 143

8.77 T1, TMF-Beanspruchung: σ_a über $\epsilon_{a,t}^{me}$ 144

8.78 T1, TMF-Beanspruchung: σ_{max} über $\epsilon_{a,t}^{me}$ 144

8.79 T1, TMF-Beanspruchung: T_{max} über N_B 144

8.80 T1, TMF-Beanspruchung: $\epsilon_{a,t}^{me}$ über N_B 145

8.81 T1, TMF-Beanspruchung: $\epsilon_{a,p}$ über N_B 145

8.82 T1, TMF-Beanspruchung: P_{SWT} über N_B 145

8.83 T1, TMF-Beanspruchung: P_{OST} über N_B 145

8.84 T1 und AlSi12, TMF-Beanspruchung: Hysteresen mit T_{max} = 300 °C, N = 1 146

8.85 T1 und AlSi12, TMF-Beanspruchung: Hysteresen mit T_{max} = 300 °C, N = $N_B/2$ 146

8.86 T1 und AlSi12, TMF-Beanspruchung: Hysteresen mit T_{max} = 350 °C, N = 1 147

8.87 T1 und AlSi12, TMF-Beanspruchung: Hysteresen mit T_{max} = 350 °C, N = $N_B/2$ 147

8.88 T1 und AlSi12, TMF-Beanspruchung: σ_a über N 147

8.89 T1 und AlSi12, TMF-Beanspruchung: $\epsilon_{a,p}$ über N 147

8.90 T1 und AlSi12, TMF-Beanspruchung: σ_m über N 148

8.91 T1 und AlSi12, TMF-Beanspruchung: $\epsilon_{a,t}^{me}$ über T_{max} 148

8.92 T1 und AlSi12, TMF-Beanspruchung: $\epsilon_{a,p}$ über $\epsilon_{a,t}^{me}$ 148

8.93 T1 und AlSi12, TMF-Beanspruchung: σ_a über $\epsilon_{a,t}^{me}$ 149

8.94 T1 und AlSi12, TMF-Beanspruchung: σ_{max} über $\epsilon_{a,t}^{me}$ 149

8.95 T1 und AlSi12, TMF-Beanspruchung: T_{max} über N_B 150

8.98 T1 und AlSi12, TMF-Beanspruchung: P_{SWT} über N_B 150

8.99 T1 und AlSi12, TMF-Beanspruchung: P_{OST} über N_B 150

8.96 T1 und AlSi12, TMF-Beanspruchung: $\epsilon_{a,t}^{me}$ über N_B 151

8.97 T1 und AlSi12, TMF-Beanspruchung: $\epsilon_{a,p}$ über N_B 151

8.100 Vergleich, TMF-Beanspruchung: σ_n-ϵ_t^{me}-Hysteresen, N = 1, T_{max} = 300 °C 152

8.101 Vergleich, TMF-Beanspruchung: σ_n-ϵ_t^{me}-Hysteresen, N = 2, T_{max} = 300 °C 152

8.102 Vergleich, TMF-Beanspruchung: σ_n-ϵ_t^{me}-Hysteresen, N = $N_B/2$, T_{max} = 300 °C 152

8.103 Vergleich aller Varianten, TMF-Beanspruchung: σ_a über N, T_{max} = 300 °C 153

8.104 Vergleich aller Varianten, TMF-Beanspruchung: $\epsilon_{a,p}$ über N, T_{max} = 300 °C 153

8.105 Vergleich aller Varianten, TMF-Beanspruchung: σ_a über N, T_{max} = 300 °C 154

8.106 Vergleich aller Varianten, TMF-Beanspruchung: $\epsilon_{a,p}$ über N, T_{max} = 300 °C 154

8.107 Vergleich, TMF-Beanspruchung: σ_n-ϵ_t^{me}-Hysteresen, N = 1, T_{max} = 350 °C 154

8.108 Vergleich, TMF-Beanspruchung: σ_n-ϵ_t^{me}-Hysteresen, N = 2, T_{max} = 350 °C 155

8.109 Vergleich, TMF-Beanspruchung: σ_n-ϵ_t^{me}-Hysteresen, N = $N_B/2$, T_{max} = 350 °C 155

8.110 Vergleich aller Varianten, TMF-Beanspruchung: σ_a über N, T_{max} = 350 °C 155

8.111 Vergleich aller Varianten, TMF-Beanspruchung: $\epsilon_{a,p}$ über N, T_{max} = 350 °C 155

8.112 Vergleich aller Varianten, TMF-Beanspruchung: σ_a über N, T_{max} = 350 °C 156

8.113 Vergleich aller Varianten, TMF-Beanspruchung: $\epsilon_{a,p}$ über N, T_{max} = 350 °C 156

8.114 TMF, Vergleich: $\epsilon_{a,t}$ über T_{max} 157

8.115 TMF, Vergleich: $\epsilon_{a,p}$ über $\epsilon_{a,t}^{me}$ 158

8.116 TMF, Vergleich: σ_a über $\epsilon_{a,t}^{me}$ 158

8.117 TMF, Vergleich: σ_{max} über $\epsilon_{a,t}^{me}$ 159

8.118 TMF, Vergleich: T_{max} über N_B 160

8.119 TMF, Vergleich: σ_{max} über N_B 161

8.120 TMF, Vergleich: $\epsilon_{a,t}^{me}$ über N_B 162

8.121 TMF, Vergleich: $\epsilon_{a,p}$ über N_B 163

8.122 TMF, Vergleich: P_{SWT} über N_B 165

8.123 TMF, Vergleich: P_{OST} über N_B 165

9.1 Variante AG, isotherme und TMF-Beanspruchung: σ_n-ϵ_t- und σ_n-ϵ_t^{me}-Hysteresen 167

9.2 Variante AG, isotherme und TMF-Beanspruchung: σ_a über N, $T_{max} = 250\,^\circ C$ 168

9.3 Variante AG, isotherme und TMF-Beanspruchung: $\epsilon_{a,p}$ über N, $T_{max} = 250\,^\circ C$ 168

9.4 Variante AG, isotherme und TMF-Beanspruchung: σ_m über N, $T_{max} = 250\,^\circ C$ 169

9.5 Variante AG, isotherme und TMF-Beanspruchung: $\epsilon_{a,p}$ über N_B 171

9.6 Variante AG, isotherme und TMF-Beanspruchung: P_{SWT} über N_B 173

9.7 Variante AG, isotherme und TMF-Beanspruchung: P_{OST} über N_B 173

10.1 AlSi12: Verlauf von σ_a und $\epsilon_{a,p}$ über N unter Wechselbeanspruchung 176

10.2 AlSi12: Verlauf von σ_m über N unter Wechselbeanspruchung . . 176

10.3 Variante A2: Verlauf von σ_a und $\epsilon_{a,p}$ über N unter Wechselbeanspruchung 177

10.4 Variante A2: Verlauf von σ_m über N unter Wechselbeanspruchung 177

10.5 AlSi12: Verlauf von σ_m und C_D/C_Z über N unter Wechselbeanspruchung 178

10.6 AlSi12: Verlauf von σ_m und C_D/C_Z über N (Ausschnitt) 178

10.7 Variante A2: Verlauf von σ_m und C_D/C_Z über N unter Wechselbeanspruchung 178

10.8 Variante A2: Verlauf von σ_m und C_D/C_Z über N (Ausschnitt) . 178

10.9 Mikroriss an einer AlSi12-Probe 180

10.10 Mikroriss durch Siliziumausscheidung (AlSi12-Probe) 180

10.11 Oberflächennaher Riss einer MMC-Probe (Variante A2) 181

10.12 Oberflächennaher Riss einer MMC-Probe, Ausschnitt (Variante A2) 181

10.13 Sekundärrisse in einer MMC-Probe (Variante AG) 181

10.14 Sekundärrisse in einer MMC-Probe, Ausschnitt (Variante AG) . 181

10.15 Schematischer Kraftverlauf (Teu08) 185
10.16 Modell zum Verlauf der Schädigung von MMCs (Teu08) 185
10.17 Schädigungsentwicklung der Matrixlegierung AlSi12 unter TMF-Beanspruchung 188
10.18 Schädigungsentwicklung der MMC-Variante AG unter TMF-Beanspruchung 188
10.19 TMF-Beanspruchung, $\epsilon_{a,p}$ über N, Matrixlegierung AlSi12 . . . 189
10.20 TMF-Beanspruchung, $\epsilon_{a,p}$ über N, MMC-Variante AG 189
10.21 Schädigungsentwicklung der MMC-Variante A2 unter TMF-Beanspruchung 189
10.22 Schädigungsentwicklung der MMC-Variante T1 unter TMF-Beanspruchung 189

Tabellenverzeichnis

2.1 Werkstoffkennwerte Al-Legierung KS 1275, unverstärkt und verstärkt 20

3.1 Zusammensetzung der Matrixlegierung AlSi12 30
3.2 Bezeichnungen und ausgewählte Kennwerte der Werkstoffvarianten 31
3.3 Oberflächen-Kenngrößen AlSi12-Rundproben 36
3.4 Oberflächen-Kenngrößen T1-Rundproben 37
3.5 Oberflächen-Kenngrößen AG-Rundproben 38
3.6 Oberflächen-Kenngrößen A2-Rundproben 39

6.1 Temperaturabhängige Werkstoffkennwerte der Matrixlegierung . 66

10.1 Bruchmechanische Kennwerte der Werkstoffvarianten 182

Literaturverzeichnis

[Alc83] ALCAN (Hrsg.): *Nüral Kolben-Handbuch*. Aluminiumwerk Nürnberg GmbH: Alcan, 1983. – Firmenschrift

[Alo93] ALONSO, A. ; NARCISO, J. ; PAMIES, A. ; GARCIA-CORDOVILLA, C. ; LOUIS, E.: Effect of K_2ZrF_6 coatings on pressure infiltration of packed SiC particulates by liquid aluminum. In: *Scripta Metallurgica et Materialia* 29 (1993), Nr. 12, S. 1559–1564. – ISSN 0956–716X

[AlR00] AL-RUBAIE, Kassim S.: Abrasive wear of Al-SiC composites. In: *Materialwissenschaft und Werkstofftechnik* 31 (2000), Nr. 4, S. 300–311. – ISSN 0933–5137

[Alt94] ALTENPOHL, Dietrich: *Aluminium von innen*. 5. Düsseldorf : Aluminium-Verlag, 1994. – ISBN 3-87017-235-5

[Ame00] AMESTOY, M. E. ; MATEU, F. F. ; FROYEN, L.: Fabrication and tribological properties of Al reinforced with carbon fibres. In: *Revista de metalurgia* 36 (2000), Nr. 5, S. 375–384. – ISSN 0034–8570

[Ast98a] ASTHANA, R.: Review: Reinforced Cast Metals, Part I Solidification Microstructure. In: *Journal of Materials Science* 33 (1998), Nr. 7, S. 1679–1698. – ISSN 0022–2461

[Ast98b] ASTHANA, R.: Review: Reinforced Cast Metals, Part II Evolution of the Interface. In: *Journal of Materials Science* 33 (1998), Nr. 8, S. 1959–1980. – ISSN 0022–2461

[ASTM228] Norm E 228 – 95 1995. *Standard Test Method for Linear Thermal Expansion of Solid Materials with a Vitreous Silica Dilatometer*. – Annual Book of ASTM Standards, Vol. 14.02

[ASTM289] Norm E 289 – 04 2004. *Standard Test Method for Linear Thermal Expansion of Rigid Solids with Interferometry*. – Annual Book of ASTM Standards, Vol. 14.02

[Avr06] AVRAHAM, Shaul ; BEYER, Peter ; JANSSEN, Rolf ; CLAUSSEN, Nils ; KAPLAN, Wayne D.: Characterization of α-Al$_2$O$_3$-(Al-Si)$_3$Ti composites. In: *Journal of the European Ceramic Society* 26 (2006), Nr. 13, S. 2719–2726. – ISSN 0955–2219

[Bad85] BADER, M. G. ; CLYNE, T. W. ; CAPPLEMAN, G. R. ; HUBERT, P. A.: The Fabrication and Properties of Metal-Matrix Composites Based on Aluminum Alloy Infiltrated Alumina Fibre Preforms. In: *Composites Science and Technology* 23 (1985), Nr. 4, S. 287–301. – ISSN 0266–3538

[Bal96] BALCH, D. K. ; FITZGERALD, T. J. ; MICHAUD, V. J. ; MORTENSEN, A. ; SHEN, Y.-L. ; SURESH, S.: Thermal Expansion of Metals Reinforced with Ceramic Particles and Microcellular Foams. In: *Metallurgical and Materials Transactions A* 27A (1996), Nr. 11, S. 3700–3717. – ISSN 1073–5623

[Bar87] BARSOM, John M. ; ROLFE, Stanley T.: *Fracture and Fatigue Control in Structures – Applications of Fracture Mechanics*. 2. Prentice-Hall International, 1987. – ISBN 0–13–329863–9

[Bär92] BÄR, Jürgen: *Einfluß von Temperatur und Mikrostruktur auf die Ausbreitung von Ermüdungsrissen in einer faserverstärkten Aluminiumlegierung*. Max-Planck-Institut für Metallforschung, Universität Stuttgart, Dissertation, 1992

[Bas10] BASQUIN, O. H.: The Exponential Law of Endurance Tests. In: *Proceedings of the Thirteenth Annual Meeting* Bd. 10 American Society for Testing Materials (ASTM), 1910, S. 625–630

[Bec99] BECK, Tilmann ; LANG, Karl-Heinz ; LÖHE, Detlef: Mitteldehnungseinfluß und Schädigungsentwicklung bei thermisch-mechanischer Ermüdungsbeanspruchung der mit 15 Vol.-% Al$_2$O$_3$ (Saffil) Kurzfasern verstärkten Zylinderkopflegierung AlSi10Mg. In: VDI-GESELLSCHAFT WERKSTOFFTECHNIK (Hrsg.): *Werkstoff und Automobilantrieb*. Düsseldorf : VDI Verlag GmbH, 1999 (VDI-Berichte 1472). – ISBN 3–18–091472–6, S. 423–436

[Bec00a] BECK, Markus ; LANG, Karl-Heinz ; VÖHRINGER, Otmar ; LÖHE, Detlef: Thermal-Mechanical Fatigue of the Oxide Dispersion Strengthened Aluminium Al-1.5 Al$_2$O$_3$. In: CLYNE,

T. W. (Hrsg.) ; SIMANCIK, S. (Hrsg.): *Metal Matrix Composites and Metallic Foams, EUROMAT 1999* Bd. 5. Weinheim : Wiley-VCH, 2000. – ISBN 3-527-30126-7, S. 273-278

[Beco0b] BECK, Tilmann: *Isothermes und thermisch-mechanisches Ermüdungsverhalten von Al_2O_3 (Saffil) kurzfaserverstärkten Aluminium-Gußlegierungen für Verbrennungsmotoren*, Universität Karlsruhe (TH), Dissertation (ISBN 3-8265-7551-2), Juli 2000

[Beco0c] BECK, Tilmann ; LANG, Karl-Heinz ; LöHE, Detlef: Influence of Mean Strains on the Thermal-Mechanical Fatigue Behaviour of the Cast Aluminium Alloy AlSi10Mg Reinforced with 15 Vol.-% Al_2O_3 (Saffil) Short Fibers. In: CLYNE, T. W. (Hrsg.) ; SIMANCIK, S. (Hrsg.): *Metal Matrix Composites and Metallic Foams, EUROMAT 1999* Bd. 5. Weinheim : Wiley-VCH, 2000. – ISBN 3-527-30126-7, S. 172-178

[Beco1] BECK, Tilmann ; LANG, Karl-Heinz ; LöHE, Detlef: Thermal-mechanical fatigue behaviour of cast aluminium alloys for cylinder heads reinforced with 15 vol.% discontinous Al_2O_3 (Saffil) fibers. In: *Materials Science and Engineering: A* 319-321 (2001), S. 662-666. – ISSN 0921-5093

[Beco3] BECK, Tilmann ; LANG, Karl-Heinz ; LöHE, Detlef: Thermal-mechanical fatigue behaviour of cast aluminium alloys for cylinder heads reinforced with 15 vol.% discontinous Al_2O_3 (Saffil) fibers. In: *International Journal of Materials and Product Technology* 18 (2003), Nr. 1/2/3, S. 160-177. – ISSN 0268-1900

[Beco6] BECK, Tilmann ; LUFT, Jochen ; LöHE, Detlef: Lebensdauer von Aluminium-Zylinderkopflegierungen bei überlagerten niederfrequenten thermischen und höherfrequenten mechanischen Ermüdungsbeanspruchungen. In: VELJI, Amin (Hrsg.) ; BRILL, Ulrich (Hrsg.): *Der Konflikt zwischen Thermodynamik und Mechanik in der Motorenentwicklung*. Renningen : Expert-Verlag, 2006. – ISBN 3-8169-2619-3, Kapitel 6, S. 64-73

[Beco8] BECK, Tilmann ; RAU, Klaus: Temperature measurement and control methods in TMF testing – a comparison and evaluation. In: *International Journal of Fatigue* 30 (2008), Nr. 2, S. 226-233. – ISSN 0142-1123

[Bee07] BEER, S. ; BATZ, T. ; DENNDOERFER, H. ; VOELLER, J. ; HENSEL, H.: Zukunftstechnologie für höchstbelastete Druckgussmotoren aus Aluminium. In: VDI-GESELLSCHAFT WERKSTOFFTECHNIK (Hrsg.): *Gießtechnik im Motorenbau*. Düsseldorf : VDI Verlag GmbH, 2007 (VDI-Berichte 1949). – ISBN 978-3-18-091949-2, S. 131–143

[Ber99] BERGER, W. ; BäR, J. ; GUDLADT, H.-J.: Schädigungsverhalten einer partikelverstärkten Aluminiumlegierung unter monotoner und zyklischer Belastung. In: SCHULTE, K. (Hrsg.) ; KAINER, K. U. (Hrsg.): *Verbundwerkstoffe und Werkstoffverbunde*. Wiley-VCH, 1999. – ISBN 3-527-29967-X, S. 165–170

[Bey02] BEYER, Peter: *Verstärkung von Al-Bauteilen durch lokale In-Situ Synthese von Al_2O_3/Ti_xAl_y-Verbunden im Squeeze Casting*, TU Hamburg-Harburg, Dissertation (Fortschritt-Berichte VDI Reihe 5 Nr. 643 – ISBN 3-18-364305-7), 2002

[Bie01] BIERMANN, Horst ; KEMNITZER, Mathias ; HARTMANN, Oliver: On the temperature dependence of the fatigue and damage behaviour of a particulate-reinforced metal-matrix composite. In: *Materials Science and Engineering: A* 319-321 (2001), Nr. 12, S. 671–674. – ISSN 0921-5093

[Bie02] BIERMANN, Horst ; VINOGRADOV, Alexei ; HARTMANN, Oliver: Fatigue damage evolution in a particulate-reinforced metal matrix composite determined by acoustic emission and compliance method. In: *Zeitschrift für Metallkunde* 93 (2002), Nr. 7, S. 719–723. – ISSN 0044-3093

[Bol92] BOLLER, Chr.: Schwingfestigkeitsbeurteilung kurzfaserverstärkter metallischer Bauteile auf der Basis von Werkstoffdaten. In: GADOW, Rainer (Hrsg.): *Handbuch der Hochleistungsverbundwerkstoffe für neue Systeme*. Essen : Vulkan-Verlag, 1992. – ISBN 3-8027-2163-2, Kapitel 2, S. 60–66

[Bus95] BUSHBY, R. S. ; SCOTT, V. D. ; IBBOTSON, A. R. ; LINDSAY, N. J.: Manufacture and Evaluation of Carbon Fibre Reinforced Aluminium Alloy. In: POURSARTIP, A. (Hrsg.) ; STREET, K. (Hrsg.): *Proceedings ICCM-10* Bd. 2: Metal Matrix Composites. Whistler, B.C., Canada : Woodhead Publishing Limited, 1995. – ISBN 1-85573-223-8

[Bus03] BUSCHMANN, R.: Preforms zur Verstärkung von Leichtmetallen – Herstellung, Anwendung, Potenziale. In: KAINER, K. U. (Hrsg.): *Metallische Verbundwerkstoffe*. Wiley-VCH, 2003. – ISBN 3-527-30532-7, S. 89–108

[Cha87] CHAWLA, Krishan K.: *Composite Materials – Science and Engineering*. Springer, 1987. – ISBN 0-387-96478-9

[Cha06a] CHANG, C.-Y.: Numerical simulation of the pressure infiltration of fibrous preforms during MMC processing. In: *Advanced Composite Materials* 15 (2006), Nr. 3, S. 287–300. – ISSN 0924-3046

[Cha06b] CHAWLA, Nikhilesh ; CHAWLA, Krishan K.: *Metal Matrix Composites*. Springer, 2006. – ISBN 0-387-23306-7

[Chr91] CHRIST, Hans-Jürgen: *Wechselverformung von Metallen*. Springer, 1991 (WFT Werkstoff-Forschung und -Technik 9). – ISBN 3-540-53962-X

[Cla92] CLARKE, David R.: Interpenetrating Phase Composites. In: *Journal of the American Ceramic Society* 75 (1992), Nr. 4, S. 739–758. – ISSN 0002-7820

[Cly93] CLYNE, T. W. ; WITHERS, P. J.: *An introduction to metal matrix composites*. Cambridge University Press, 1993. – ISBN 0-521-41808-9

[Cob56] COBLE, R. L. ; KINGERY, W. D.: Effect of Porosity on Physical Properties of Sintered Alumina. In: *Journal of the American Ceramic Society* 39 (1956), Nr. 11, S. 377–385. – ISSN 0002-7820

[Cof54] COFFIN, L. F.: A Study of the Effects of Cyclic Thermal Stresses on a Ductile Metal. In: *Transactions of the American Society of Mechanical Engineers* 76 (1954), S. 931–950. – ISSN 0097-6822

[Con04] CONSTANTINESCU, Andrei ; CHARKALUK, Eric ; LEDERER, Guy ; VERGER, Laetitia: A Computational Approach to Thermomechanical Fatigue. In: *International Journal of Fatigue* 26 (2004), Nr. 8, S. 805–818. – ISSN 0142-1123

[COP2006] HäHNER, Peter ; AFFELDT, Ernst ; BECK, Tilmann ; KLIN-
GELHöFFER, Hellmuth ; LOVEDAY, Malcolm ; RINALDI,
Claudia: *Validated Code-of-Practice for Strain-Controlled
Thermo-Mechanical Fatigue Testing*. June 2006. – ISBN 92-
79-02216-4

[Cou97] COUTURIER, R. ; DUCRET, D. ; MERLE, P. ; DISSON, J. P. ;
JOUBERT, P.: Elaboration and characterization of a metal ma-
trix composite: Al/AlN. In: *Journal of the European Ceramic
Society* 17 (1997), Nr. 15-16, S. 1861–1866. – ISSN 0955–2219

[Dato1] DATTA, John (Hrsg.): *Aluminium-Werkstoff-Datenblätter*. 3.
Düsseldorf : Aluminium-Verlag, 2001. – ISBN 3–87017–272–
X

[Dato2] DATTA, John (Hrsg.): *Aluminium-Schlüssel*. 6. Aluminium-
Verlag, 2002. – ISBN 3–87017–273–8

[Deg09] DEGISCHER, Hans P.: Werkstoffangebot für den Leichtbau.
In: DEGISCHER, Hans P. (Hrsg.) ; LüFTL, Sigrid (Hrsg.):
*Leichtbau: Prinzipien, Werkstoffauswahl und Fertigungsvarian-
ten*. 1. Wiley-VCH, September 2009. – ISBN 978–3–527–
32372–2, S. 77–103

[Del00] DELANNAY, Francis: Thermal Stresses and Thermal Expansion in MMCs. In: CLYNE, T. W. (Hrsg.): *Comprehensive Composite Materials* Bd. 3. Elsevier, 2000. – ISBN 0–08–042993–9,
Kapitel 3.13, S. 341–369

[Der93] DERBY, B. ; MUMMERY, P. M.: Fracture Behavior. In:
SURESH, S. (Hrsg.) ; MORTENSEN, A. (Hrsg.) ; NEEDLE-
MAN, A. (Hrsg.): *Fundamentals of Metal-Matrix Composites*.
Butterworth-Heinemann, 1993. – ISBN 0–7506–9321–5, Ka-
pitel 14, S. 251–268

[DIN10002-1] Norm DIN EN 10002-1 Dezember 2001. *Zugversuch Teil 1:
Prüfverfahren bei Raumtemperatur*. – Deutsches Institut für
Normung, Beuth-Verlag

[DIN10002-5] Norm DIN EN 10002-5 Februar 1992. *Zugversuch Teil 5:
Prüfverfahren bei erhöhter Temperatur*. – Deutsches Institut
für Normung, Beuth-Verlag

[DIN87] DIN DEUTSCHES INSTITUT FÜR NORMUNG E.V. (Hrsg.): *Nichteisenmetalle 2: Aluminium, Aluminiumlegierungen; Normen.* 5. Beuth Verlag, 1987 (DIN Taschenbuch 27). – ISBN 3-410-12033-5

[DIN91] DIN DEUTSCHES INSTITUT FÜR NORMUNG E.V. (Hrsg.): *Metallische Gußwerkstoffe: Gütevorschriften, Allgemeintoleranzen, Prüfverfahren; Normen.* 4. Beuth Verlag, 1991 (DIN Taschenbuch 53). – ISBN 3-410-12584-1

[DIN51045] Norm DIN 51045-1 August 2005. *Bestimmung der thermischen Längenänderung fester Körper – Teil 1: Grundlagen.* – Deutsches Institut für Normung, Beuth-Verlag

[DINEN1706] Norm DIN EN 1706 Juni 1998. *Aluminium und Aluminiumlegierungen, Gußstücke, Chemische Zusammensetzung und mechanische Eigenschaften.* – Deutsches Institut für Normung, Beuth-Verlag

[Don04] DONG, Q. ; CHEN, L. Q. ; ZHAO, M. J. ; BI, J.: Synthesis of TiCp reinforced magnesium matrix composites by in situ reactive infiltration process. In: *Materials Letters* 58 (2004), Nr. 6, S. 920–926

[Dop98] DOPLER, T. ; MODARESSI, A. ; MICHAUD, V.: Simulation of metal matrix composite infiltration processing. In: SRIVATSAN, T. S. (Hrsg.) ; KHOR, K. A. (Hrsg.) ; The Minerals, Metals and Materials Society (TMS) (Veranst.): *Processing and Fabrication of Advanced Materials VII. Proceedings of TMS Symposium.* Warrendale, USA, 1998, S. 381–392

[Düm09] DÜMMIG, Benedikt: *Untersuchungen zum Schädigungsverhalten von Preform MMCs mittels Schallemissionsanalyse und In-Situ-REM-Versuchen.* Institut für Werkstoffkunde I (iwkI), Universität Karlsruhe (TH), Studienarbeit, 2009

[DUR92a] DURALCAN (Hrsg.): *Composites for Gravity Castings.* San Diego, USA: DURALCAN, 1992. – Firmenschrift

[DUR92b] DURALCAN (Hrsg.): *Composites for High Pressure Die Castings.* San Diego, USA: DURALCAN, 1992. – Firmenschrift

[Dut00] DUTTA, I.: Role of Interfacial and Matrix Creep During Thermal Cycling of Continuous Fiber Reinforced Metal-Matrix Composites. In: *Acta Materialia* 48 (2000), Nr. 5, S. 1055–1074. – ISSN 1359–6454

[Ett04] ETTER, T. ; KUEBLER, J. ; FREY, T. ; SCHULZ, P. ; LÖFFLER, J. F. ; UGGOWITZER, P. J.: Strength and fracture toughness of interpenetrating graphite/aluminium composites produced by the indirect squeeze casting process. In: *Materials Science and Engineering: A* 386 (2004), Nr. 1-2, S. 61–67. – ISSN 0921–5093

[Ett07] ETTER, T. ; SCHULZ, P. ; WEBER, M. ; METZ, J. ; WIMMLER, M. ; LÖFFLER, J. F. ; UGGOWITZER, P. J.: Aluminium carbide formation in interpenetrating graphite/aluminium composites. In: *Materials Science and Engineering: A* 448 (2007), Nr. 1-2, S. 1–6. – ISSN 0921–5093

[Eva86] EVANS, A.G. ; MCMEEKING, R.M.: On the toughening of ceramics by strong reinforcements. In: *Acta Metallurgica* 34 (1986), Nr. 12, S. 2435–2441. – ISSN 0001–6160

[Eva90] EVANS, Anthony G.: Perspective on the Development of High-Toughness Ceramics. In: *Journal of the American Ceramic Society* 73 (1990), Nr. 2, S. 187–206. – ISSN 0002–7820

[Fas82] FASH, J. ; SOCIE, D. F.: Fatigue behaviour and mean effects in grey cast iron. In: *International Journal of Fatigue* 4 (1982), Nr. 3, S. 137–142. – ISSN 0142–1123

[Fet08] FETT, Theo: *Persönliche Mitteilung.* 2008

[Fla95] FLAIG, Bernhard: *Isothermes und thermisch-mechanisches Ermüdungsverhalten von GK-AlSi10Mg wa, GK-AlSi12CuMgNi und GK-AlSi6Cu4*, Universität Karlsruhe (TH), Dissertation, Mai 1995

[Fri97] FRITZE, Christiane: *Infiltration keramischer Faserformkörper mit Hilfe des Verfahrens des selbstgenerierten Vakuums (SGV)*, Technische Universität Clausthal, Dissertation, 1997

[Gar99] GARCIA-CORDOVILLA, C. ; LOUIS, E. ; NARCISO, J.: Overview No. 134 – Pressure infiltration of packed ceramic particulates by liquid metals. In: *Acta Materialia* 47 (1999), Nr. 18, S. 4461–4479. – ISSN 1359–6454

[Gar06a] GARCES, Gerardo ; BRUNO, Giovanni ; WANNER, Alexander: Internal stress evolution in a random-planar short fiber aluminum composite. In: *Scripta Materialia* 55 (2006), Nr. 2, S. 163–166. – ISSN 1359–6462

[Gar06b] GARCES, Gerardo ; BRUNO, Giovanni ; WANNER, Alexander: Residual stresses in deformed random-planar aluminium/Saffil short-fibre composites. In: *Materials Science and Engineering: A* 417 (2006), Nr. 1-2, S. 73–81. – ISSN 0921–5093

[Gar06c] GARCES, Gerardo ; BRUNO, Giovanni ; WANNER, Alexander: Residual stresses in deformed random-planar aluminium/Saffil short-fibre composites deformed in different loading modes. In: *International Journal of Materials Research* 97 (2006), Nr. 10, S. 1312–1319. – ISSN 1862–5282

[Gar07] GARCES, Gerardo ; BRUNO, Giovanni ; WANNER, Alexander: Load transfer in short fibre reinforced metal matrix composites. In: *Acta Materialia* 55 (2007), Nr. 16, S. 5389–5400. – ISSN 1359–6454

[Gor94] GORSKI, Walter: Interferometrische Bestimmung der thermischen Ausdehnung von synthetischem Korund und seine Verwendung als Referenzmaterial / PTB-Bericht W-59, ISBN 3-89429-549-X. Braunschweig, 1994. – Forschungsbericht

[Gor96] GORSKI, Walter: Dilatometrie – Grundlagen und Meßverfahren / PTB-Bericht W-65, ISBN 3-89429-751-4. Braunschweig, 1996. – Forschungsbericht

[Gro06] GROSSE, Christian U. ; WANNER, Alexander ; KURZ, Jochen H. ; LINZER, Lindsay M.: Acoustic Emission. In: BUSSE, Gerd (Hrsg.) ; KRÖPLIN, Bernd-H. (Hrsg.) ; WITTEL, Falk K. (Hrsg.): *Damage and its Evolution in Fiber-Composite Materials: Simulation and Non-Destructive Evaluation.* Stuttgart : ISD Verlag, 2006. – ISBN 3-930683-90-3, Kapitel 1.1.2, S. 37–60

[Gru87] GRUGEL, R. ; KURZ, W.: Growth of Interdendritic Eutectic in Directionally Solidified Al-Si Alloys. In: *Metallurgical Transactions A* 18A (1987), Nr. 6, S. 1137–1142. – ISSN 1073–5623

[Gün73] GÜNTHER, Waldemar (Hrsg.): *Schwingfestigkeit*. Leipzig : VEB Deutscher Verlag für Grundstoffindustrie, 1973

[Han84] HANNA, M. D. ; LU, Shu-Zu ; HELLAWELL, A.: Modification in the Aluminum Silicon System. In: *Metallurgical Transactions A* 15A (1984), Nr. 3, S. 459-469. – ISSN 1073-5623

[Han95] HAN, N. L. ; WANG, Z. G. ; SUN, L. Z.: Low cycle fatigue behavior of a SiCp reinforced aluminum matrix composite at ambient and elevated temperature. In: *Scripta Metallurgica et Materialia* 32 (1995), Nr. 11, S. 1739-1745. – ISSN 0956-716X

[Har87] HARRIGAN, William C.: Discontinuous Silicon Fiber MMCs. In: REINHART, Theodore J. (Hrsg.): *Engineered materials handbook* Bd. 1: Composites. Metals Park, Ohio : ASM International, 1987. – ISBN 0-87170-279-7, Kapitel 13, S. 889-895

[Har90] HART, LeRoy D. (Hrsg.): *Alumina Chemicals – Science and Technology Handbook*. Westerville, Ohio : The American Ceramic Society, 1990. – ISBN 0-916094-33-2

[Har92] HARRIS, S. J.: Mechanische Eigenschaften und Mikrostruktur kurzfaser- und dispersionsverstärkter Verbundwerkstoffe mit metallischer Matrix. In: GADOW, Rainer (Hrsg.): *Handbuch der Hochleistungsverbundwerkstoffe für neue Systeme*. Vulkan-Verlag, 1992. – ISBN 3-8027-2163-2, Kapitel 2, S. 54-59

[Har94a] HARRIGAN, William C.: Metal Matrix Composites Applications. In: OCHIAI, Shojiro (Hrsg.): *Mechanical Properties of Metallic Composites*. Marcel Dekker, 1994 (Materials engineering). – ISBN 0-8247-9116-9, Kapitel 26, S. 759-773

[Har94b] HARRIS, S. J.: Fatigue Resistance of Fiber-Reinforced Alloys. In: OCHIAI, Shojiro (Hrsg.): *Mechanical Properties of Metallic Composites*. Marcel Dekker, 1994 (Materials engineering). – ISBN 0-8247-9116-9, Kapitel 21, S. 613-649

[Har01] HARTMAN, Oliver ; BIERMANN, Horst: Einfluß der Matrixfestigkeit und der Morphologie der Verstärkungsphase auf das zyklische Verformungsverhalten von Metallmatrix-Verbundwerkstoffen. In: *Verbundwerkstoffe und Werkstoffverbunde*. Wiley-VCH, 2001. – ISBN 3-527-30319-7, S. 164–169

[Har02a] HARTMANN, O. ; KEMNITZER, M. ; BIERMANN, H.: Influence of reinforcement morphology and matrix strength of metal-matrix composites on the cyclic deformation and fatigue behaviour. In: *International Journal of Fatigue* 24 (2002), Nr. 2-4, S. 215–221. – ISSN 0142-1123

[Har02b] HARTMANN, Oliver: *Einfluß der Matrix und der Form der Verstärkungen von Metallmatrix-Verbundwerkstoffen auf deren zyklisches Verformungsverhalten zwischen -100 °C und 300 °C*, Universität Erlangen-Nürnberg, Dissertation, 2002

[Har03] HARTMANN, O. ; BIERMANN, H.: Mechanisches Verhalten und Ermüdungseigenschaften von Metallmatrix-Verbundwerkstoffen. In: *Metallische Verbundwerkstoffe*. Wiley-VCH, 2003. – ISBN 3-527-30532-7, S. 185–209

[Har04] HARTMANN, Oliver ; HERRMANN, Katrin ; BIERMANN, Horst: Fatigue Behaviour of Al-Matrix Composites. In: *Advanced Engineering Materials* 6 (2004), Nr. 7, S. 477–485. – ISSN 1438-1656

[Hec83] HECKEL, Klaus: *Einführung in die technische Anwendung der Bruchmechanik*. 2. Hanser, 1983. – ISBN 3-446-13943-5

[Hel70] HELLAWELL, A.: The Growth and Structure of Eutectics with Silicon. In: *Progress in Materials Science* 15 (1970), Nr. 1, S. 1–78. – ISSN 0079-6425

[Hen06] HENNE, Ingo: *Schädigungsverhalten von Aluminiumgusslegierungen bei TMF und TMF/HCF-Beanspruchung*, Universität Karlsruhe (TH), Dissertation (ISBN 3-8322-5596-6), November 2006

[Her05] HERZOG, A. ; THUNEMANN, M. ; VOGT, U. ; BEFFORT, O.: Novel application of ceramic precursors for the fabrication of composites. In: *Journal of the European Ceramic Society* 25 (2005), Nr. 2-3, S. 187–192. – ISSN 0955-2219

[Hil63] HILL, R.: Elastic properties of reinforced solids: Some theoretical principles. In: *Journal of the Mechanics and Physics of Solids* 11 (1963), Nr. 5, S. 357–372. – ISSN 0022-5096

[Hof99]   HOFFMAN, M. ; SKIRL, S. ; POMPE, W. ; RÖDEL, J.: Thermal residual strains and stresses in Al_2O_3/Al composites with interpenetrating networks. In: *Acta Materialia* 47 (1999), Nr. 2, S. 565–577. – ISSN 1359–6454

[Hog87]   HOGAN, L. M. ; SONG, H.: Aluminium grain structures in Al-Si eutectic alloys. In: *Acta Metallurgica* 35 (1987), Nr. 3, S. 677–680. – ISSN 0001–6160

[How86]   HOWES, Maurice A. H.: Ceramic-Reinforced MMC Fabricated by Squeeze Casting. In: *JOM Journal of Metals* 38 (1986), S. 28–29. – ISSN 0148–6608

[Hua06]   HUANG, Y. D. ; HORT, N. ; DIERINGA, H. ; MAIER, P. ; KAINER, K. U.: Investigations on thermal fatigue of aluminum- and magnesium-alloy based composites. In: *International Journal of Fatigue* 28 (2006), Nr. 10, S. 1399–1405. – ISSN 0142–1123

[Hub03]   HUBER, Thomas: *Thermal Expansion of Aluminium Alloys and Composites*, TU Wien, Institut für Werkstoffkunde und Materialprüfung, Dissertation, 2003

[Hub06]   HUBER, T. ; DEGISCHER, H. P. ; LEFRANC, G. ; SCHMITT, T.: Thermal expansion studies on aluminium-matrix composites with different reinforcement architecture of SiC particles. In: *Composites Science and Technology* 66 (2006), Nr. 13, S. 2206–2217. – ISSN 0266–3538

[Huc06]   HUCHLER, B. ; STAUDENECKER, D. ; NAGEL, A. ; NEUBRAND, A. ; OBERACKER, R. ; LANG, K.-H. ; ULRICH, O.: Interpenetrierte Metall-Keramik-Verbundwerkstoffe (Preform-MMC) für thermisch und tribologisch hochbeanspruchte Leichtbauteile / Abschlussbericht, Wissenschaftliches Verbundprojekt des Landes Baden-Württemberg. 2006. – Forschungsbericht

[Huf88]   HUFNAGEL, W. ; ALUMINIUM-ZENTRALE (Hrsg.): *Aluminium-Taschenbuch*. 14. Düsseldorf : Aluminium-Verlag, 1988. – ISBN 3–87017–169–3

[Jac04]   JACQUESSON, M. ; GIRARD, A. ; VIDAL-SÉTIF, M.-H. ; VALLE, R.: Tensile and Fatigue Behavior of Al-Based Metal

Matrix Composites Reinforced with Continuous Carbon or Alumina Fibers: Part I. Quasi-Unidirectional Composites. In: *Metallurgical and Materials Transactions A* 35 (2004), Nr. 10, S. 3289–3305. – ISSN 1073–5623

[Joh89] JOHNSON, W. S.: Fatigue Testing and Damage Development in Continuous Fiber Reinforced Metal Matrix Composites. In: JOHNSON, W. S. (Hrsg.): *Metal Matrix Composites: Testing, Analysis, and Failure Modes*. ASTM, 1989 (STP 1032). – ISBN 0–8031–1270–X, Kapitel Failure Modes, S. 194–221

[Jun99] JUNG, Arnd ; KRUPP, Ulrich ; MAIER, Hans J. ; CHRIST, Hans-Jürgen: Schädigungsmechanismen und Lebensdauerprognose einer SiC-partikelverstärkten und dispersionsgehärteten Aluminiumlegierung bei hohen Temperaturen. In: SCHULTE, K. (Hrsg.) ; KAINER, K. U. (Hrsg.): *Verbundwerkstoffe und Werkstoffverbunde*. Wiley-VCH, 1999. – ISBN 3–527–29967–X, S. 183–188

[Kai03] KAINER, K. U.: Grundlagen der Metallmatrix-Verbundwerkstoffe. In: KAINER, K. U. (Hrsg.): *Metallische Verbundwerkstoffe*. Wiley-VCH, 2003. – ISBN 3–527–30532–7, S. 1–65

[Kan93] KANG, H. G. ; ZHANG, D. L. ; CANTOR, B.: The microstructure of locally reinforced squeeze-cast Al-alloy metal-matrix composites. In: *Journal of Microscopy* 169 (1993), Nr. 2, S. 239–245. – ISSN 0022–2720

[Kan06] KANG, Guozheng: Uniaxial time-dependent ratchetting of $SiC_P/6061Al$ composites at room and high temperature. In: *Composites Science and Technology* 66 (2006), Nr. 10, S. 1418–1430. – ISSN 0266–3538

[Kan08] KANG, Guozheng: Cyclic Deformation of Discontinuously Reinforced Metal Matrix Composites: A Review. In: WOUTERS, Tobias G. (Hrsg.): *Leading-Edge Composite Material Research*. Nova Science Publishers, Inc., 2008. – ISBN 978–1–60021–995–5, Kapitel 5, S. 255–292

[Kau95] KAUFMANN, Helmut: Squeeze-Casting und Druckguß: Eigenschaftsvergleich anhand eines Lenkgehäuses. In: *Giesserei* 82 (1995), Nr. 5, S. 143–148. – ISSN 0175–1034

[Kau08] KAUFMAN, John G.: *Properties of Aluminum Alloys – Fatigue Data and the Effects of Temperature, Product Form, and Processing*. ASM International, 2008. – ISBN 0–87170–839–6

[Kel89] KELLY, Anthony (Hrsg.): *Concise encyclopedia of composite materials*. Oxford, GB : Pergamon Press, 1989. – ISBN 0–08–034718–5

[Kla06] KLASKA, Arne M. ; BECK, Tilmann ; WANNER, Alexander ; LÖHE, Detlef: Thermisch-meschanisches Ermüdungsverhalten der patrikelverstärkten Aluminiumknetlegierung EN AW-6061-T6 und die Entwicklung von Eigenspannungen im Matrixwerkstoff unter thermisch-mechanischer Beanspruchung. In: *Materialwissenschaft und Werkstofftechnik* 37 (2006), Nr. 8, S. 637–648. – ISSN 0933–5137

[Kle00] KLEINPASS, B. ; LANG, K.-H. ; LÖHE, D. ; MACHERAUCH, E.: Influence of the Mechanical Strain Amplitude on the In-Phase and Out-of-Phase Thermo-mechanical Fatigue Behaviour of NiCr22Co12Mo9. In: SEHITOGLU, H. (Hrsg.) ; MAIER, H. J. (Hrsg.): *Thermo-mechanical Fatigue Behavior of Materials* Bd. 3. ASTM, 2000. – ISBN 0–8031–2853–3, S. 36–50

[Kle07] KLEIN, Bernd: *Leichtbau-Konstruktion: Berechnungsgrundlagen und Gestaltung*. 7. Vieweg + Teubner, 2007 (Viewegs Fachbücher der Technik). – ISBN 978–3–8348–0271–2

[Kne94] KNECHTEL, Mathias ; PRIELIPP, Helge ; MÜLLEJANS, Harald ; CLAUSSEN, Nils ; RÖDEL, Jürgen: Mechanical Properties of Al/Al$_2$O$_3$ and Cu/Al$_2$O$_3$ Composites with Interpenetrating Networks. In: *Scripta Metallurgica et Materialia* 31 (1994), Nr. 8, S. 1085–1090. – ISSN 0956–716X

[Kne96] KNECHTEL, Mathias: *Präparation und Charakterisierung metallverstärkter Keramiken mit interpenetrierenden Netzwerken*, TU Hamburg-Harburg, Dissertation, 1996

[Köh01] KÖHLER, E. ; LENKE, I. ; NIEHUES, J.: LOKASIL – eine bewährte Technologie für Hochleistungsmotoren – im Vergleich zu anderen Konzepten. In: VDI-GESELLSCHAFT WERKSTOFFTECHNIK (Hrsg.): *Zylinderlauffläche, Hochleistungskolben, Pleuel: Innovative Systeme im Ver-*

gleich. Düsseldorf : VDI Verlag GmbH, 2001 (VDI-Berichte 1612). – ISBN 3-18-091612-5, S. 35-54

[Köh03] KÖHLER, E. ; NIEHUES, J.: Aluminium-Matrix-Verbundwerkstoffe im Verbrennungsmotor. In: KAINER, K. U. (Hrsg.): *Metallische Verbundwerkstoffe*. Wiley-VCH, 2003. – ISBN 3-527-30532-7, S. 109-123

[Köh05] KÖHLER, E. ; NIEHUES, J. ; SOMMER, B.: Vollaluminium-Zylinderkurbelgehäuse - Aluminium-Zylinderlaufflächen. In: *Giesserei-Praxis* 50 (2005), Nr. 5, S. 167-176. – ISSN 0016-9781

[Kon03] KONOPKA, K. ; OLSZÓWKA-MYALSKA, A. ; SZAFRAN, M.: Ceramic-metal composites with an interpenetrating network. In: *Materials Chemistry and Physics* 81 (2003), Nr. 2-3, S. 329-332. – ISSN 0254-0584

[Kou01] KOUZELI, M. ; WEBER, L. ; MARCHI, C. S. ; MORTENSEN, A.: Influence of damage on the tensile behaviour of pure aluminium reinforced with $\geq$ 40 vol. pct alumina particles. In: *Acta Materialia* 49 (2001), Nr. 18, S. 3699-3709. – ISSN 1359-6454

[KS 86] KS KOLBENSCHMIDT GMBH (Hrsg.): *Werkstoffe für Motorenbauteile, Handbuch/Heft 8*. Neckarsulm: KS KOLBENSCHMIDT GmbH, 1986. – Firmenschrift

[Küb02] KÜBLER, J. J.: Fracture Toughness of Ceramics using the SEVNB Method: From a Preliminary Study to a Standard Test Method. In: SALEM, J. A. (Hrsg.) ; QUINN, G. D. (Hrsg.) ; JENKINS, M. G. (Hrsg.): *Fracture Resistance Testing of Monolithic and Composite Brittle Materials*. West Conshohocken, PA, USA : ASTM, 2002 (STP 1409). – ISBN 0-8031-2880-0, S. 93-106

[Lac93] LACOSTE, E. ; ABOULFATAH, M. ; DANIS, M. ; GIROT, F.: Numerical simulation of the infiltration of fibrous preforms by a pure metal. In: *Metallurgical Transactions A* 24A (1993), Dezember, Nr. 12, S. 2667-2678. – ISSN 1073-5623

[Lan90] LANGE, Fred F. ; VELAMAKANNI, Bhaskar V. ; EVANS, Anthony G.: Method for Processing Metal-Reinforced Ceramic

Composites. In: *Journal of the American Ceramic Society* 73 (1990), Nr. 2, S. 388–393. – ISSN 0002–7820

[Lan99] LANG, Karl-Heinz ; BECK, Tilmann ; LöHE, Detlef ; FLAIG, Bernhard ; HALLSTEIN, Rolf: Lifetime Behaviour of Cylinderhead Materials at Thermo-Mechanical Fatigue. In: VDI-GESELLSCHAFT WERKSTOFFTECHNIK (Hrsg.): *Werkstoff und Automobilantrieb*. Düsseldorf : VDI Verlag GmbH, 1999 (VDI-Berichte 1472). – ISBN 3–18–091472–6, S. 437–454

[Lan05] LANG, Karl-Heinz: *Schwingfestigkeit metallischer Werkstoffe*. 2005. – Skript zur Vorlesung

[Len01] LENKE, Ilka ; RICHTER, Gert ; ROGOWSKI, Dirk: Ceramic Engineering with preforms for locally reinforced light metal components. In: HEINRICH, Jürgen G. (Hrsg.) ; ALDINGER, Fritz (Hrsg.): *Ceramic Materials and Components for Engines*. Weinheim : Wiley-VCH, 2001. – ISBN 3–527–30416–9, S. 383–386

[Len05] LENKE, Ilka ; VITZTHUM, Elke: Technische Keramik in der Praxis: Metall-Keramik-Verbundwerkstoffe für tribologische Anwendungen / Informationszentrum Technische Keramik. 2005. – Seminarunterlage

[Li02] LI, J. Q. ; XIAO, P.: Joining alumina using an alumina/metal composite. In: *Journal of the European Ceramic Society* 22 (2002), Nr. 8, S. 1225–1233. – ISSN 0955–2219

[Lii02] LII, Ding-Fwu ; HUANG, Jow-Lay ; CHANG, Shao-Ting: The mechanical properties of AlN/Al composites manufactured by squeeze casting. In: *Journal of the European Ceramic Society* 22 (2002), Nr. 2, S. 253–261. – ISSN 0955–2219

[Lip96] LIPPMANN, N. ; SCHMAUDER, S. ; GUMBSCH, P.: Numerical and Experimental Study of Early Stages of the Failure of AlSi-Cast Alloys. In: *Journal de Physique IV* C6 (1996), Oktober, S. 123–131. – ISSN 1155–4339

[Lip97] LIPPMANN, N. ; GUMBSCH, P. ; SCHMAUDER, S.: Experimentelle Studie der Versagensmechanismen in AlSi-Gußlegierungen. In: HIRSCH, J. (Hrsg.): *Werkstoffwoche '96, Simulation, Modellierung, Informationssysteme*. Frankfurt :

DGM Informationsgesellschaft mbH, 1997. – ISBN 3-88355-236-4, S. 209–214

[Llo94] LLOYD, D. J.: Particle reinforced aluminium and magnesium matrix composites. In: *International Materials Reviews* 39 (1994), S. 1–23. – ISSN 0950-6608

[Löh04] LÖHE, Detlef ; BECK, Tilmann ; LANG, Karl-Heinz: Important Aspects of Cyclic Deformation, Damage and Lifetime Behaviour in Thermomechanical Fatigue of Engineering Alloys. In: PORTELLA, P. D. (Hrsg.) ; SEHITOGLU, H. (Hrsg.) ; HATANAKA, K. (Hrsg.) ; DVM (Veranst.): *Proceedings of the Fifth International Conference on Low Cycle Fatigue – LCF 5 2003* DVM, 2004, S. 161–175

[Löh07] LÖHE, Detlef ; LANG, Karl-Heinz ; BECK, Tilmann: Wechselwirkungen thermisch und mechanisch induzierter Ermüdungsbeanspruchungen / Deutscher Verband für Materialprüfung und –forschung e.V. Berlin, 2007. – DVM-Bericht Nr. 239, S.329 – 349, ISSN 1616-4687

[Lon95a] LONG, S. ; ZHANG, Z. ; FLOWER, H. M.: Characterization of liquid metal infiltration of a chopped fibre preform aided by external pressure — I. Visualization of the flow behaviour of aluminium melt in a fibre preform. In: *Acta Metallurgica et Materialia* 43 (1995), Nr. 9, S. 3489–3498. – ISSN 0956-7151

[Lon95b] LONG, S. ; ZHANG, Z. ; FLOWER, H. M.: Characterization of liquid metal infiltration of a chopped fibre preform aided by external pressure — II. Modelling of liquid metal infiltration process. In: *Acta Metallurgica et Materialia* 43 (1995), Nr. 9, S. 3499–3509. – ISSN 0956-7151

[Lon00] LONG, S. ; BEFFORT, O. ; MORET, G. ; THEVOZ, Ph.: Processing of Al-based MMCs by indirect squeeze infiltration of ceramic preforms on a shot-control high pressure die casting machine. In: *ALUMINIUM* 76 (2000), Nr. 1-2, S. 82–89. – ISSN 0002-6689

[Lu87] LU, Shu-Zu ; HELLAWELL, A.: The Mechanism of Silicon Modification in Aluminum-Silicon Alloys: Impurity Induced Twinning. In: *Metallurgical Transactions A* 18A (1987), Nr. 10, S. 1721–1733. – ISSN 1073-5623

[Ma97]   MA, A.-B. ; GAN, H. ; IMURA, T. ; NISHIDA, Y. ; JIANG, J.-Q. ; TAKAGI, M.: Wear properties of aluminium alloy reinforced by short alumina fibres with gradient distribution. In: *Materials Transactions JIM* 38 (1997), Nr. 9, S. 812–816. – ISSN 0916–1821

[Mac77] MACHERAUCH, E. ; MAYR, P.: Strukturmechanische Grundlagen der Werkstoffermüdung. In: *Zeitschrift für Werkstofftechnik* 8 (1977), Nr. 7, S. 213–224. – ISSN 0049–8688

[Mac90] MACHERAUCH, E.: *Praktikum in Werkstoffkunde*. 9. Vieweg, 1990. – ISBN 3–528–83306–8

[Mai01] MAIER, H. J. ; SMITH, T. J. ; SEHITOGLU, H.: Modeling high-temperature fatigue behavior of cast 319-type aluminium alloys. In: VDI-GESELLSCHAFT WERKSTOFFTECHNIK (Hrsg.): *Werkstoff und Automobilantrieb*. Düsseldorf : VDI Verlag GmbH, 2001 (VDI-Berichte 1472). – ISBN 3–18–091472–6, S. 409–422

[Man54] MANSON, S. S.: Behavior Of Materials Under Conditions Of Thermal Stress / National Advisory Committee For Aeronautics. 1954. – Report 1170

[Man64] MANSON, S. S.: Fatigue: A Complex Problem – Some Simple Approximations. In: *Experimental Mechanics* 5 (1964), Nr. 7, S. 193–226. – ISSN 0014–4851

[Mar88] MARTINS, G. P. ; OLSON, D. L. ; EDWARDS, G. R.: Modeling of infiltration kinetics for liquid metal processing of composites. In: *Metallurgical Transactions B* 19B (1988), S. 95–101. – ISSN 1073–5615

[Mar03] MARCHI, C. S. ; KOUZELI, M. ; RAO, R. ; LEWIS, J. A. ; DUNAND, D. C.: Alumina–aluminum interpenetrating-phase composites with three-dimensional periodic architecture. In: *Scripta Materialia* 49 (2003), Nr. 9, S. 861–866. – ISSN 1359–6462

[Mas86] MASSALSKI, T. B. (Hrsg.): *Binary Alloy Phase Diagrams*. Bd. 1. Metals Park, Ohio : ASM, 1986. – ISBN 0–87170–262–2

[Mas94] MASOUNAVE, J. ; LITWIN, J. ; HAMELIN, D.: Prediction of tool life in turning aluminium matrix composites. In: *Materials & Design* 15 (1994), Nr. 5, S. 287–293

[Mat04] MATTERN, A. ; HUCHLER, B. ; STAUDENECKER, D. ; OBERACKER, R. ; NAGEL, A. ; HOFFMANN, M. J.: Preparation of interpenetrating ceramic-metal composites. In: *Journal of the European Ceramic Society* 24 (2004), Nr. 12, S. 3399–3408. – ISSN 0955-2219

[Mat05] MATTERN, Andreas: *Interpenetrierende Metall-Keramik-Verbundwerkstoffe mit isotropen und anisotropen Al₂O₃-Verstärkungen*, Universität Karlsruhe (TH), Dissertation, 2005

[May06] MAYER, H. ; PAPAKYRIACOU, M.: Fatigue behaviour of graphite and interpenetrating graphite-aluminium composite up to 10^9 load cycles. In: *Carbon* 44 (2006), Nr. 9, S. 1801–1807. – ISSN 0008-6223

[McD85] MCDANELS, David L.: Analysis of Stress-Strain, Fracture, and Ductility Behavior of Aluminum Matrix Composites Containing Discontinuous Silicon Carbide Reinforcement. In: *Metallurgical and Materials Transactions A* 16 (1985), Nr. 6, S. 1105–1115. – ISSN 1073-5623

[McE87] MCELMAN, John A.: Continuous Silicon Carbide Fiber MMCs. In: REINHART, Theodore J. (Hrsg.): *Engineered materials handbook* Bd. 1: Composites. Metals Park, Ohio : ASM International, 1987. – ISBN 0-87170-279-7, Kapitel 13, S. 858–866

[Mie01] MIELKE, S. ; ROTHE, C. ; HENNING, W.: Faserverstärkte Kolben. In: VDI-GESELLSCHAFT WERKSTOFFTECHNIK (Hrsg.): *Zylinderlauffläche, Hochleistungskolben, Pleuel: Innovative Systeme im Vergleich*. Düsseldorf : VDI Verlag GmbH, 2001 (VDI-Berichte 1612). – ISBN 3-18-091612-5, S. 151–157

[Mon76] MONDOLFO, L. F.: *Aluminum Alloys: Structure and Properties*. Butterworth & Co, 1976. – ISBN 0-408-70680-5

[Mor64] MORROW, JoDean: Cyclic Plastic Strain Energy and Fatigue of Metals. In: *Internal Friction, Damping and Cyclic Plasticity*. ASTM, 1964 (STP 378), S. 45–87

[Mül88] MÜLLER-SCHWELLING, D. ; RÖHRLE, M. D.: Verstärkung von Aluminiumkolben durch neuartige Verbundwerkstoffe. In: *MTZ Motortechnische Zeitschrift* 49 (1988), S. 59–62. – ISSN 0024-8525

[Mül96] MÜLLER, Katrin: *Möglichkeiten der Gefügebeeinflussung eutektischer und naheutektischer Aluminium-Silizium-Gußlegierungen unter Berücksichtigung der mechanischen Eigenschaften*, Technische Universität Berlin, Dissertation (FortschrittBerichte VDI Reihe 5 Nr. 424 – ISBN 3-18-342405-3), 1996

[Mun71] MUNZ, Dietrich ; SCHWALBE, Karl-Heinz ; MAYR, Peter ; MACHERAUCH, E. (Hrsg.): *Dauerschwingverhalten metallischer Werkstoffe*. Braunschweig : Vieweg, 1971. – ISBN 3-528-07702-6

[Mun89] MUNZ, Dietrich ; FETT, Theo ; ILSCHNER, Bernhard (Hrsg.): *Mechanisches Verhalten keramischer Werkstoffe*. Heidelberg : Springer-Verlag, 1989 (WFT Werkstoff-Forschung und -Technik 8). – ISBN 3-540-51508-9

[Mun99] MUNZ, Dietrich ; FETT, Theo: *Ceramics. Mechanical Properties, Failure Behaviour, Materials Selection*. Berlin : SpringerVerlag, 1999. – ISBN 3-540-65376-7

[Mur94] MURAKAMI, Yotaro: Fiber and Matrix Materials. In: OCHIAI, Shojiro (Hrsg.): *Mechanical Properties of Metallic Composites*. Marcel Dekker, 1994 (Materials engineering). – ISBN 0-8247-9116-9, Kapitel 16, S. 381–388

[Nag00] NAGEL, Alwin: Keramische Innovationen im Fahrzeugbau. In: *Keramische Zeitschrift* 52 (2000), Nr. 5, S. 406–411. – ISSN 0023-0561

[Nap04] NAPOLITANO, R. E. ; MECO, H. ; JUNG, C.: Faceted solidification morphologies in low-growth-rate Al-Si eutectics. In: *JOM Journal of the Minerals, Metals and Materials Society* 56 (2004), Nr. 4, S. 16–21. – ISSN 1047-4838

[Neu05] NEUBRAND, A. ; WESTERHEIDE, R. ; THIELICKE, B. ; ULRICH, O. ; LANG, K.-H. ; HUCHLER, B. ; STAUDENECKER, D. ; NAGEL, A.: Werkstoffmechanische Bewertung von Al2O3/AlSi12- und TiO2/AlSi12-Preform-MMCs. In: SCHLIMMER, M. (Hrsg.): *Tagungsband zum 15. Symposium „Verbundwerkstoffe und Werkstoffverbunde", 6.-8. April 2005*. Deutsche Gesellschaft für Materialkunde e.V. (DGM), MAT-INFO Werkstoff-Informationsgesellschaft mbH, 2005. – ISBN 3-88355-340-9, S. 81–86

[Nie83] NIEH, T. G. ; KARLAK, R. F.: Hot-rolled silicon carbide-aluminium composites. In: *Journal of Materials Science Letters* 2 (1983), Nr. 3, S. 119–122. – ISSN 0261–8028

[Nih86] NIHEI, M. ; HEULER, P. ; BOLLER, Ch. ; SEEGER, T.: Evaluation of mean stress effect on fatigue life by use of damage parameters. In: *International Journal of Fatigue* 8 (1986), Nr. 3, S. 119–126. – ISSN 0142–1123

[Oku94] OKURA, Akimitsu: Fabrication Method for Artificial Composites. In: OCHIAI, Shojiro (Hrsg.): *Mechanical Properties of Metallic Composites*. Marcel Dekker, 1994 (Materials engineering). – ISBN 0–8247–9116–9, Kapitel 25, S. 739–758

[Ost76] OSTERGREN, W. J.: A Damage Function and Associated Failure Equations for Predicting Hold Time and Frequency Effects in Elevated Temperature, Low Cycle Fatigue. In: *Journal of Testing and Evaluation, JTEVA* 4 (1976), Nr. 5, S. 327–339. – ISSN 0090–3973

[Ost97] OSTROWSKI, Thomas: *Mechanische Eigenschaften poröser Keramiken*, Technische Universität Darmstadt, Dissertation, 1997

[Ost98] OSTERMANN, Friedrich: *Anwendungstechnologie Aluminium*. Springer, 1998. – ISBN 3–540–62706–5

[Pat4212558] Schutzrechtsanmeldung DE4212558A1 (Offenlegung: 22.10.1992). Verstärktes Leichtmetallerzeugnis und Verfahren zu seiner Herstellung, GKN Sankey Ltd., Telford, Salop, Shropshire, GB

[Pat4400898] Schutzrecht DE4400898C1 (Patenterteilung: 30.03.1995). Wellenbremsscheibe für Schienenfahrzeuge, Bergische Stahl-Industrie, 42859 Remscheid, DE

[Pat4404420] Schutzrecht DE4404420C2 (Patenterteilung: 17.07.1997). Aluminium-Silicium-Legierung und ihre Verwendung, Alcan Deutschland GmbH, 37075 Göttingen, DE

[Pat5503122] Schutzrecht US5503122 (Patenterteilung: 02.04.1996). Engine components including ceramic-metal composites, Golden Technologies Company (USA, Golden, CO)

[Pen00] PENG, H. X. ; FAN, Z. ; EVANS, J. R. G.: Novel MMC microstructures prepared by melt infiltration of reticulated ceramic foams. In: *Materials Science and Technology* 16 (2000), Nr. 7-8, S. 903–907. – ISSN 0267–0836

[Per95] PERRIN, C. ; RAINFORTH, W. M.: The effect of alumina fibre reinforcement on the wear of an Al-4.3%Cu alloy. In: *Wear* 181-183 (1995), Nr. 1, S. 312-324. – ISSN 0043–1648

[Pet94] PETERS, P. W. M.: Fracture Mechanics of Metal Matrix Composites. In: OCHIAI, Shojiro (Hrsg.): *Mechanical Properties of Metallic Composites.* Marcel Dekker, 1994 (Materials engineering). – ISBN 0–8247–9116–9, Kapitel 19, S. 511–552

[Pfe03] PFEIFER-SCHäLLER, Irmgard ; KLEIN, Friedrich: Zerstörungsfreie Bauteilprüfung an Aluminium- und Magnesium-Druckgussteilen mithilfe der Computertomographie. In: *Giesserei-Rundschau* 50 (2003), Nr. 5/6, S. 109–116. – ISSN 0016–979X

[Pra99] PRADER, P. ; HAGNER, R. ; DEGISCHER, H. P.: Kriechen partikelverstärkter Aluminiumwerkstoffe unter thermozyklischen Belastungen. In: SCHULTE, K. (Hrsg.) ; KAINER, K. U. (Hrsg.): *Verbundwerkstoffe und Werkstoffverbunde.* Wiley-VCH, 1999. – ISBN 3–527–29967–X, S. 249–254

[Pri95] PRIELIPP, H. ; KNECHTEL, M. ; CLAUSSEN, N. ; STREIFFER, S. K. ; MüLLEJANS, H. ; RüHLE, M. ; RöDEL, J.: Strength and fracture toughness of aluminum/alumina composites with interpenetrating networks. In: *Materials Science and Engineering: A* 197 (1995), Nr. 1, S. 19–30. – ISSN 0921–5093

[Qia00] QIAN, Lihe ; WANG, Zhong guang ; TODA, Hiroyuki ; KOBAYASHI, Toshiro: High temperature low cycle fatigue and thermo-mechanical fatigue of a 6061 Al reinforced with SiC_W. In: *Materials Science and Engineering: A* 291 (2000), Nr. 1-2, S. 235–245. – ISSN 0921–5093

[Qia03] QIAN, L. H. ; WANG, Z. G. ; TODA, H. ; KOBAYASHI, T.: Effect of reinforcement volume fraction on the thermo-mechanical fatigue behavior of SiC_W/6061 Al composites. In: *Materials Science and Engineering: A* 357 (2003), Nr. 1-2, S. 240–247. – ISSN 0921–5093

[Ram43] RAMBERG, Walter ; OSGOOD, William R.: Description of Stress-Strain Curves by Three Parameters / NACA Natinal Advisory Commitee for Aeronautics. 1943 (902). – Technical Note

[Rao01] RAO, B. S. ; JAYARAM, V.: Pressureless infiltration of Al–Mg based alloys into Al_2O_3 preforms: mechanisms and phenomenology. In: *Acta Materialia* 49 (2001), Nr. 13, S. 2373–2385. – ISSN 1359–6454

[Rau77] RAU, G. (Hrsg.): *Metallische Verbundwerkstoffe*. Karlsruhe : Werkstofftechnische Verlagsgesellschaft, 1977 (Jubiläumsschrift der Firma G. Rau, Pforzheim)

[Rau03a] RAU, Klaus ; BECK, Tilmann ; LÖHE, Detlef: Isothermal, thermal-mechanical and complex thermal-mechanical fatigue tests on AISI 316 L steel—a critical evaluation. In: *Materials Science and Engineering: A* 345 (2003), Nr. 1-2, S. 309–318. – ISSN 0921–5093

[Rau03b] RAU, Klaus ; BECK, Tilmann ; LÖHE, Detlef: Two Specimen Complex Thermal-Mechanical Fatigue Tests on the Austenitic Stainless Steel AISI 316 L. In: MCGAW, M. A. (Hrsg.) ; KALLURI, S. (Hrsg.) ; BRESSERS, J. (Hrsg.) ; PETEVES, S. D. (Hrsg.): *Thermomechanical Fatigue Behavior of Materials* Bd. 4. ASTM, 2003. – ISBN 0–8031–3467–3, S. 297–311

[Raw01] RAWAL, Suraj P.: Interface structure in graphite-fiber-reinforced metal-matrix composites. In: *Surface and Interface Analysis* 31 (2001), Nr. 7, S. 692–700. – ISSN 0142–2421

[Ray93] RAY, S.: Review: Synthesis of Cast Metal Matrix Particulate Composites. In: *Journal of Materials Science* 28 (1993), Nr. 20, S. 5397–5413. – ISSN 0022–2461

[Reu29] REUß, A.: Berechnung der Fließgrenze von Mischkristallen auf Grund der Plastizitätsbedingung für Einkristalle. In: *Zeitschrift für Angewandte Mathematik und Mechanik* 9 (1929), Februar, Nr. 1, S. 49–58

[Ric09] RICHARD, Hans A. ; SANDER, Manuela: *Ermüdungsrisse - Erkennen, sicher beurteilen, vermeiden*. Wiesbaden : Vieweg+Teubner, 2009. – ISBN 978–3–8348–0292–7

[Rin01] RINGHAND, D.: Dispersionsverfestigte Aluminiumlegierungen – Hochleistungswerkstoffe für Motorenkomponenten und Herausforderung für die Fertigungstechnik. In: VDI-GESELLSCHAFT WERKSTOFFTECHNIK (Hrsg.): *Zylinderlauffläche, Hochleistungskolben, Pleuel: Innovative Systeme im Vergleich.* Düsseldorf : VDI Verlag GmbH, 2001 (VDI-Berichte 1612). – ISBN 3-18-091612-5, S. 175–204

[Rom87] ROMINE, James C.: Continuous Aluminum Oxide Fiber MMCs. In: REINHART, Theodore J. (Hrsg.): *Engineered materials handbook* Bd. 1: Composites. Metals Park, Ohio : ASM International, 1987. – ISBN 0-87170-279-7, Kapitel 13, S. 874–877

[Ros86] ROSENFELDER, Ottmar: *Fraktografische und bruchmechanische Untersuchungen zur Beschreibung des Versagensverhaltens von Si_3N_4 und SiC bei Raumtemperatur*, Universität Karlsruhe (TH), Dissertation, 1986

[Sch80] SCHREINER, Horst: Tränkwerkstoffe für elektrische Kontakte. In: STÖCKEL, Dieter (Hrsg.): *Werkstoffe für elektrische Kontakte.* Grafenau/Württ. : Expert Verlag, 1980. – ISBN 3-88508-607-7

[Sch93] SCHÜTZ, W.: Zur Geschichte der Schwingfestigkeit. In: *Materialwissenschaft und Werkstofftechnik* 24 (1993), Nr. 6, S. 203–232. – ISSN 0933-5137

[Sch05] SCHÜRHOFF, Jörg: *Zur Rolle von keramischen Kurzfasern bei der Herstellung und der Hochtemperaturverformung von Verbundwerkstoffen auf Aluminiumbasis*, Ruhr-Universität Bochum, Dissertation (Fortschritt-Berichte VDI Reihe 5 Nr. 706 – ISBN 3-18-370605-9), 2005

[Seh85] SEHITOGLU, Huseyin: Constraint Effect in Thermo-Mechanical Fatigue. In: *Trans. ASME Journal of Engineering Materials and Technology* 107 (1985), S. 221–226. – ISSN 0094-4289

[Seh96] SEHITOGLU, Huseyin: Thermal and Thermomechanical Fatigue of Structural Alloys. In: LAMPMAN, Steven R. (Hrsg.): *ASM Handbook Fatigue and Fracture.* ASM International, 1996 (19). – ISBN 0-87170-385-8, S. 527–536

[Seh00a] SEHITOGLU, Huseyin (Hrsg.) ; MAIER, Hans J. (Hrsg.): *Thermo-mechanical Fatigue Behavior of Materials.* ASTM, 2000 (STP 1371). – ISBN 0–8031–2853–3

[Seh00b] SEHITOGLU, Huseyin ; SMITH, Tracy ; QING, Xinlin ; MAIER, Hans J. ; ALLISON, J. A.: Stress-Strain Response of a Cast 319-T6 Aluminum under Thermomechanical Loading. In: *Metallurgical and Materials Transactions A* 31A (2000), Nr. 1, S. 139–151. – ISSN 1073–5623

[Sel04] SELCHERT, Thomas: *Druckguss-Reaktionssynthese einer Al₂O₃-verstärkten Eisen-Nickel-Chrom-Legierung*, TU Hamburg-Harburg, Dissertation (Fortschritt-Berichte VDI Reihe 5 Nr. 697 – ISBN 3-18-369705-X), 2004

[She98] SHEN, Y.-L.: Thermal expansion of metal-ceramic composites: a three dimensional analysis. In: *Materials Science and Engineering: A* 252 (1998), Nr. 2, S. 269–275. – ISSN 0921–5093

[She02] SHEN, Bin ; HU, Wen bin ; LIU, Lei ; ZHOU, Wei ; ZHANG, Di: Metal-matrix interpenetrating phasecomposites produced by squeeze casting. In: *Transactions of Nonferrous Metals Society of China* 12 (2002), Nr. 1, S. 26–29. – ISSN 1003–6326

[Shy95] SHYONG, J. H. ; DERBY, B.: The deformation characteristics of SiC particulate-reinforced aluminium alloy 6061. In: *Materials Science and Engineering: A* 197 (1995), S. 11–18. – ISSN 0921–5093

[Ski98a] SKIRL, S. ; HOFFMAN, M. ; BOWMAN, K. ; WIEDERHORN, S. ; RÖDEL, J.: Thermal expansion behavior and macrostrain of Al₂O₃/Al composites with interpenetrating networks. In: *Acta Materialia* 46 (1998), Nr. 7, S. 2493–2499. – ISSN 1359–6454

[Ski98b] SKIRL, Siegfried: *Mechanische Eigenschaften und Thermisches Verhalten von Al₂O₃/Al und Al₂O₃/Ni₃Al Verbundwerkstoffen mit Durchdringungsgefüge*, Technische Universität Darmstadt, Dissertation (Fortschritt-Berichte VDI Reihe 5 Nr. 536 – ISBN 3-18-353605-6), 1998

[Smi70] SMITH, K. N. ; WATSON, P. ; TOPPER, T. H.: A Stress-Strain Function for the Fatigue of Metals. In: *Journal of Materials, JMLSA, ASTM* 5 (1970), Nr. 4, S. 767–778

[Son91] SONSINO, C. M. ; BACKER, E.: Schwingfestigkeit der keramikverstärkten Kolbengußlegierung GP-ALSi 12 CuMg-Ni bei erhöhten Temperaturen. In: *Materialwissenschaft und Werkstofftechnik* 22 (1991), Nr. 2, S. 48–55. – ISSN 0933–5137

[Sor95] SORENSEN, N. J. ; SURESH, S. ; TVERGAARD, V. ; NEEDLEMAN, A.: Effects of reinforcement orientation on the tensile response of metal-matrix composites. In: *Materials Science and Engineering: A* 197 (1995), S. 1–10. – ISSN 0921–5093

[Sta88] STACEY, M. H.: Developments in continuous alumina-based fibres. In: *Transactions and Journal of the British Ceramic Society* 87 (1988), Nr. 5, S. 168–172. – ISSN 0307–7357

[Ste72] STEEN, H. A. H. ; HELLAWELL, A.: Structure and Properties of Aluminium-Silicon Eutectic Alloys. In: *Acta Metallurgica* 20 (1972), Nr. 3, S. 363–370. – ISSN 0001–6160

[Su03] SU, X. M. ; ZUBECK, M. ; LASECKI, J. ; SEHITOGLU, H. ; ENGLER-PINTO JR., C. C. ; TANG, C. Y. ; ALLISON, J. E.: Thermomechanical Fatigue Analysis of Cast Aluminum Engine Components. In: MCGAW, M. A. (Hrsg.) ; KALLURI, S. (Hrsg.) ; BRESSERS, J. (Hrsg.) ; PETEVES, S. D. (Hrsg.): *Thermomechanical Fatigue Behavior of Materials* Bd. 4. ASTM, 2003. – ISBN 0–8031–3467–3, S. 240–251

[Sun03] SUN, L. Z. ; LIU, H. T. ; JU, J. W.: Effect of particle cracking on elastoplastic behaviour of metal matrix composites. In: *International Journal for Numerical Methods in Engineering* 56 (2003), S. 2183–2198. – ISSN 0029–5981

[Sur81] SURAPPA, M. K. ; ROHATGI, P. K.: Preparation and Properties of Cast Aluminum-Ceramic Particle Composites. In: *Journal of Materials Science* 16 (1981), Nr. 4, S. 983–993. – ISSN 0022–2461

[Sur93] SURESH, S. (Hrsg.) ; MORTENSEN, A. (Hrsg.) ; NEEDLEMAN, A. (Hrsg.): *Fundamentals of Metal-Matrix Composites.* Butterworth-Heinemann, 1993. – ISBN 0–7506–9321–5

[Tab99] TABERNIG, B. ; PIPPAN, R.: Ermüdung und Bruchverhalten teilchenverstärkter Aluminiumlegierungen. In: SCHULTE, K. (Hrsg.) ; KAINER, K. U. (Hrsg.): *Verbundwerkstoffe und Werkstoffverbunde*. Wiley-VCH, 1999. – ISBN 3–527–29967–X, S. 171–176

[Tan07] TANIHATA, A. ; SHIRAISHI, T. ; ENDO, O. ; ODA, K.: High-strength Aluminum Alloy for Automobile Piston Using High Pressure Die Casting. In: VDI-GESELLSCHAFT WERKSTOFFTECHNIK (Hrsg.): *Gießtechnik im Motorenbau*. Düsseldorf : VDI Verlag GmbH, 2007 (VDI-Berichte 1949). – ISBN 978–3–18–091949–2, S. 189–204

[Tei01] TEIXEIRA-DIAS, F. ; MENEZES, L. F.: Numerical aspects of finite element simulations of residual stresses in metal matrix composites. In: *International Journal for Numerical Methods in Engineering* 50 (2001), S. 629–644. – ISSN 0029–5981

[Teu08] TEUTSCH, Michael: *Untersuchungen zum Schädigungsverhalten an Keramik-Aluminium-Verbundwerkstoffen (Preform MMCs)*. Institut für Werkstoffkunde I (iwkI), Universität Karlsruhe (TH), Studienarbeit, 2008

[Tha07] THALMAIR, Sebastian ; FISCHERSWORRING-BUNK, Andreas ; KLINKENBERG, Franz-Josef ; LANG, Karl-Heinz ; LÖHE, Detlef: Zur thermomechanischen Bewertung hochbelasteter Aluminium-Zylinderköpfe. In: *MP Materials Testing* 49 (2007), Nr. 3, S. 113–117

[Toa87] TOAZ, M. W.: Discontinuous Ceramic Fiber MMCs. In: REINHART, Theodore J. (Hrsg.): *Engineered materials handbook* Bd. 1: Composites. Metals Park, Ohio : ASM International, 1987. – ISBN 0–87170–279–7, Kapitel 13, S. 903–910

[Tok05] TOKAJI, K.: Effect of stress ratio on fatigue behaviour in SiC particulate-reinforced aluminium alloy composite. In: *Fatigue & Fracture of Engineering Materials & Structures* 28 (2005), S. 539–545. – ISSN 8756–758X

[Tou77] *Kapitel* Aluminum Oxide. In: TOULOUKIAN, Yeram S. (Hrsg.): *Thermophysical Properties of Matter*. Bd. 13: *Thermal Expansion – Nonmetallic Solids*. IFI/Plenum, 1977. – ISBN 0–306–67033–X, S. 176–194

[Vai94] VAIDYA, Rajendra U. ; CHAWLA, K. K.: Thermal Expansion of Metal-Matrix Composites. In: *Composites Science and Technology* 50 (1994), Nr. 1, S. 13–22. – ISSN 0266–3538

[Val04] VALLE, R. ; VIDAL-Sétif, M.-H. ; SCHUSTER, D. ; VACON, P. L.: Tensile and Fatigue Behavior of Al-Based Metal Matrix Composites Reinforced with Continuous Carbon or Alumina Fibers: Part II. Quasi-Unidirectional Composite Cross-Ply Laminates. In: *Metallurgical and Materials Transactions A* 35A (2004), Nr. 10, S. 3307–3317. – ISSN 1073–5623

[Ver88] VERMA, Suresh K. ; DORCIC, John L.: Performance Characteristics of Metal-Ceramic Composites Made by the Squeeze Casting Process. In: *Ceramic Engineering and Science Proceedings* 9 (1988), Nr. 7-8, S. 579–596. – ISSN 0196–6219

[Vol99] VOLPP, T. ; BäR, J. ; GUDLADT, H.-J.: Vergleich des Rißausbreitungsverhaltens der SiC-partikelverstärkten 6113-Aluminiumlegierung mit dem der unverstärkten 6013-Legierung. In: *Verbundwerkstoffe und Werkstoffverbunde.* Wiley-VCH, 1999. – ISBN 3-527-29967-X, S. 255–260

[Vou03] VOUGIOUKLAKIS, Y. ; HäHNER, P. ; DE HAAN, F. ; STAMOS, V. ; PETEVES, S. D.: Acoustic Emission Analysis of Damage Accumulation During Thermal and Mechanical Loading of Coated Ni-Base Superalloys. In: MCGAW, M. A. (Hrsg.) ; KALLURI, S. (Hrsg.) ; BRESSERS, J. (Hrsg.) ; PETEVES, S. D. (Hrsg.): *Thermomechanical Fatigue Behavior of Materials* Bd. 4. ASTM, 2003. – ISBN 0–8031–3467–3, S. 255–269

[Wag99] WAGNER, F. ; GARCIA, D. E. ; KRUPP, A. ; CLAUSSEN, N.: Interpenetrating Al_2O_3-$TiAl_3$ Alloys Produced by Reactive Infiltration. In: *Journal of the European Ceramic Society* 19 (1999), Nr. 13-14, S. 2449–2453. – ISSN 0955–2219

[Wag01] WAGNER, Florian: *Herstellung und Charakterisierung reaktionsinfiltrierter Titanaluminid-Al_2O_3-Verbundwerkstoffe*, TU Hamburg-Harburg, Dissertation (Fortschritt-Berichte VDI Reihe 5 Nr. 642 – ISBN 3-18-364205-0), 2001

[Wan96] WANG, Lei ; SUN, Z. M. ; KOBAYASHI, T.: Monotonic and cyclic deformation behavior of a SiCw/6061Al composite at elevated temperature. In: *Scripta Materialia* 35 (1996), Nr. 8, S. 973–978. – ISSN 1359–6462

[Wan06] WANNER, Alexander ; ARZT, Eduard: Short Fiber Reinforced Metal Matrix Composites – Investigations by Acoustic Emission and Neutron Diffraction. In: BUSSE, Gerd (Hrsg.) ; KRÖPLIN, Bernd-H. (Hrsg.) ; WITTEL, Falk K. (Hrsg.): *Damage and its Evolution in Fiber-Composite Materials: Simulation and Non-Destructive Evaluation.* ISD Verlag, 2006. – ISBN 3-930683-90-3, Kapitel 2.1.4, S. 193–202

[Wei87] WEINACHT, D. J. ; SOCIE, D. F.: Fatigue damage accumulation in grey cast iron. In: *International Journal of Fatigue* 9 (1987), Nr. 2, S. 79–86. – ISSN 0142–1123

[Wei99] WEINERT, Klaus ; BUSCHKA, Martin ; LIEDSCHULTE, Martin: Mechanische Bearbeitung von Komponenten aus Leichtmetallverbundwerkstoffen. In: SCHULTE, K. (Hrsg.) ; KAINER, K. U. (Hrsg.): *Verbundwerkstoffe und Werkstoffverbunde.* Wiley-VCH, 1999. – ISBN 3-527-29967-X, S. 207–212

[Wei03] WEINERT, K. ; BUSCHKA, M. ; LANGE, M.: Zerspantechnologische Aspekte von Al-MMC. In: KAINER, K. U. (Hrsg.): *Metallische Verbundwerkstoffe.* Wiley-VCH, 2003. – ISBN 3-527-30532-7, S. 160–184

[Wei09] WEIDENMANN, K.A. ; TAVANGAR, R. ; WEBER, L.: Rigidity of Diamond Reinforced Metals featuring high Particle Contents. In: *Composites Science and Technology* 69 (2009), Nr. 10, S. 1660–1666. – ISSN 0266–3538

[Wel50] WELLINGER, Karl ; KEIL, Ernst ; STÄHLI, Gustav: Über die Temperaturabhängigkeit von Wechselfestigkeit und Dauerstandfestigkeit verschiedener Preß- und Gußlegierungen aus Leichtmetall. In: *Zeitschrift für Metallkunde* 41 (1950), S. 309–313. – ISSN 0044–3093

[Xu95] XU, Z. R. ; CHAWLA, K. K. ; WOLFENDEN, A. ; NEUMAN, A. ; LIGGETT, G. M. ; CHAWLA, N.: Stiffness loss and density decrease due to thermal cycling in an alumina fiber/magnesium alloy composite. In: *Materials Science and Engineering: A* 203 (1995), Nr. 1-2, S. 75–80. – ISSN 0921–5093

[Xu98] XU, Yunsheng ; CHUNG, D. D. L.: Low-volume-fraction particulate preforms for making metal-matrix composites by liquid metal infiltration. In: *Journal of Materials Science* 33 (1998), Nr. 19, S. 4707–4709. – ISSN 0022–2461

[Yon05] YONG, M.S. ; CLEGG, A.J.: Process optimisation for a squeeze cast magnesium alloy metal matrix composite. In: *Journal of Materials Processing Technology* 168 (2005), Nr. 2, S. 262–269. – ISSN 0924–0136

[Zeu99] ZEUNER, T.: Verbundwerkstoffe in Bremsanwendungen. In: SCHULTE, K. (Hrsg.) ; KAINER, K. U. (Hrsg.): *Verbundwerkstoffe und Werkstoffverbunde*. Wiley-VCH, 1999. – ISBN 3-527-29967-X, S. 483–491

[Zwe02] ZWERSCHKE, Svetlana P. ; WANNER, Alexander ; ARZT, Eduard: Evolution of Fiber Fragmentation in a Short-Fiber-Reinforced Metal-Matrix Model Composite during Tensile Creep Deformation – An Acoustic Emission Study. In: *Metallurgical and Materials Transactions A* 33A (2002), S. 1549–1557. – ISSN 1073–5623

Schriftenreihe
des Instituts für Angewandte Materialien

ISSN 2192-9963

Die Bände sind unter www.ksp.kit.edu als PDF frei verfügbar oder
als Druckausgabe bestellbar.

Band 1 Prachai Norajitra
Divertor Development for a Future Fusion Power Plant. 2011
ISBN 978-3-86644-738-7

Band 2 Jürgen Prokop
**Entwicklung von Spritzgießsonderverfahren zur Herstellung
von Mikrobauteilen durch galvanische Replikation.** 2011
ISBN 978-3-86644-755-4

Band 3 Theo Fett
**New contributions to R-curves and bridging stresses –
Applications of weight functions.** 2012
ISBN 978-3-86644-836-0

Band 4 Jérôme Acker
**Einfluss des Alkali/Niob-Verhältnisses und der Kupferdotierung
auf das Sinterverhalten, die Strukturbildung und die Mikrostruktur von bleifreier Piezokeramik $(K_{0,5}Na_{0,5})NbO_3$.** 2012
ISBN 978-3-86644-867-4

Band 5 Holger Schwaab
**Nichtlineare Modellierung von Ferroelektrika unter
Berücksichtigung der elektrischen Leitfähigkeit.** 2012
ISBN 978-3-86644-869-8

Band 6 Christian Dethloff
**Modeling of Helium Bubble Nucleation and Growth
in Neutron Irradiated RAFM Steels.** 2012
ISBN 978-3-86644-901-5

Band 7 Jens Reiser
**Duktilisierung von Wolfram. Synthese, Analyse und Charak-
terisierung von Wolframlaminaten aus Wolframfolie.** 2012
ISBN 978-3-86644-902-2

Band 8 Andreas Sedlmayr
**Experimental Investigations of Deformation Pathways
in Nanowires.** 2012
ISBN 978-3-86644-905-3

Band 9   Matthias Friedrich Funk
             **Microstructural stability of nanostructured fcc metals during
             cyclic deformation and fatigue.** 2012
             ISBN 978-3-86644-918-3

Band 10   Maximilian Schwenk
             **Entwicklung und Validierung eines numerischen Simulationsmodells
             zur Beschreibung der induktiven Ein- und Zweifrequenzrandschicht-
             härtung am Beispiel von vergütetem 42CrMo4.** 2012
             ISBN 978-3-86644-929-9

Band 11   Matthias Merzkirch
             **Verformungs- und Schädigungsverhalten der verbundstranggepressten,
             federstahldrahtverstärkten Aluminiumlegierung EN AW-6082.** 2012
             ISBN 978-3-86644-933-6

Band 12   Thilo Hammers
             **Wärmebehandlung und Recken von verbundstranggepressten
             Luftfahrtprofilen.** 2013
             ISBN 978-3-86644-947-3

Band 13   Jochen Lohmiller
             **Investigation of deformation mechanisms in nanocrystalline
             metals and alloys by in situ synchrotron X-ray diffraction.** 2013
             ISBN 978-3-86644-962-6

Band 14   Simone Schreijäg
             **Microstructure and Mechanical Behavior of Deep Drawing DC04 Steel
             at Different Length Scales.** 2013
             ISBN 978-3-86644-967-1

Band 15   Zhiming Chen
             Modelling the plastic deformation of iron. 2013
             ISBN 978-3-86644-968-8

Band 16   Abdullah Fatih Çetinel
             **Oberflächendefektausheilung und Festigkeitssteigerung von nieder-
             druckspritzgegossenen Mikrobiegebalken aus Zirkoniumdioxid.** 2013
             ISBN 978-3-86644-976-3

Band 17   Thomas Weber
             **Entwicklung und Optimierung von gradierten Wolfram/
             EUROFER97-Verbindungen für Divertorkomponenten.** 2013
             ISBN 978-3-86644-993-0

Band 18   Melanie Senn
             **Optimale Prozessführung mit merkmalsbasierter
             Zustandsverfolgung.** 2013
             ISBN 978-3-7315-0004-9

Band 19   Christian Mennerich
           **Phase-field modeling of multi-domain evolution in ferromagnetic
           shape memory alloys and of polycrystalline thin film growth.** 2013
           ISBN 978-3-7315-0009-4

Band 20   Spyridon Korres
           **On-Line Topographic Measurements of Lubricated Metallic Sliding
           Surfaces.** 2013
           ISBN 978-3-7315-0017-9

Band 21   Abhik Narayan Choudhury
           **Quantitative phase-field model for phase transformations in
           multi-component alloys.** 2013
           ISBN 978-3-7315-0020-9

Band 22   Oliver Ulrich
           **Isothermes und thermisch-mechanisches Ermüdungsverhalten von
           Verbundwerkstoffen mit Durchdringungsgefüge (Preform-MMCs).** 2013
           ISBN 978-3-7315-0024-7